全国一级造价工程师职业资格考试一本通系列

建设工程计价

李　娜　编著

中国建筑工业出版社
中国城市出版社

图书在版编目（CIP）数据

建设工程计价 / 李娜编著. -- 北京：中国城市出
版社，2024.6. --（全国一级造价工程师职业资格考试
一本通系列）. -- ISBN 978-7-5074-3723-2

Ⅰ. TU723.3

中国国家版本馆 CIP 数据核字第 2024D20X24 号

责任编辑：张礼庆　朱晓瑜　李闻智
责任校对：赵　力

全国一级造价工程师职业资格考试一本通系列

建设工程计价

李　娜　编著

*

中国建筑工业出版社、中国城市出版社出版、发行（北京海淀三里河路9号）

各地新华书店、建筑书店经销

北京建筑工业印刷有限公司制版

建工社（河北）印刷有限公司印刷

*

开本：787 毫米×1092 毫米　1/16　印张：18¾　字数：463 千字

2024 年 6 月第一版　　2024 年 6 月第一次印刷

定价：**68.00** 元

ISBN 978-7-5074-3723-2

（904740）

前　言

《全国一级造价工程师职业资格考试一本通系列》由当前一线造价工程师职业培训教学名师编写。针对一级造价工程师职业资格考试备考时间紧、记忆难、压力大的客观实际情况，依据最新版考试大纲、命题特点，集合行业、培训优势与教学、科研经验，将经过高度凝练、整合、总结的高频考点，通过简单明了的编排方式呈现出来，以满足考生高效备考的需求。

全国一级造价工程师职业资格考试各科目试题类型、时间安排

科目名称	建设工程造价管理	建设工程计价	建设工程技术与计量（土木建筑工程、交通运输工程、水利工程、安装工程）	建设工程造价案例分析（土木建筑工程、交通运输工程、水利工程、安装工程）
考试时间（小时）	2.5	2.5	2.5	4
满分记分	100	100	100	120
试题类型	客观题	客观题	客观题	主观题

说明：客观题指单项选择题、多项选择题等题型，主观题指问答题、计算题等题型。

全国一级造价工程师职业资格考试年度考试时间安排

全国一级造价工程师	每年十月的中、下旬	上午：9：00～11：30	备注
		建设工程造价管理	每年考试具体时间，请注意人事考试部门的相关通知
		下午：2：00～4：30	
		建设工程计价	
	每年十月的中、下旬	上午：9：00～11：30	
		建设工程技术与计量（土木建筑工程、交通运输工程、水利工程、安装工程）	
		下午：2：00～6：00	
		建设工程造价案例分析（土木建筑工程、交通运输工程、水利工程、安装工程）	

全国一级造价工程师职业资格考试最大的特点是，连续四个考试年度达到各个考试科目的合格标准，才能通过考试，学员朋友应根据自身学习情况统筹考虑四个考试科目的学习投入时间精力。因此，全书在编写过程中力求将复杂内容抽丝剥茧，在教师多年教学和培训的基础上开发出特有体系。全书通过分析核心考点、提炼主要知识点、经典题型训练三个层次，为考生搭建系统、清晰的知识架构，对各门课程的核心考点、考题设计等进行

全面的梳理和剖析，使考生能够把握全局、分清主次指导自己学习。针对知识点及考核要点，通过图表、对比分析、典型真题、模拟题等方式帮助考生准确理解掌握，通过一本通的学习和训练，使考生能够夯实基础，强化应试能力。

此外，关于丛书，还有以下几点值得注意：

（1）客观考题科目每一章都总结了近年的真题分值分布，核心重点一目了然。分值多的部分，多投入精力学习，分值极少的部分，有所舍得，切莫一味地痴迷于各种"盲点""误区"，舍本逐末。

（2）客观考题科目每一章提炼出本章核心考点和真题分析，并配有章节习题训练，做到学练结合，为通过考试保驾护航。

（3）案例分析科目提炼了考试大纲的核心考点，综合考虑了前三个科目教材的相关内容并结合案例考试要求进行了重新组合整理，为案例解题提供理论依据，节省学员查阅相关资料的时间。

（4）案例分析科目针对核心考点设置了对应的典型案例分析，做到了核心考点系统全面，同时避免大量重复做题，节约考生备考时间并提高备考效率。

（5）本书辅以线上交流平台，通过抖音、微信群等多种学习交流平台方便考生学习交流，各科主编参与交流平台学习交流，方便学员高效完成备考工作。

《全国一级造价工程师职业资格考试一本通系列》各册主编人员如下：

《建设工程造价管理》	王竹梅
《建设工程计价》	李　娜
《建设工程技术与计量》（土木建筑工程）	李志国
《建设工程造价案例分析》（土木建筑工程、安装工程）	陈江潮

本系列图书在编写、出版过程中，得到了诸多专家学者的指点帮助，在此表示衷心感谢！由于时间仓促、水平有限，虽经仔细推敲和多次校核，书中难免出现纰漏和瑕疵，敬请广大考生、读者批评和指正。

编写组

2024 年 6 月

注：正文中"考情分析"只需考生了解题量布局，不需记忆，所以都不进行编号，表中数值为题量。

目　录

前言

第一章　建设工程造价构成 ·· 1
　第一节　概述 ··· 1
　第二节　设备及工器具购置费的构成和计算 ··· 3
　第三节　建筑安装工程费用的构成和计算 ··· 10
　第四节　工程建设其他费用的构成和计算 ··· 19
　第五节　预备费和建设期利息的计算 ·· 26
　本章精选习题 ·· 29
　精选习题答案及解析 ·· 39

第二章　建设工程计价原理、方法及依据 ··· 48
　第一节　工程计价原理 ·· 48
　第二节　工程量清单计价方法 ·· 55
　第三节　建筑安装工程人工、材料和施工机具台班消耗量的确定 ·················· 61
　第四节　建筑安装工程人工、材料和施工机具台班单价的确定 ····················· 68
　第五节　工程计价定额的编制 ·· 74
　第六节　工程计价信息及其应用 ·· 80
　本章精选习题 ·· 84
　精选习题答案及解析 ·· 99

第三章　建设项目决策和设计阶段工程造价的预测 ···································· 111
　第一节　投资估算的编制 ·· 111
　第二节　设计概算的编制 ·· 124
　第三节　施工图预算的编制 ·· 136
　本章精选习题 ··· 140
　精选习题答案及解析 ·· 151

第四章　建设项目发承包阶段合同价款的约定 ··· 159
　第一节　招标工程量清单与最高投标限价的编制 ···································· 159
　第二节　投标报价的编制 ·· 171
　第三节　中标价及合同价款的约定 ·· 180
　第四节　工程总承包及国际工程合同价款的约定 ···································· 187

本章精选习题 ·· 192

精选习题答案及解析 ·· 203

第五章　建设项目施工阶段合同价款的调整和结算 ········ 211

第一节　合同价款调整 ··· 211

第二节　工程合同价款支付与结算 ······························ 229

第三节　工程总承包和国际工程合同价款结算 ················· 248

本章精选习题 ·· 255

精选习题答案及解析 ·· 270

第六章　建设项目竣工决算和新增资产价值的确定 ········ 278

第一节　竣工决算 ··· 278

第二节　新增资产价值的确定 ···································· 283

本章精选习题 ·· 286

精选习题答案及解析 ·· 290

第一章　建设工程造价构成

考纲要求

1. 工程造价的构成；
2. 建筑安装工程费用的构成和计算；
3. 设备及工器具购置费用的构成和计算；
4. 工程建设其他费用的构成和计算；
5. 预备费、建设期利息的计算；
6. 国外工程造价的构成。

第一节　概　　述

考情分析

考点	2023年		2022年		2021年		2020年		2019年		2018年	
	单选	多选	单选	多选	单选	多选	单选	多选	单选	多选	单选	多选
我国建设项目总投资及工程造价的构成	1				1		1		1		1	1
国外建设工程造价构成	1		1									

建设项目总投资构成见图1-1。

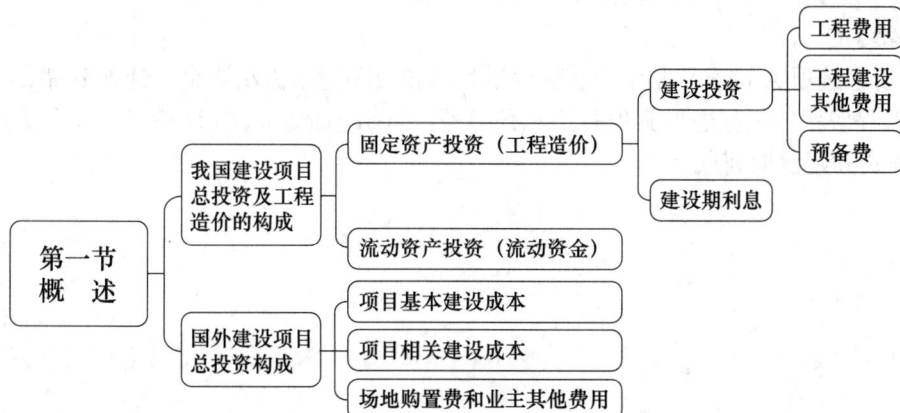

图 1-1　我国和国外建设项目总投资构成

考点一 我国建设项目总投资及工程造价的构成（表1-1）

我国建设项目总投资构成　　　　　　　　表 1-1

建设项目总投资	① 为完成工程项目**建设**并达到使用要求或**生产**条件，在建设期内预计或实际投入的全部费用总和 ② 建设项目总投资（生产性建设项目）＝固定资产投资＋流动资产投资＝工程造价＋流动资金 ③ 建设项目总投资（非生产建设项目）＝固定资产投资
工程造价	① 在建设期预计或实际支出的**建设费用** ② 固定资产投资＝工程造价＝建设投资＋建设期利息
建设投资	① 是为完成工程项目建设，在建设期内投入且形成**现金流出**的全部费用 ② 建设投资＝工程费用＋工程建设其他费用＋预备费 ③ 工程费用＝设备及工器具购置费＋建筑安装工程费用
流动资金	为进行正常生产运营，用于购买原材料、燃料、支付工资及其他运营费用等所需的**周转资金**

【例题1】某建筑工程项目建设投资为12000万元，工程建设其他费为2000万元，预备费为500万元，建设期利息为900万元，流动资金为300万元。该项目的固定资产投资额为（　　）万元。（2023年真题）

A. 12900　　　　　　　　　　　B. 13400

C. 15400　　　　　　　　　　　D. 15700

【答案】A

【解析】固定资产投资＝工程造价＝建设投资＋建设期利息＝12000＋900＝12900（万元）。注意题目中设置的干扰项，工程建设其他费用、预备费已包含在建设投资中。

【例题2】关于我国建设项目投资，下列说法中正确的是（　　）。（2016年真题）

A. 非生产性建设项目总投资由固定资产投资和铺底流动资金组成

B. 生产性建设项目总投资由工程费用、工程建设其他费用和预备费三部分组成

C. 建设投资是为了完成工程项目建设，在建设期内投入且形成现金流出的全部费用

D. 建设投资由固定资产投资和建设期利息组成

【答案】C

【解析】选项A错误，非生产性建设项目总投资不包括流动资金。选项B错误，建设投资由工程费用、工程建设其他费用和预备费三部分组成。选项D错误，固定资产投资由建设投资和建设期利息组成。

考点二　国外建设项目总投资构成（图1-2）

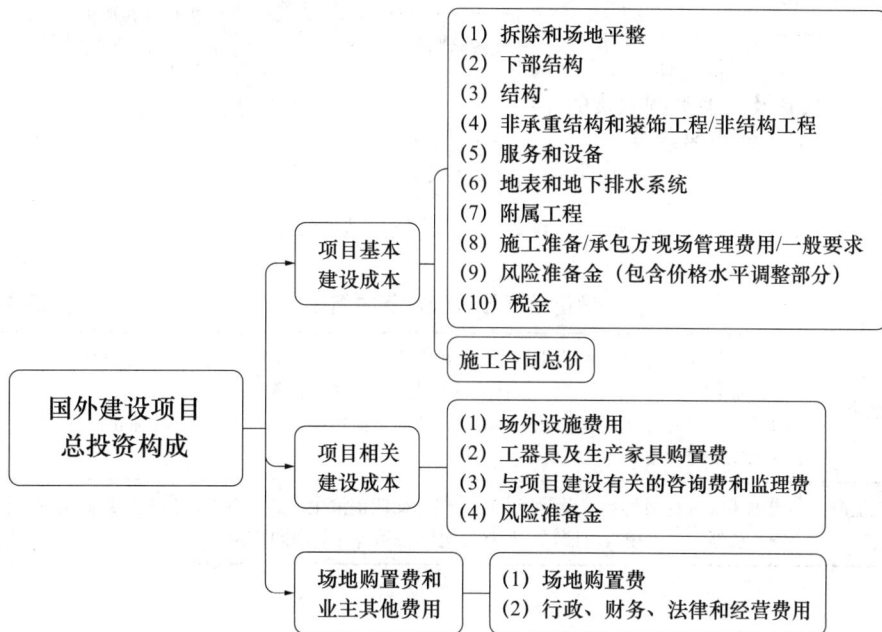

国外建设项目总投资构成
- 项目基本建设成本
  - (1) 拆除和场地平整
  - (2) 下部结构
  - (3) 结构
  - (4) 非承重结构和装饰工程/非结构工程
  - (5) 服务和设备
  - (6) 地表和地下排水系统
  - (7) 附属工程
  - (8) 施工准备/承包方现场管理费用/一般要求
  - (9) 风险准备金（包含价格水平调整部分）
  - (10) 税金
  - 施工合同总价
- 项目相关建设成本
  - (1) 场外设施费用
  - (2) 工器具及生产家具购置费
  - (3) 与项目建设有关的咨询费和监理费
  - (4) 风险准备金
- 场地购置费和业主其他费用
  - (1) 场地购置费
  - (2) 行政、财务、法律和经营费用

图 1-2　国外建设项目总投资构成

【例题】根据国际建设项目计量标准（CMS），下列费用中，应计入项目相关建设成本的是（　　）。（2023 年真题）

A．场外设施费　　　　　　　　B．附属工程费

C．拆除和场地平整费　　　　　D．场地购置费

【答案】A

第二节　设备及工器具购置费的构成和计算

考情分析

考点	2023 年		2022 年		2021 年		2020 年		2019 年		2018 年	
	单选	多选	单选	多选	单选	多选	单选	多选	单选	多选	单选	多选
国产设备原价的构成及计算	1		1		1	1	1	1		1	1	
进口设备原价的构成及计算		1	1	1	1		1		1		1	1
设备运杂费的构成及计算	1							1				

设备及工器具购置费的组成见图 1-3、表 1-2。

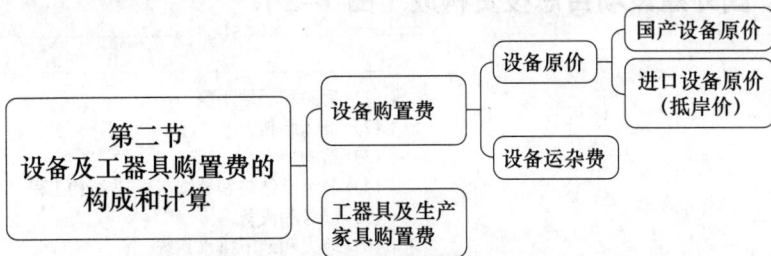

图 1-3　设备及工器具购置费的组成

设备及工器具购置费的组成　　　　　　　　　　　　表 1-2

设备购置费	①是指购置或自制的**达到固定资产标准**的设备、工器具及生产家具等所需的费用 ②设备购置费＝设备原价（含备品备件费）＋设备运杂费 ③设备原价通常包含备品备件费在内，备品备件费指设备购置时随设备同时订货的首套备品备件所发生的费用
工器具及**生产家具购置费**	指新建或扩建项目初步设计规定的，保证初期正常生产必须购置的**没有达到固定资产标准**的设备、仪器、工卡模具、器具、生产家具和备品备件等的购置费用

考点一　国产设备原价的构成及计算

设备制造厂的交货价或订货合同价。

1. 国产标准设备原价

批量生产，**可通过**查询相关交易市场价格或向设备生产厂家询价得到。

2. 国产非标准设备原价（表 1-3）

不能批量生产，只能按订货要求并根据具体的设计图纸制造的设备。采用**成本计算估价法**、系列设备插入估价法、分部组合估价法、定额估价法等方法确定。

国产非标准设备原价的组成及计算　　　　　　　　表 1-3

构成	计算公式	注意事项
① 材料费	材料**净用量**×（1＋加工损耗系数）×单位材料综合价	
② 加工费	材料**总用量**×材料加工单价	
③ 辅助材料费	**材料费**×辅助材料费指标	
④ 专用工具费	（材料费＋加工费＋辅助材料费）×专用工具费率	（①＋②＋③）×专用工具费率
⑤ 废品损失费	（材料费＋加工费＋辅助材料费＋专用工具费）×废品损失费率	（①＋②＋③＋④）×废品损失费率
⑥ 外购配套件费	根据相应的购买价格加上运杂费	价格加运杂费单计

构成	计算公式	注意事项
⑦包装费	（材料费＋加工费＋辅助材料费＋专用工具费＋废品损失费＋外购配套件费）×包装费率	（①～⑥）×包装费率
⑧利润	（材料费＋加工费＋辅助材料费＋专用工具费＋废品损失费＋包装费）×利润率	（①～⑤＋⑦）×利润率 **外购配套件费不计算利润**
⑨税金	销项税额＝销售额×适用增值税率	主要指增值税 销售额＝（①～⑧）
⑩非标准设备设计费	按国家规定的设计费收费标准计算	

口诀：具废外包利税非（利润的计算基数不包括外购配套件）。

【例题1】某项目采购一台国产非标准设备，制造厂生产该设备的材料、加工费等费用为30万元，外购配套件费为8万元，利润率为7%，增值税率为13%。不计其他费用，则用成本计算估价法计算的该台设备原价为（　　）万元。（2023年真题）

A．44.27　　　　　　　　　　　　B．44.91

C．45.31　　　　　　　　　　　　D．45.95

【答案】C

【解析】利润＝30×7%＝2.1（万元），增值税＝（30＋8＋2.1）×13%＝5.213（万元），设备原价＝30＋8＋2.1＋5.213＝45.313（万元）。

【例题2】国内生产某台非标准设备，材料费、加工费、辅助材料费、专用工具费合计50万元，废品损失费5万元，外购配套件费15万元，包装费率5%。假设利润率为10%，则用成本计算估价法计算的该设备的利润是（　　）万元。（2021年真题）

A．7.350　　　　　　　　　　　　B．6.825

C．5.850　　　　　　　　　　　　D．5.775

【答案】C

【解析】利润＝（材料费＋加工费＋辅助材料费＋专用工具费＋废品损失费＋包装费）×利润率＝［50＋5＋（50＋5＋15）×5%］×10%＝5.850（万元）。

【例题3】采用成本计算估价法计算国产非标准设备的原价时，下列费用中，应作为利润计算基础的是（　　）。（2019年真题）

A．加工费　　　　　　　　　　　B．辅助材料费

C．废品损失费　　　　　　　　　D．外购配套件费

E．包装费

【答案】ABCE

【解析】利润的计算基数不包括外购配套件费。

进口设备原价的构成及相关概念（图1-4、表1-4）

进口设备的原价（抵岸价）＝到岸价＋进口从属费用

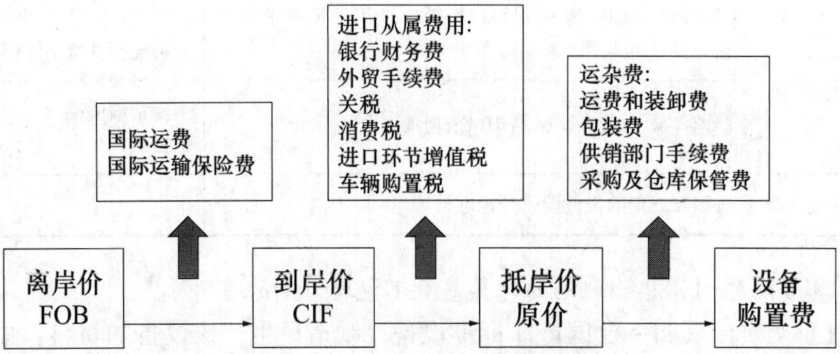

图 1-4　进口设备购置费的构成

抵岸价、到岸价、离岸价的概念　　　　　　　　　　　　表 1-4

抵岸价	设备抵达买方边境、港口或车站，**缴纳完各种手续费、税费后**形成的价格
进口设备从属费用	包括银行财务费、外贸手续费、进口关税、消费税、进口环节增值税及进口车辆的车辆购置税等
到岸价	即设备抵达买方边境港口或边境车站所形成的价格。 卖方需要办理国际运输和在运输途中**最低险别**的海运保险，并应支付保险费
离岸价格	货物在装运港被装上指定船时的价格 **特点：费用与风险划分点一致**

1. 进口设备的交易价格买卖双方责任及风险划分（表1-5）

进口设备交易价格买卖双方责任及风险划分　　　　　　表 1-5

	运输	保险	出口手续	进口手续	风险转移
离岸价	买方	买方	卖方	买方	货物装上船只
运费在内价	卖方	买方	卖方	买方	货物装上船只
到岸价	卖方	卖方	卖方	买方	货物装上船只

【例题1】 国际贸易双方约定费用划分与风险转移均以货物在装运港被装上指定船只时为分界点，该种交易价格被称为（　　）。（2018年真题）

A. 离岸价　　　　　　　　　　　　B. 运费在内价

C. 到岸价　　　　　　　　　　　　D. 抵岸价

【答案】 A

【解析】 离岸价格风险转移，以在指定的装运港货物被装上指定船时为分界点。费用划分与风险转移的分界点相一致。

【例题2】国际贸易中，CFR 交货方式下买方的基本义务有（　　　）。（2012 年真题）

A. 负责租船订舱

B. 承担货物在装运港装上指定船只以后的一切风险

C. 承担运输途中因遭遇风险引起的额外费用

D. 在合同约定的装运港领受货物

E. 办理进口清关手续

【答案】BCE

【解析】选项 A，卖方义务。选项 D，在目的港领受货物。

2. 进口设备到岸价的构成及计算（表 1-6）

进口设备到岸价的构成及计算　　　　　　　　　　表 1-6

到岸价	离岸价（FOB）＋国际运费＋运输保险费＝运费在内价（CFR）＋运输保险费
国际运费	离岸价（FOB）×运费率＝单位运价×运量
运输保险费	运输保险费＝到岸价×保险费率 $运输保险费 = \dfrac{离岸价（FOB）＋国际运费}{1－保险费率} \times 保险费率$

【例题3】某进口设备人民币货价 400 万元，国际运费折合人民币 30 万元，运输保险费率为 3‰，则该设备应计的运输保险费折合人民币（　　　）万元。（2019 年真题）

A. 1.200　　　　　　　　　　　B. 1.204

C. 1.290　　　　　　　　　　　D. 1.294

【答案】D

【解析】（400＋30）/（1－3‰）×3‰＝1.29388（万元）。

【例题4】关于进口设备到岸价的构成及计算，下列公式中正确的是（　　　）。（2017 年真题）

A. 到岸价＝离岸价＋运输保险费

B. 到岸价＝离岸价＋进口从属费

C. 到岸价＝运费在内价＋运输保险费

D. 到岸价＝运费在内费＋进口从属费

【答案】C

3. 进口从属费用的构成及计算（表 1-7）

进口从属费用的构成及计算　　　　　　　　　　表 1-7

银行财务费	离岸价格（FOB）×银行财务费率×人民币外汇汇率
外贸手续费	到岸价格（CIF）×外贸手续费率×人民币外汇汇率
关税	到岸价格（CIF）×进口关税率×人民币外汇汇率

消费税	消费税 $=\dfrac{\text{到岸价} \times \text{人民币外汇汇率} + \text{关税}}{1 - \text{消费税率}} \times \text{消费税率}$ 或消费税 $=$（到岸价 $+$ 关税 $+$ 消费税）$\times$ 消费税率
进口环节增值税	（到岸价 $+$ 关税 $+$ 消费税）$\times$ 增值税率
车辆购置税	（到岸价 $+$ 关税 $+$ 消费税）$\times$ 车辆购置税率

> 提示：① 关税完税价格 $=$ 到岸价。
>
> ② 消费税是价内税。其计算基础与进口环节增值税和车辆购置税相同，为"到岸价 $+$ 关税 $+$ 消费税"。

【例题 5】关于进口设备原价消费税的计算，下列计算方式正确的是（　　）。（2022年真题）

A. 到岸价 $\times$ 消费税率

B.（到岸价 $+$ 关税）$\times$ 消费税率

C.（到岸价 $+$ 关税 $+$ 消费税）$\times$ 消费税率

D.（到岸价 $+$ 关税 $+$ 增值税）$\times$ 消费税率

【答案】C

【例题 6】某应纳消费税的进口设备到岸价为 1800 万元，关税税率为 20%，消费税率为 10%，增值税率为 16%，则该台设备进口环节增值税额为（　　）万元。（2020年真题）

A. 316.80

B. 345.60

C. 380.16

D. 384.00

【答案】D

【解析】关税 $=1800 \times 20\% = 360$（万元），增值税 $=[(1800 + 360)/(1 - 10\%)] \times 16\% = 384$（万元）。

【例题 7】构成进口设备原价的费用项目中，应以到岸价为计算基数的有（　　）。（2018年真题）

A. 国际运费

B. 进口环节增值税

C. 银行财务费

D. 外贸手续费

E. 进口关税

【答案】DE

【解析】选项 A、C 错误，国际运费、银行财务费的计算基数是离岸价格 FOB。选项 B 错误，进口环节增值税的计算基数是到岸价 $+$ 关税 $+$ 消费税。

考点三　设备运杂费的构成及计算

1. 设备运杂费的构成（图 1-5）

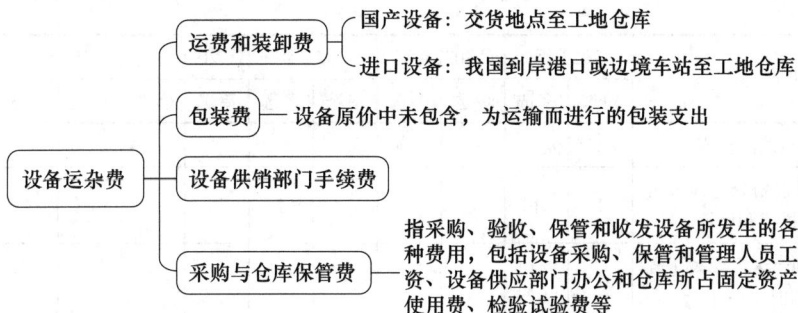

图 1-5　设备运杂费构成

2. 设备运杂费＝设备原价×运杂费率

【例题 1】下列费用中，应计入进口设备运杂费的是（　　）。（2023 年真题）

A. 国际运费　　　　　　　　　　B. 国际运输保险费

C. 外贸手续费　　　　　　　　　D. 采购及保管费

【答案】D

【解析】选项 A、B、C 属于进口设备原价的组成。

【例题 2】关于进口设备原价的构成内容，正确的有（　　）。（2022 年真题）

A. 设备在出口国内发生的运费

B. 设备的国际运输费用

C. 设备供销部门手续费

D. 设备验收、保管和收发发生的费用

E. 未达到固定资产标准的设备购置费

【答案】AB

【解析】设备购置费＝设备原价（含备品备件费）＋设备运杂费，注意区分国内外运费归属，国际运费属于设备原价，国内运费属于运杂费。选项 C、D，属于设备运杂费的构成。选项 E，属于工具、器具及生产家具购置费。

【例题 3】关于设备原价，下列说法正确的有（　　）。（2021 年真题）

A. 进口设备原价是指采购设备的到岸价

B. 国产设备原价一般指设备制造厂交货价或订货合同价

C. 进口设备原价通常包含备品备件费

D. 国产非标设备原价中的增值税是指销项税与进项税的差额

E. 国产非标准设备原价包含该设备设计费

【答案】BCE

【解析】进口设备的原价是指进口设备的抵岸价，设备原价通常包含备品备件费在内。国产非标设备原价中的增值税是指销项税额。

第三节　建筑安装工程费用的构成和计算

🔖 考情分析

考点	2023 年		2022 年		2021 年		2020 年		2019 年		2018 年	
	单选	多选	单选	多选	单选	多选	单选	多选	单选	多选	单选	多选
建筑安装工程费用的构成												
按费用构成要素划分建筑安装工程费用项目构成和计算	1	1	1	1		1		1		1	1	1
按造价形成划分建筑安装工程费用项目构成和计算	1		1		1		2		1		1	
国外建筑安装工程费的构成	1				1		1		1		1	1

建筑安装工程费用的组成见图 1-6。

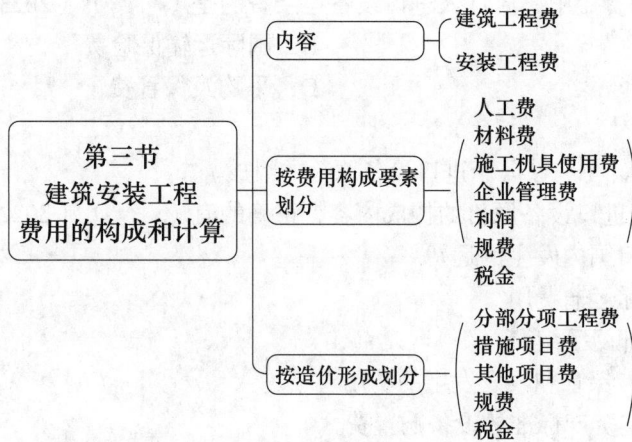

图 1-6　建筑安装工程费用的组成

考点一　建筑安装工程费用的构成（表 1-8）

建筑安装工程费用构成　　　　表 1-8

建筑工程费用	各类房屋建筑工程和列入房屋建筑工程预算的水、暖、卫生、通风、煤气等设备费用及其装设、油饰的费用，管道、电力、电信和电缆敷设工程的费用；设备基础、工作台等建筑工程及砌筑工程和金属结构工程；施工进行的场地平整、勘察、环境绿化等工作的费用；矿井、石油、铁路、公路及防洪等工程的费用
安装工程费用	① 各种需要安装的机械设备的装配费用，**与设备相连**的工作台、梯子、栏杆等设施的工程费用，附属于**被安装设备**的管线敷设以及**被安装设备**的防腐、保温等的材料费和安装费； ② 单台设备**单机**试运转、系统设备**联动无负荷**试运转的调试费

【**例题 1**】根据我国现行建筑安装工程费用构成的相关规定，下列费用中，属于安装

工程费用的是（　　）。（2022年真题）

A．施工临时用水工程　　　　　B．被安装设备的防腐油漆

C．工程排水工程　　　　　　　D．天然气钻井

【答案】B

【解析】安装工程费的掌握技巧：找"前缀"，与设备相连的……，与被安装设备有关的……。

【例题2】根据现行建筑安装工程费用项目组成规定，下列费用项目属于按造价形成划分的是（　　）。（2018年真题）

A．人工费　　　　　　　　　　B．企业管理费

C．利润　　　　　　　　　　　D．税金

【答案】D

【解析】建筑安装工程费按照工程造价形成由分部分项工程费、措施项目费、其他项目费、规费和税金组成。选项A、C、D属于按费用构成要素划分。

考点二　按费用构成要素划分建筑安装工程费用项目构成和计算

1．人工费：支付给直接从事建筑安装工程施工作业的生产工人的各项费用。

2．材料费：①各种原材料、半成品、构配件，②工程设备等的费用，③周转材料的摊销费、租赁费用。

3．施工机具使用费：具体分类及内容见表1-9。

施工机具使用费分类及内容　　　　　　　　　　表1-9

分类	内容
机械台班单价	折旧费、检修费、维护费、安拆费及场外运费、人工费、燃料动力费、其他费 口诀：折监护人拆燃料外运
仪器仪表台班单价	折旧费、维护费、校验费和动力费 口诀：动折维校

4．企业管理费：具体构成见图1-7、表1-10。

企业管理费 { 管理人员工资／办公费／差旅交通费／固定资产使用费／工具用具使用费／劳动保险和职工福利费／劳动保护费／检验试验费／工会经费／职工教育经费／财产保险费／财务费／税金／其他 }

图1-7　企业管理费的构成

11

企业管理费组成内容　　　　　　　　　　　　表 1-10

差旅交通费	职工因公出差、住勤补助费，市内交通费和误餐补助费，职工探亲路费，劳动力招募费，职工退休、退职一次性路费，工地转移费以及管理部门使用的交通工具的油料、燃料等费用等
固定资产使用费	是指**管理**和**试验部门**及附属生产单位使用的**属于固定资产**的房屋、设备等的折旧、大修、维修、租赁费等
工具用具使用费	是指企业施工**生产和管理**使用的**不属于固定资产**的工具、器具、家具、交通工具和**检验、试验**、测绘、消防用具等的购置、维修和摊销费等
检验试验费	施工企业对建筑以及材料、构件和建筑安装物进行**一般鉴定、检查**所发生的费用，包括自设试验室进行试验所耗用的材料等费用。**不包括**新结构、新材料的试验费，对构件做**破坏性试验**及其他**特殊**要求检验试验的费用和建设单位委托检测机构进行检测的费用，以上由建设单位在工程建设其他费用中列支
工会经费	按全部职工工资总额比例计提的工会经费
财务费	筹集资金或提供预付款担保、履约担保、职工工资支付担保所发生的各种费用
税金	是指除增值税之外的企业按规定缴纳的房产税、非生产性车船使用税、印花税、消费税、资源税、环境保护税、城市维护建设税、教育费附加、地方教育附加等各项税费
其他	技术转让费、技术开发费、投标费、业务招待费、绿化费、广告费、公证费、法律顾问费、审计费、咨询费、保险费（含财产险、人身意外伤害险、安全生产责任险、工程质量保证险等）、劳动力招募费、企业定额编制费等

一般计税方法下，进项税抵扣原则见表 1-11。

进项税抵扣原则　　　　　　　　　　　　表 1-11

办公费	① 购进自来水、暖气、冷气、图书、报纸、杂志适用的税率为 9%； ② 接受邮政和基础电信服务适用的税率为 9%； ③ 接受增值电信服务适用的税率为 6%； ④ 其他一般为 13%
固定资产使用费	① 购入的不动产适用的税率为 9%； ② 购入的其他固定资产适用的税率为 13%
工具用具使用费	以购进货物或接受修理修配劳务适用的税率扣减，均为 13%
检验试验费	以现代服务业适用的税率 6% 扣减

【例题 1】按照费用构成要素划分的建筑安装工程费用项目组成规定，下列费用项目应列入材料费的有（　　）。（2018 年真题）

A. 周转材料的摊销，租赁费用

B. 材料运输损耗费用

C. 施工企业对材料进行一般鉴定，检查发生的费用

D. 材料运杂费中的增值税进项税额

E. 材料采购及保管费用

【答案】ABE

【解析】选项 C 错误，施工企业对材料进行一般性鉴定、检查发生的费用属于企业管理费。选项 D 错误，当一般纳税人采用一般计税方法时，材料单价中的材料原价、运杂费等均应扣除增值税进项税额。

【例题 2】根据现行的建筑安装工程费用项目组成规定，下列关于施工企业管理费中工具用具使用费的说法正确的是（　　）。（2018 年真题）

A．指企业管理使用，而非施工生产使用的工具用具使用费

B．指企业施工生产使用，而非企业管理使用的工具用具使用费

C．采用一般计税方法时，工具用具使用费中的增值税进项税额可以抵扣

D．包括各类资产标准的工具用具的购置、维修和摊销费用

【答案】C

【解析】工具用具使用费是指企业施工生产和管理使用的不属于固定资产的工具、器具、家具、交通工具和检验、试验、测绘、消防用具等的购置、维修和摊销费。选项 A、B 中"非"字阐述错误。选项 D，"各类资产标准"错误。

【例题 3】下列保险、担保费用中，属于建筑安装工程费中企业管理费的有（　　）。（2022 年真题）

A．施工人员工伤保险　　　　　　　B．施工管理用车辆保险

C．劳动保险　　　　　　　　　　　D．履约担保费用

E．设备运输保险费

【答案】BCD

【解析】选项 A 属于规费。选项 E 错误，如国外设备运输保险费属于设备购置费。

5．利润，企业根据自身需求并结合建筑市场实际自主确定。

6．规费（以定额人工费为计算基础）（图 1-8）

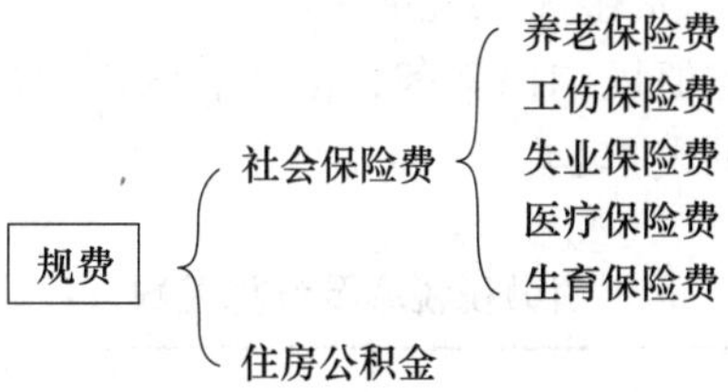

```
                       ┌ 养老保险费
                       │ 工伤保险费
            ┌ 社会保险费 ┤ 失业保险费
规费 ┤       │ 医疗保险费
            │          └ 生育保险费
            └ 住房公积金
```

图 1-8　规费的组成

7．增值税

（1）计税方法（表 1-12）

计税方法　　　　　　　　　　　　　　　　　　表 1-12

计税方法	内容
一般计税	①增值税销项税额＝税前造价×9%＝$\dfrac{含税造价}{1+9\%}×9\%$ ②如果有分包，含税造价**无须扣除**分包款 ③应纳增值税额＝销项税额－进项税额 ④税前造价中各费用项目均以不包含增值税可抵扣进项税额的价格计算

13

计税方法	内容
简易计税	① 应纳增值税额 = 税前造价 × 3% = $\dfrac{含税造价}{1+3\%}$ × 3% ② 如果有分包，含税造价须扣除分包款 ③ 税前造价中各费用项目均以包含增值税可抵扣进项税额的价格计算 ④ 简易计税适用范围：口诀：小甲老包 a. 小规模纳税人发生应税行为适用简易计税方法计税 b. 一般纳税人以清包工方式提供的建筑服务，可以选择适用简易计税方法计税 c. 一般纳税人为甲供工程提供的建筑服务，可以选择适用简易计税方法计税 d. 一般纳税人为建筑工程老项目提供的建筑服务，可以选择适用简易计税方法计税

（2）建筑业的增值税税务筹划

1）合理选择计税方法（表 1-13）

计税方法选择 表 1-13

选择主体	计税方法的选择权应归属于承包人。一经选择，36 个月内不得变更。不得变更主要是针对单个项目而言的，非全部建筑项目。 发包人可以在建设项目招投标过程中通过事先拟定的合同条款要求选择特定的计税方法
计税平衡点的选择	一般计税：应纳增值税额 = 销项税额 − 进项税额 简易计税：应纳增值税额 = 税前造价 × 3% 两种计税方法的应纳增值税额相等时，此时的进项税称为无差别平衡点可抵扣进项税额。 预判的可抵扣进项税 > 无差别平衡点可抵扣进项税额，选择一般计税。 预判的可抵扣进项税 < 无差别平衡点可抵扣进项税额，选择简易计税

2）纳税义务的发生时间对资金流动性的影响

预收工程款虽然不产生增值税纳税义务，但却有预缴税的纳税义务。

预缴税税率及计算基数见表 1-14。

预缴税税率及计算基数 表 1-14

税率	一般计税：预征率 2%； 简易计税：预征率 3%
计算基数	全部价款和价外费用 − 支付的分包款

多预缴的增值税是不能退回的，只能用于冲抵下一期的应缴税款。

【例题 1】关于一般计税方法和简易计税方法的选择，下列说法正确的是（   ）。（2023 年真题）

A. 允许采用简易计税方法时，选择何种方法主要取决于可抵扣的进项税额

B. 计税方法一经选择，48 个月内不得变更

C. 同一时期承包人的不同项目只能选择相同的计税方法

D. 不允许发包人在招标合同条款中要求选择特定的计税方法

【答案】A

【解析】选项 B 错误，应为 36 个月。选项 C 中"不同项目"的说法错误，计税方法一经选择，36 个月内不得变更，是针对单个项目而言。选项 D 错误，发包人可以在建设项目招投标过程中通过事先拟定的合同条款要求选择特定的计税方法。

【例题 2】在不增加施工成本的前提下，下列关于承包人增加增值税可抵扣进项税额的方法，正确的有（　　）。（2023 年真题）

A．可采用劳务分包方式获取抵扣进项税额

B．材料的采购应在价格低廉和能取得增值税专用发票之间选择后者

C．自购施工机具取得的可抵扣进项税额须一次性抵扣

D．检验试验费中的增值税进项税额按 6% 的适用税率扣减

E．办公费中的增值税进项税额按 9% 的适用税率扣减

【答案】ACD

【解析】选项 B 错误，结合具体情况选项。选项 E 错误，办公费包含的内容税率分为 4 种情况，参见表 1-11。

【例题 3】假设某项目一般纳税人含税的合同金额为 16000 万元，预判的可抵扣进项税额为 X，工程分包的合同金额为 6000 万元，在不考虑各项附加税的条件下，则此项业务的无差别平衡点可抵扣进项税额为（　　）万元。

A．855.08

B．1029.84

C．534.43

D．1266.05

【答案】B

【解析】$16000/(1+9\%)\times 9\% - (16000-6000)/(1+3\%)\times 3\% = 1029.84$（万元）。

考点三　按造价形成划分建筑安装工程费用项目构成和计算

1. 分部分项工程费

分部分项工程费 $= \sum$（分部分项工程量 $\times$ 综合单价）

综合单价包括人工费、材料费、施工机具使用费、企业管理费和利润。

2. 措施项目费

（1）不宜计量的措施项目费（表 1-15）

不宜计量的措施项目费　　　　表 1-15

组成	内容
安全文明施工费	① 环境保护费 ② 文明施工费 ③ 安全施工费 ④ 临时设施费（施工单位的，包括搭设、维修、拆除、清理费或摊销费） ⑤ 建筑工人实名制管理所需费用可列入安全文明施工费和管理费
夜间施工增加费	因夜间施工所发生的夜班补助费、施工降效、施工照明设备摊销及照明用电等措施费用
非夜间施工照明费	地下室等特殊施工部位施工时的照明设备的安拆、维护及照明用电等费用
二次搬运费	因施工管理需要或因场地狭小等原因，必须发生二次或以上搬运

续表

组成	内容
冬雨季施工增加费	
地上、地下设施、建筑物的临时保护设施费	在**施工过程中**，对已建成的地上、地下设施、建筑物进行保护的费用
已完工程及设备保护费	**竣工验收前**，对已完工程及设备采取的覆盖、包裹、封闭、隔离等必要保护措施所发生的费用

（2）应予计量的措施项目费（表1-16）

应予计量的措施项目费　　　　　　　　　　表1-16

组成	内容及计算
脚手架费	① 按建筑面积或垂直投影面积计算，单位：m^2 ② 内容：脚手架购置费的摊销（租赁）、搭拆、安全网铺设等
混凝土模板及支架（撑）费	按照模板与现浇混凝土构件的接触面积计算，单位：m^2
垂直运输费	① 按建筑面积计算，单位：m^2 ② 按照施工工期日历天数计算，单位：d
超高施工增加费	① 按照建筑物超高部分的建筑面积计算，单位：m^2 ② 内容：当单层建筑物檐口高度超过20m，多层建筑物超过6层时，可计算超高施工增加费，包括降效费、加压水泵、通信联络设备的使用及摊销费
大型机械设备进出场及安拆费	按照机械设备的使用数量计算，单位：台次
施工排水、降水费	① 成井费：按设计图示尺寸以钻孔深度计算，单位：m ② 排水、降水费用：按照排、降水日历天数计算，单位：昼夜

措施项目费 ＝ ∑（措施项目工程量 × 综合单价）

> **提示**：掌握各项费用的计量单位。

【例题1】关于措施项目工程量的计算单位，下列说法正确的是（　　）。（2023年真题）

A．脚手架费按建筑面积或垂直投影面积以"m^2"为单位计算

B．超高施工增加费按建筑物超高高度以"m"为单位计算

C．垂直运输费按运输距离以"m"为单位计算

D．降水费用按降水深度以"m"为单位计算

【答案】A

【解析】选项B错误，超高施工增加费以"m^2"为单位。选项C错误，垂直运输按建筑面积（也可按工期日历天数）。选项D错误，排水、降水费用：按日历天数以"昼夜"计算。

【例题2】关于超高施工增加费计取的条件，下列说法正确的是（　　）。（2022年真题）

A．单层建筑檐口高超过18m，多层建筑超过6层

B．单层建筑檐口高超过18m，多层建筑超过8层

C. 单层建筑檐口高超过 20m，多层建筑超过 6 层

D. 单层建筑檐口高超过 20m，多层建筑超过 8 层

【答案】C

【解析】当单层建筑物檐口高度超过 20m，多层建筑物超过 6 层时，可计算超高施工增加费。

【例题3】下列费用中，应计入建筑安装工程分部分项工程费的有（　　　）。（2022 年真题）

A. 施工人员夜班补助　　　　　　B. 挖运机械的操作人员工资

C. 安全网铺设费用　　　　　　　D. 现场施工机械降噪费

E. 构成永久工程的机电设备购置费

【答案】BE

【解析】选项 A 属于措施项目费中的夜间施工增加费。选项 C 属于措施项目费中的脚手架费。选项 D 属于措施项目费中的安全文明施工费。

3. 其他项目费（表 1-17）

其他项目费　　　　　　　　　　　　　　　　　　　　　表 1-17

组成	概念
暂列金额	① 用于施工合同签订时**尚未确定或者不可预见**的所需材料、工程设备、服务的采购，施工中可能发生的工程变更、合同约定调整因素出现时的工程价款调整以及发生的索赔、现场签证确认等的费用 ② 施工过程中由建设单位掌握使用、扣除合同价款调整后**如有余额，归建设单位**
暂估价	① 指招标人在工程量清单中提供的用于支付**必然发生**但暂时不能确定价格的材料、工程设备的单价以及专业工程的金额 ② 分类：**材料、工程设备暂估单价；专业工程暂估价**
计日工	施工单位完成建设单位提出的工程合同**范围以外**的零星项目或工作所需的费用
总承包服务费	总承包人为配合、协调建设单位进行的专业工程发包，对建设单位自行采购的材料、工程设备等进行保管以及施工现场管理、竣工资料等服务所需的费用

4. 规费和税金

【例题4】根据我国现行建筑安装工程费用项目构成规定，在施工合同签订时尚未确定的服务采购费用，应计入（　　　）。（2021 年真题）

A. 暂列金额　　　　　　　　　　B. 暂估价

C. 措施项目费　　　　　　　　　D. 总承包服务费

【答案】A

【解析】根据题干中关键词"尚未确定"，选择暂列金额。

考点四 **国外建筑安装工程费的构成（表 1-18）**

国外建筑安装工程费的构成　　　　　　　　　　　　　　表 1-18

工程施工发包承包价格	各单项工程费用	分部分项工程费用	人工费：工资、加班费、津贴、**招雇解雇费**
			材料费：原价、运杂费、税金、运输损耗及采购保管费、**预涨费**
			施工机械费：租用、自有机械费用

工程施工发包承包价格	各单项工程费用	分部分项工程费用	管理费：现场、公司管理费 管理费除了包括与我国施工管理费构成相似，还含有业务经费（**保函手续费、代理人费用和佣金、建安工程一切险、第三者责任险、向银行借款利息**等）
			利润及税金
			其他摊销费
		单项工程开办费	按各单项工程分别单独列出，因国家和工程的不同而异 单项工程建安工程量**越大**，开办费比例**越小** 施工用水、用电、工地清理、临时围墙、恶劣气候条件下的工程防护费、污染费、噪声费、周转材料费、临时设施费、驻工地工程师的现场办公费及所需设备的费用，现场材料试验费及所需设备的费用等
	分包工程费		分包工程的直接工程费、管理费和利润；总包利润和管理费
	暂定金额		包括在合同价中，供工程任何部分的施工或提供货物、材料、设备或服务、不可预料事件所使用的一项金额，**只有工程师批准后才能动用**

投标报价的表现形式见表 1-19。

投标报价的表现形式　　　　　　　　　　　　　　　表 1-19

组成分部分项工程单价	人工费、材料费和机械费
单独列项	临时设施、为业主提供的办公和生活设施、脚手架等费用，经常在工程量清单的开办费部分单独分项报价
分摊进单价	承包人总部管理费、利润和税金，以及开办费中的项目经常以一定的比例分摊进单价

【例题 1】 下列国外建筑安装工程费的构成项目中，应计入管理费的是（　　　）。（2023 年真题）

　A. 现场保卫设施费　　　　　　　　　B. 现场实验费

　C. 工人现场福利费　　　　　　　　　D. 保函手续费

【答案】 D

【解析】 选项 A、B、C 都属于单项工程开办费。国内外的保函手续费都属于管理费。

【例题 2】 关于国外建设工程造价构成中承包人总部管理费的计列，下列说法正确的是（　　　）。（2022 年真题）

　A. 直接计入与其相对应的分部分项工程单价中

　B. 分摊进分部分项工程单价中

　C. 在开办费中单独列项

　D. 与各单项工程费用平行计列

【答案】 B

【解析】 承包人总部管理费、利润和税金，以及开办费中的项目经常以一定的比例分摊进单价。

【例题 3】 关于国外建筑安装工程费用中的开办费，下列说法正确的有（　　　）。（2018

年真题）

  A．开办费项目可以按单项工程分别单独列出

  B．单项工程建筑安装工程量越大，开办费在工程价格中的比例越大

  C．开办费包括的内容因国家和工程的不同而异

  D．开办费项目可以采用分摊进单价的方式报价

  E．第三者责任险投保费一般应作为开办费的构成内容

【答案】ACD

【解析】选项 A 正确，开办费一般是在各分部分项工程造价的前面按单项工程分别单独列出。选项 B 错误，单项工程建筑安装工程量越大，开办费在工程价格中的比例就越小。选项 C 正确，开办费包括的内容因国家和工程的不同而异。选项 D 正确，承包商总部管理费、利润和税金以及开办费中的项目经常以一定的比例分摊进单价。选项 E 错误，第三者责任险投保费属于管理费的组成内容。

第四节　工程建设其他费用的构成和计算

考情分析

考点	2023 年		2022 年		2021 年		2020 年		2019 年		2018 年	
	单选	多选	单选	多选	单选	多选	单选	多选	单选	多选	单选	多选
项目建设管理费	1								1			1
用地与工程准备费			1		1			1		1	2	
配套设施费							1					
工程咨询服务费		1	1	1	1	1	1					
建设期计列的生产经营费									1			
工程保险费												
税金												

考点一　项目建设管理费（表 1-20）

项目建设管理费　　　　　　　　　　　　　　　　　　　表 1-20

内容	建设单位从项目筹建之日起至办理竣工财务决算之日止发生的管理性质的支出。类似施工单位的"企业管理费"，还包括竣工验收费、生产工人招募费等
计算	项目建设管理费＝**工程费用**×项目建设管理费费率
注意	实行代建制管理的项目，建设项目**一般不得同时列支**代建管理费和项目建设管理费，确需同时发生的，两项费用之和不得高于项目建设管理费限额

【例题 1】下列关于项目建设管理费的说法中，正确的是（　　　）。（2023 年真题）

  A．是指建设单位从项目筹建之日起至通过竣工验收之日止发生的管理性支出

B. 按照工程费用和用地与工程准备费之和乘以项目建设管理费率计算

C. 代建管理费和项目建设管理费之和不得高于项目建设管理费限额

D. 不得用于委托咨询机构进行施工项目管理发生的施工项目管理费支出

【答案】C

【解析】选项 A，通过竣工验收之日错误，应为"办理竣工财务决算"。选项 B 错误，项目建设管理费的计算基础是"工程费用"。选项 D 错误，建设单位委托咨询机构进行施工项目管理服务会发生施工项目管理费，从项目建设管理费中列支。

【例题 2】根据我国现行建设项目总投资及工程造价的构成，下列有关建设项目费用开支，应列入建设单位管理费的是（   ）。（2019 年真题）

A. 监理费

B. 竣工验收费

C. 可行性研究费

D. 节能评估费

【答案】B

【解析】选项 A、C、D 属于工程咨询服务费。

考点二　用地与工程准备费

1. 土地使用费和补偿费

获取国有土地使用权的方式见图 1-9。

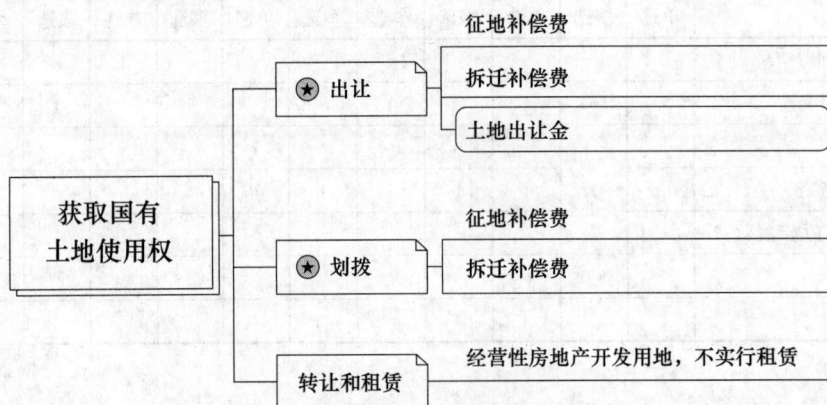

图 1-9　获取国有土地使用权的方式

（1）征地补偿费（表 1-21）

征地补偿费　　　　　　　　　　　　　　　　　　　表 1-21

土地补偿费	① 征收农用地的土地补偿费标准由省、自治区、直辖市通过制定公布区片综合地价确定，并至少每三年调整或者重新公布一次 ② 归农村集体所有
青苗和地上附着物补偿费	青苗补偿费：在农村实行承包责任制后，农民自行承包土地的青苗补偿费应付给本人，属于集体种植的青苗补偿费可纳入当年集体收益 提示：补给所有者

续表

安置补助费	① 应支付给被征地单位和安置劳动力的单位 ② 标准由省、自治区、直辖市通过制定公布区片综合地价确定，**至少每三年调整或者重新公布一次** ③ 县级以上地方人民政府应当将被征地农民纳入相应的养老等社会保障体系
耕地开垦费和森林植被恢复费	① 非农业建设经批准占用耕地的，按照"占多少，垦多少"的原则 ② 没有条件开垦或者开垦的耕地不符合要求的，应当按照省、自治区、直辖市的规定缴纳耕地开垦费
生态补偿与压覆矿产资源补偿费	
其他补偿费	

（2）拆迁补偿费（表1-22）

拆迁补偿费　　　　　　　　　　　　　　　　　　　　　　　**表1-22**

拆迁补偿金	补偿方式可以实行货币补偿，也可以实行房屋产权调换
迁移补偿费	包括征用土地上的房屋及附属构筑物、城市公共设施等拆除、迁建补偿费、搬迁运输费，企业单位因搬迁造成的减产、停工损失补贴费，拆迁管理费、搬迁补助费、临时安置补助费等

（3）土地出让金（表1-23）

土地出让金　　　　　　　　　　　　　　　　　　　　　　　**表1-23**

概念	为用地单位向国家支付的土地所有权收益
要求	有偿出让和转让使用权，要向土地受让者（买家）**征收契税**；转让土地如有增值，要向**转让者（卖家）征收土地增值税**；土地使用者**每年**应按规定的标准缴纳土地使用费。 土地使用权出让合同约定的使用年限届满，土地使用者需要继续使用土地的，应当至迟于**届满前一年申请续期**，除根据社会公共利益需要收回该幅土地的，应当予以批准。经批准准予续期的，应当重新签订土地使用权出让合同，依照规定支付土地使用权出让金

【例题1】关于建设单位以出让或转让方式取得国有土地使用权涉及的相关税费，下列说法正确的是（　　）。（2022年真题）

A. 应向农村集体经济组织支付地上附着物补偿费

B. 应向土地受让者征收契税

C. 应向土地受让者征收土地增值税

D. 应向土地使用者一次性收取土地使用费

【答案】B

【解析】有偿出让和转让使用权，要向土地受让者征收契税。土地使用者每年应按规定的标准缴纳土地使用费。

【例题2】下列费用项目，应归属征地补偿费的有（　　）。（2019年真题）

A. 拆迁补偿费　　　　　　　　　　B. 安置补助费

C. 地上附着物补偿费　　　　　　　D. 迁移补偿费

E. 土地管理费

【答案】BC

【解析】选项A、D属于拆迁补偿费。E选项为旧版教材内容，已删除。

2. 场地准备及临时设施费（表1-24）

场地准备及临时设施费   表1-24

场地准备及临时设施费	1. 内容（达到开工条件，生地→熟地） （1）场地平整费。 （2）建设单位的临时设施费：为满足施工建设需要的临时水、电、路、信、气、热等工程和临时仓库等建（构）筑物的建设、维修、拆除、摊销费用或租赁费用，以及货场、码头租赁等费用。 提示：与施工单位临时设施费区分。 2. 计算 （1）应尽量与永久性工程统一考虑。建设场地的**大型土石方工程应进入工程费用中的总图运输费用中**。 （2）新建项目应根据实际工程量估算，或按工程费用的比例计算。**改扩建项目一般只计拆除清理费**。 场地准备和临时设施费＝工程费用×费率＋拆除清理费 （3）发生拆除清理费时可按新建同类工程造价或主材费、设备费的比例计算。凡可回收材料的拆除工程采用以料抵工方式冲抵拆除清理费。 （4）此项费用不包括已列入建筑安装工程费用中的施工单位临时设施费

【例题3】关于建设项目场地准备和建设单位临时设施费的计算，下列说法正确的是（ ）。（2018年真题）

A. 改扩建项目一般应计工程费用和拆除清理费

B. 凡可回收材料的拆除工程应采用以料抵工方式冲抵拆除清理费

C. 新建项目应根据实际工程量计算，不按工程费用的比例计算

D. 新建项目应按工程费用比例计算，不根据实际工程量计算

【答案】B

【解析】选项A错误，改扩建项目一般只计拆除清理费。选项C、D错误，新建项目的场地准备和临时设施费应根据实际工程量估算，或按工程费用的比例计算。

【例题4】关于工程建设其他费中场地准备及临时设施费的构成，下列说法正确的有（ ）。（2022年真题）

A. 建设场地的大型土石方工程费

B. 施工单位为施工而进行的场地平整费

C. 建设单位为达到开工条件而进行的场地平整费

D. 建设单位为施工建设而发生的货场、码头租赁费

E. 征地过程中发生的地上公共设施拆除费

【答案】CD

【解析】选项A，计入工程费用中的总图运输费用中。选项B，施工单位的场地平整费属于建筑安装工程费。选项E，属于拆迁补偿费。

【例题5】下列费用中，应计入工程建设其他费用中用地与工程准备费的有（ ）。（2020年真题）

A. 建设场地大型土石方工程费   B. 土地使用费和补偿费

C. 场地准备费   D. 建设单位临时设施费

E．施工单位平整场地费

【答案】BCD

【解析】用地与工程准备费包括：土地使用费和补偿费；场地准备及临时设施费。

考点三　配套设施费（表 1-25）

配套设施费 表 1-25

城市基础设施配套费	建设单位向政府有关部门缴纳的，用于城市基础设施和城市公用设施建设的专项费用
人防易地建设费	建设单位因地质、地形、施工等客观条件限制，无法修建防空地下室的，按照规定标准向人民防空主管部门缴纳的人民防空工程易地建设费

考点四　工程咨询服务费（表 1-26）

工程咨询服务费 表 1-26

可行性研究费	包括项目建议书、预可行性研究、可行性研究费
专项评价费	环境影响评价费、安全预评价费、职业病危害预评价费、地质灾害危险性评价费、节能评估费、危险与可操作性分析及安全完整性评价费以及其他专项评价费
研究试验费	为建设项目提供和验证**设计数据、资料**等进行试验及验证的费用及设计规定在项目建设过程中必须进行试验、验证所需费用。 在计算时要注意**不应包括以下项目：** （1）应由科技三项费用开支的项目 新产品试制费、中间试验费和重要科学研究补助费 （2）应在建筑安装费用中检验试验费（一般鉴定、检查）及技术革新的研究试验费 （3）应由勘察设计费或工程费用中开支的项目
勘察设计费	勘察作业、编制勘察文件和岩土工程设计文件费用 初步设计、施工图设计、非标准设备设计文件等编制费用
设计评审费	建设单位委托有资质的机构对设计文件进行评审的费用
监理费	建设单位委托监理机构开展工程建设监理工作或设备监造服务所需的费用
招标代理费	建设单位委托招标代理机构进行招标服务所发生的费用
技术经济标准使用费	建设项目投资确定与计价、费用控制过程中使用相关技术经济标准时所发生的费用
工程造价咨询费	建设单位委托工程造价咨询机构开展造价咨询工作所需的费用
特殊设备安全监督检验费	在施工现场安装的列入国家特种设备范围内的设备（设施）检验检测和监督检查所发生的费用 包括锅炉、压力容器、压力管道、消防设备、燃气设备、起重设备、电梯、安全阀等特殊设备和设施
竣工图编制费	建设单位委托相关机构编制竣工图所需的费用

【例题 1】下列建设项目实施过程中发生的工程咨询服务费，属于专项评价费的是（　　）。（2022 年真题）

A．可行性研究费　　　　　　　　B．节能评估费

C. 设计评审费　　　　　　　　　　D. 技术经济标准使用费

【答案】B

【解析】选项 A、C、D 属于工程咨询服务费，和专项评价费是并行关系。

【例题 2】下列费用，属于工程建设其他费用中研究试验费的有（　　）。（2022 年真题）

　　A. 对进场材料、构件进行一般性鉴定检查的费用

　　B. 设计规定在项目建设过程中必须进行试验、验证所需费用

　　C. 由科技三项费用开支的试验费

　　D. 特殊设备安全监督检验费

　　E. 为建设项目验证设计参数进行必要的研究试验费用

【答案】BE

【解析】选项 A，属于检验试验费，包含在建筑安装工程费的企业管理费中。选项 C，研究试验不包含科技三项费用开支的费用。选项 D，和研究试验费并行关系，都归属于工程咨询服务费。

【例题 3】下列费用中，计入工程咨询服务费中勘察设计费的是（　　）。（2020 年真题）

　　A. 设计评审费　　　　　　　　　　B. 技术经济标准使用费

　　C. 技术革新研究试验费　　　　　　D. 非标准设备设计文件编制费

【答案】D

【解析】勘察设计费中，设计费是指设计人根据发包人的委托，提供编制建设项目初步设计文件、施工图设计文件、非标准设备设计文件等服务所收取的费用。

考点五 **建设期计列的生产经营费（表 1–27）**

建设期计列的生产经营费　　　　　　　　　　　　　　　　表 1-27

专利及专有技术使用费	1. 内容 （1）工艺包费、设计及技术资料费、有效专利、专有技术使用费、技术保密费和技术服务费等。 （2）商标权、商誉和特许经营权费。 （3）软件费等。 2. 计算 （1）按专利使用许可协议和专有技术使用合同的规定计列。 （2）专有技术的界定应以省、部级鉴定的批准为依据。 （3）专利及专有技术费，项目投资中**只计算建设期支付**的此费用；生产期支付的应在生产成本中核算。 （4）商标权、商誉及特许经营权费，一次性支付按协议或合同计列。协议或合同中规定在生产期支付的，在生产成本中核算
联合试运转费	1. 概念 对整个生产线或装置进行**负荷联合试运转**所发生的费用净支出。净支出 = 试运转支出 − 试运转收入。 2. 内容 （1）支出包括：试运转所发生的人工费（试运转工人、专家指导费）、材料费、机具费。 （2）收入包括：试运转期间的产品销售收入和其他收入。 （3）**不包括：单机试运转、联动无负荷试运转，以及在试运转中暴露的因施工原因或设备缺陷等发生的处理费用**

生产准备费	1. 内容 （1）人员培训费及提前进厂费（自行和委托）； （2）为保证初期正常生产（或营业、使用）所必需的生产办公、生活家具用具购置费。 2. 计算 生产准备费＝设计定员×生产准备费指标 注：新建项目按设计定员，改扩建项目按新增设计定员

【例题1】下列费用中，应计入建设期计列的生产经营费中的是（　　）。（2022年真题）

A．建设期使用的办公家具购置费

B．建设单位工具用具使用费

C．建设期取得特许经营权的费用

D．交付生产前调试及试车费用

【答案】C

【解析】选项A、B属于项目建设管理费。选项D，如果是无负荷的调试及试车，属于安装工程费；如果是有负荷的调试和试车则属于联合试运转费，归属于建设期计列的生产经营费。

【例题2】根据我国现行建设项目总投资及工程造价的构成，联合试运转费应包括（　　）。（2019年真题）

A．施工单位参加联合试运转人员的工资

B．设备安装中的试车费用

C．试运转中暴露的设备缺陷的处理费

D．生产人员的提前进厂费

【答案】A

【解析】选项B属于安装工程费；选项C，缺陷导致方承担，不属于联合试运转费；选项D属于生产准备费。

【例题3】关于生产准备及开办费，下列说法中正确的有（　　）。

A．包括自行组织培训和委托其他单位培训的相关费用

B．包括正常生产所需的生产办公家具用具的购置费用

C．包括正常生活所需的生活家具用具的购置费用

D．改扩建项目，按设计定员乘以人均生产准备费指标计算

【答案】A

【解析】选项B、C错误，正确说法为：保证初期正常生产（或营业、使用）所必需的生产办公、生活家具用具购置费。选项D错误，新建项目，按照设计定员乘以人均生产准备费指标计算；改扩建项目，按照新增设计定员计算生产准备费。

考点六　工程保险费

包括建筑安装工程一切险、进口设备财产险和工程质量潜在缺陷险等。

考点七 税金

统一归纳计列的城镇土地使用税、耕地占用税、契税、车船税、印花税等除增值税外的税金。

【例题1】关于工程建设其他费的内容，下列说法正确的有（　　）。（2023年真题）

A. 研究试验费中包含施工企业技术革新的研究试验费

B. 配套设施费包括城市基础设施配套费和人防易地建设费

C. 工程咨询服务费中包含专有技术使用费

D. 联合试运转费不包含应由设备安装工程费开支的调试及试车费用

E. 生产准备费包含保证初期正常生产必需的办公、生活家具用具购置费

【答案】BDE

【解析】选项A错误，研究试验费是建设单位的费用，不包含施工企业的技术革新费用。选项C错误，专有技术使用费归属于建设期计列的生产经营费。

【例题2】下列工程建设其他费用，属于工程咨询服务费的有（　　）。（2021年真题）

A. 勘察设计费   B. 职业病危害预评价费

C. 监理费   D. 技术经济标准使用费

E. 专有技术使用费

【答案】ABCD

【解析】选项E是建设期计列的生产经营费。

第五节　预备费和建设期利息的计算

考情分析

考点	2023年		2022年		2021年		2020年		2019年		2018年	
	单选	多选	单选	多选	单选	多选	单选	多选	单选	多选	单选	多选
预备费	1		1		1		1		1		1	
建设期利息	1		1		1		1		1		1	

考点一 预备费（表1-28）

预备费   表1-28

基本预备费	1. 概念：指投资估算或工程概算阶段预留的，由于工程实施中不可预见的工程**变更及洽商**、一般**自然灾害处理**（实行保险的，可适当降低）、**地下障碍物处理**、**超规超限设备运输**等而可能增加的费用，亦可称为不可预见费 2. 计算：**基本预备费＝（工程费用＋工程建设其他费用）×费率**

价差预备费	1. 概念：为在建设期内利率、汇率或价格等因素的变化而预留的可能增加的费用，亦称为价格变动不可预见费 2. 计算： $$PF = \sum_{t=1}^{n} I_t \left[(1+f)^m (1+f)^{0.5} (1+f)^{t-1} - 1 \right]$$ $$PF = \sum_{t=1}^{n} I_t \left[(1+f)^{m+t-0.5} - 1 \right]$$ 式中：PF——价差预备费； 　　　n——建设期年份数； 　　　I_t——建设期中第 t 年的**静态投资计划额**，包括工程费用、工程建设其他费及基本预备费（估算年份价格水平的投资额）； 　　　f——年涨价率； 　　　m——建设前期年限（从编制估算到开工建设，单位：年）

【**例题 1**】某建设项目投资估算中的建安工程费、设备及工器具购置费、工程建设其他费用分别为 30000 万元、20000 万元、10000 万元。若基本预备费费率为 5%，则该项目的基本预备费为（　　）万元。（2021 年真题）

A．1500 万元　　　　　　　　　　B．2000 万元

C．2500 万元　　　　　　　　　　D．3000 万元

【**答案**】D

【**解析**】基本预备费＝（工程费用＋工程建设其他费用）×基本预备费费率＝（30000＋20000＋10000）×5%＝3000（万元）。

【**例题 2**】下列费用中，属于基本预备费支出范围的是（　　）。（2020 年真题）

A．超规超限设备运输增加费

B．人工、材料、施工机具的价差费

C．建设期内利率调整增加费

D．未明确项目的准备金

【**答案**】A

【**解析**】选项 B、C 属于价差预备费。选项 D 是干扰项。

【**例题 3**】某建设项目静态投资计划额为 10000 万元，建设前期年限为 1 年。建设期为 2 年，分别完成投资的 40%、60%。若年均投资价格上涨率为 4%，则该项目建设期间价差预备费为（　　）万元。（2023 年真题）

A．442.79　　　　　　　　　　　　B．649.60

C．860.50　　　　　　　　　　　　D．1075.58

【**答案**】C

【**解析**】第一年涨价预备费＝4000×[（1＋4%）$^{1+1-0.5}$－1]＝242.38（万元），第二年涨价预备费＝6000×[（1＋4%）$^{1+2-0.5}$－1]＝618.12（万元）。价差预备费＝242.38＋618.12＝860.50（万元）。

考点二　建设期利息（表1-29）

建设期利息	1. 概念：建设期内发生的为工程项目筹措资金的融资费用及债务资金利息。 2. 计算：当总贷款**分年均衡发放**，**当年借款在年中支用考虑**，即当年贷款只计半年利息，而以前年度的本利和则按全年计息。 $$q_j=\left(P_{j-1}+\frac{1}{2}A_j\right)\cdot i$$ 式中：q_j——建设期第 j 年应计利息； 　　　P_{j-1}——建设期第 $(j-1)$ 年末累计贷款本金与利息之和； 　　　A_j——建设期第 j 年贷款金额； 　　　i——年利率。 3. 国外贷款利息的计算，年利率应综合考虑： ① 银行按照贷款协议向贷款方加收的**手续费、管理费、承诺费**； ② 国内代理机构向贷款方收取的**转贷费、担保费、管理费**等

【例题1】 关于建设期贷款利息计算公式 $q_j=\left(P_{j-1}+\frac{1}{2}A_j\right)\cdot i$ 的应用，下列说法正确的是（　　）。（2023年真题）

A. 仅适用于贷款在年中一次性发放的情况

B. P_{j-1} 为建设期第 $(j-1)$ 年末累计贷款本金

C. A_j 为建设期第 j 年贷款金额和利息之和

D. 利用国外贷款的年利率 i 中应综合考虑贷款手续费、承诺费等

【答案】 D

【解析】 选项A错误，公式适用于总贷款分年均衡发放。选项B错误，P_{j-1} 为建设期第 $(j-1)$ 年末累计贷款本金与利息之和。选项C错误，A_j 为建设期第 j 年贷款金额。

【例题2】 某建设项目贷款总额为3000万元，贷款年利率为10%。项目建设前期年限为1年。建设期为2年，其中第一、二年的贷款比例分别为60%和40%。贷款在年内均衡发放，建设期内只计息不付息，则该项目建设期利息为（　　）万元。（2022年真题）

A. 300.00　　　　　　　　　　B. 339.00

C. 498.00　　　　　　　　　　D. 599.51

【答案】 B

【解析】 第一年利息 =（3000×60%/2）×10% = 90（万元），第二年利息 =（3000×60%+90+3000×40%/2）×10% = 249（万元），建设期利息 = 90+249 = 339（万元）。

【例题3】 某建设项目建设期为2年，分别于每年年初从银行获得贷款3000万元和2000万元，贷款年利率为10%，建设期只计息不付息，则该项目建设期贷款利息为（　　）万元。（2022年真题）

A. 500　　　　　　　　　　　B. 565

C. 720　　　　　　　　　　　D. 830

【答案】 D

【解析】本题是年初贷款，所以按全年计息，第一年利息＝3000×10%＝300（万元）；第二年利息＝（3000＋300＋2000）×10%＝530（万元），建设期利息总和＝300＋530＝830（万元）。

本章精选习题

一、单项选择题

1. 根据现行建设项目投资相关规定，固定资产投资应与（　　）相对应。

    A. 工程费用＋工程建设其他费用

    B. 建设投资＋建设期利息

    C. 建筑安装工程费＋设备及工器具购置费

    D. 建设项目总投资

2. 某建设项目工程费用为10000万元，工程建设其他费为2000万元，预备费为600万元，建设期贷款8000万元，建设期利息为800万元，流动资金为400万元。该项目建设投资为（　　）万元。

    A. 12600   B. 13400

    C. 13800   D. 21000

3. 根据现行建设项目工程造价构成的相关规定，工程造价是指（　　）。

    A. 为完成工程项目建造，生产性设备及配合工程安装设备的费用

    B. 建设期内直接用于工程建造、设备购置及其安装的建设投资

    C. 为完成工程项目建设，在建设期内投入且形成现金流出的全部费用

    D. 在建设期内预计或实际支出的建设费用

4. 关于我国建设项目投资，下列说法中正确的是（　　）。

    A. 非生产性建设项目总投资由固定资产投资和铺底流动资金组成

    B. 生产性建设项目总投资由工程费用、工程建设其他费用和预备费三部分组成

    C. 建设投资是为了完成工程项目建设，在建设期内投入且形成现金流出的全部费用

    D. 建设投资由固定资产投资和建设期利息组成

5. 根据国际建设项目计量标准，属于项目基本建设成本的是（　　）。

    A. 场外设施费用   B. 场地购置费

    C. 拆除和场地平整   D. 咨询费和监理费

6. 根据国际建设项目计量标准ICMS，项目相关建设成本包括（　　）。

    A. 下部结构

    B. 服务和设备

    C. 与项目建设有关的咨询费和监理费

    D. 法律和经营费用

7. 关于设备原价的说法，正确的是（　　）。

    A. 进口设备的原价是指其到岸价

    B. 国产设备原价应通过查询相关交易价格或向生产厂家询价获得

    C. 设备原价通常包含备品备件费在内

    D. 设备原价包括设备从出厂到运至工地仓库发生的所有合理费用

8. 按照成本估价法计算国产非标准设备原价时，下列费用项目中，包含在利润计算基数中的是（　　　）。

    A. 增值税销项税额　　　　　　　　B. 包装费

    C. 外购配套件费　　　　　　　　　D. 设备设计费

9. 就国际贸易的各种交易价格而言，（　　　）中费用划分与风险转移分界点一致。

    A. 抵岸价　　　　　　　　　　　　B. 运费在内价

    C. 到岸价　　　　　　　　　　　　D. 离岸价

10. 国产非标准设备按其成本估算其原价时，下列计算式中不正确的是（　　　）。

    A. 材料费＝材料净用量×（1＋加工损耗系数）×单位材料综合价

    B. 加工费＝材料费×材料加工单价

    C. 辅助材料费＝材料费×辅助材料费指标

    D. 销项税额＝销售额×适用增值税率

11. 生产非标准设备所用的材料、辅助材料和加工费合计为 6 万元，专用工具和废品损失费为 0.5 万元，外购配套件费为 1.5 万元。若利润率为 10%，增值税率为 13%。设备原价按成本计算估价法确定，在不发生其他费用的情况下，该设备的增值税销项税额为（　　　）万元。

    A. 0.930　　　　　　　　　　　　B. 1.040

    C. 1.125　　　　　　　　　　　　D. 1.144

12. 已知国内制造厂某非标准设备所用材料费、加工费、辅助材料费、专用工具费、废品损失费共 20 万元，外购配套件费 3 万元，非标准设备设计费 1 万元，包装费率 1%，利润率为 8%。若其他费用不考虑，则该设备的原价为（　　　）。

    A. 25.82 万元　　　　　　　　　　B. 25.85 万元

    C. 26.09 万元　　　　　　　　　　D. 29.09 万元

13. 某进口设备通过海洋运输，到岸价为 972 万元，国际运费 88 万元，海上运输保险费率 3‰，则离岸价为（　　　）万元。

    A. 881.08　　　　　　　　　　　B. 883.74

    C. 1063.18　　　　　　　　　　　D. 1091.90

14. 某进口设备到岸价为 1500 万元，银行财务费、外贸手续费合计 36 万元，关税 300 万元，消费税和增值税税率分别为 10%、17%，则该进口设备原价为（　　　）万元。

    A. 2386.8　　　　　　　　　　　B. 2376.0

    C. 2362.9　　　　　　　　　　　D. 2352.6

15. 下列关于工器具及生产家具购置费的表述中，正确的是（　　　）。

    A. 该项费用属于设备购置费

    B. 该项费用属于工程建设其他费用

    C. 该项费用是为了保证项目生产运营期的需要而支付的相关购置费用

    D. 该项费用一般以设备购置费为基数乘以一定费率计算

16. 根据我国现行建筑安装工程费用项目组成的规定，下列有关费用的表述中不正确的是（　　）。

  A. 人工费是指支付给直接从事建筑安装工程施工作业的生产工人的各项费用

  B. 材料费中的材料单价由材料原价、材料运杂费、材料损耗费、采购及保管费五项组成

  C. 材料费包含构成或计划构成永久工程一部分的工程设备费

  D. 施工机具使用费包含仪器仪表使用费

17. 按我国现行建筑安装工程费用项目组成的规定，下列关于企业管理费的说法正确的是（　　）。

  A. 包括企业施工生产和管理使用的不属于固定资产的工具、器具、家具、交通工具费

  B. 当采用一般计税方法时，检验试验费中增值税进项税额以9%的税率扣减

  C. 对建筑以及材料、构件和建筑安装进行特殊鉴定检查所发生的检验试验费

  D. 企业管理费中的税金包括营业税、城市维护建设税

18. 关于建筑安装工程费用中的规费，下列说法中正确的是（　　）。

  A. 规费是指由县级及以上有关权力部门规定必须缴纳或计取的费用

  B. 规费包括社会保险费和住房公积金

  C. 投标人在投标报价时填写的规费可高于规定的标准

  D. 社会保险费中包括建筑安装工程一切险的投保费用

19. 承包人可以选择采用一般计税方法或简易计税方法，但一经选择，（　　）个月内不得变更。

  A. 6   B. 12

  C. 24   D. 36

20. 根据有关办法的规定，关于承包人预收工程款，预缴税的纳税义务说法正确的是（　　）。

  A. 采用一般计税方法时，预征率为3%

  B. 采用简易计税方法时，预征率为2%

  C. 计算基数均为全部价款和价外费用，不扣除分包款

  D. 多预缴的增值税是不能退回的，只能用于冲抵下一期的应缴税款

21. 关于建筑安装工程费用中建筑业增值税的计算，下列说法中正确的是（　　）。

  A. 当事人可以自主选择一般计税法或简易计税法计税

  B. 一般计税法、简易计税法中的建筑业增值税率均为11%

  C. 采用简易计税法时，税前造价不包含增值税的进项税额

  D. 采用一般计税法时，税前造价不包含增值税的进项税额

22. 某建设工程项目的造价中人工费为3000万元，材料费为6500万元，施工机具使用费为1000万元，企业管理费为400万元，利润800万元，规费300万元，各项费用包括含增值税可抵扣进项税额500万，增值税率为9%，则增值税销项税额为（　　）万元。

  A. 900   B. 1035

C. 936　　　　　　　　　　　D. 1008

23. 根据我国现行建筑安装工程费用项目构成的规定，下列费用中属于安全文明施工费的是（　　）。

　　A. 夜间施工时，临时可移动照明灯具的设置、拆除费用

　　B. 工人的安全防护用品的购置费用

　　C. 地下室施工时所采用的照明设施拆除费

　　D. 建筑物的临时保护设施费

24. 根据我国现行建筑安装工程费用项目组成的规定，下列关于措施项目费用的说法中正确的是（　　）。

　　A. 冬雨季施工费是指冬雨季施工需增加的临时设施、防滑处理、雨雪排除等费用

　　B. 施工排水、降水费由排水和降水两个独立的费用项目组成

　　C. 当单层建筑物檐口高度超过15m时，可计算超高施工增加费

　　D. 已完工程及设备保护费是指分部工程或结构部位验收前，对已完工程及设备采取必要保护措施所发生的费用

25. 关于可计量措施项目的工程量计量单位，下列说法正确的是（　　）。

　　A. 混凝土模板按水平或垂直投影面积计算，以"m^2"为单位

　　B. 垂直运输费按施工工期日历天数计算，以"天"为单位

　　C. 施工排水、降水费按排降水深度计算，以"m"为单位

　　D. 大型机械设备进出场及安拆费按发生的运杂费和安拆费计算，以"元"为单位

26. 根据我国现行建筑安装工程费用项目组成的规定，下列费用中应计入暂列金额的是（　　）。

　　A. 施工过程中可能发生的工程变更以及索赔、现场签证等费用

　　B. 应建设单位要求，完成建设项目之外的零星项目费用

　　C. 对建设单位自行采购的材料进行保管所发生的费用

　　D. 施工用电、用水的开办费

27. 在国外建筑安装工程费中，现场材料试验及所需设备的费用包含在（　　）中。

　　A. 直接工程费　　　　　　　　B. 管理费

　　C. 开办费　　　　　　　　　　D. 其他摊销费

28. 按照国外建筑安装工程费用构成惯例，关于其直接工程费中的人工费，下列说法正确的是（　　）。

　　A. 工人按技术等级划分为技工、普工和壮工

　　B. 平均工资应按各类工人工资的算术平均值计算

　　C. 包括工资、加班费、津贴、招雇解雇费

　　D. 包括工资、加班费和代理人费用

29. 关于国外建筑安装工程费用的计算，下列说法中正确的是（　　）。

　　A. 分包工程费不包括分包工程的管理费和利润

　　B. 材料的预涨费计入管理费

　　C. 开办费一般包括了工地清理费及完工后清理费

D. 在组成承包商投标报价时，管理费通常会单独列项

30. 根据我国现行建设项目总投资及工程造价的构成，下列有关建设项目费用开支，应列入项目建设管理费的是（　　）。

　　A. 监理费　　　　　　　　　　B. 招募生产工人费

　　C. 设计评审费　　　　　　　　D. 节能评估费

31. 关于土地出让或转让中涉及的税、费，下列说法正确的是（　　）。

　　A. 转让土地使用权，要向转让者征收契税

　　B. 转让土地如有增值，要向受让者征收土地增值税

　　C. 土地使用者每年应缴纳土地使用费

　　D. 土地使用权年限届满，需重新签订使用权出让合同，但不必再支付土地出让金

32. 关于建设用地的取得及所发生的费用，下列说法正确的是（　　）。

　　A. 获取建设用地使用权的方式可以是租赁或转让

　　B. 通过市场机制获得的土地使用权，只需向土地所有者支付有偿使用费

　　C. 拆迁补偿费包括生态补偿与压覆矿产资源补偿费

　　D. 征地补偿费包括耕地占用税

33. 建设单位通过市场机制取得建设用地，不仅应承担征地补偿费用、拆迁补偿费用，还须向土地所有者支付（　　）。

　　A. 安置补助费　　　　　　　　B. 土地出让金

　　C. 青苗补偿费　　　　　　　　D. 迁移补偿金

34. 下列与建设用地有关的费用中，归农村集体经济组织所有的是（　　）。

　　A. 土地补偿费　　　　　　　　B. 青苗补偿费

　　C. 拆迁补偿费　　　　　　　　D. 安置补助费

35. 下列建设项目实施过程中发生的工程咨询服务费，属于专项评价费的是（　　）。

　　A. 研究试验费　　　　　　　　B. 压覆矿产资源评价费

　　C. 设计评审费　　　　　　　　D. 特殊设备安全监督检验费

36. 下列费用项目中，应在研究试验费中列支的是（　　）。

　　A. 为验证设计数据而进行必要的研究试验所需的费用

　　B. 新产品试验费

　　C. 施工企业技术革新的研究试验费

　　D. 设计文件编制费

37. 在工程建设其他费中，下列内容中属于配套设施费的有（　　）。

　　A. 建设单位临时设施费　　　　B. 大型土石方工程费

　　C. 人防易地建设费　　　　　　D. 专项评价费

38. 根据我国现行建设项目总投资及工程造价的构成，联合试运转费应包括（　　）。

　　A. 施工单位参加联合试运转人员的工资

　　B. 设备安装中的试车费用

　　C. 试运转中暴露的设备缺陷的处理费

　　D. 生产人员的培训费

39. 下列费用中应计入建设期计列的生产经营费中的是（　　）。

A. 建设期使用的办公家具购置费

B. 建设单位生产准备费

C. 生产期初取得的特许经营权的费用

D. 联动无负荷试运转

40. 关于生产准备及开办费，下列说法中正确的有（　　）。

A. 只包括自行组织培训的相关费用

B. 包括保证初期正常生产所需的生产办公家具用具的购置费用

C. 包括保证初期正常生活所需的生活家具用具的购置费用

D. 应按设计定员乘以人均生产准备费指标计算

41. 下列费用中，不属于工程建设其他费用中工程保险费的是（　　）。

A. 建筑安装工程一切险   B. 引进设备财产保险

C. 工伤保险费   D. 工程质量潜在缺陷险

42. 关于工程建设其他费用，下列说法中正确的是（　　）。

A. 项目建设管理费一般按建筑安装工程费乘以相应费率计算

B. 研究试验费包括新产品试制费

C. 改扩建项目的场地准备及临时设施费一般只计拆除清理费

D. 工程咨询服务费中包含人防易地建设费

43. 关于专利及专有技术使用费计算的说法正确的有（　　）。

A. 专利使用费的计算应按专利使用许可协议的规定计列

B. 专有技术的界定应以国家鉴定批准为依据

C. 项目投资中需考虑生产期支付的专利及专有技术使用费

D. 一次性支付的商标权及特许经营权费用应全部在生产成本中核算

44. 下列费用中，属于生产准备费的是（　　）。

A. 人员培训费   B. 竣工验收费

C. 联合试运转费   D. 招募生产工人费

45. 根据我国现行建设项目总投资及工程造价构成，在工程概算阶段考虑的对一般自然灾害处理的费用，应包含在（　　）内。

A. 未明确项目准备金   B. 工程建设不可预见费

C. 暂列金额   D. 不可预见准备金

46. 某建设工程的静态投资为 8000 万元，其中基本预备费率为 5%，工程的建设前期的年限为 0.5 年，建设期 2 年，计划每年完成投资的 50%。若平均投资价格上涨率为 5%，则该项目建设期价差预备费为（　　）万元。

A. 610.00   B. 640.50

C. 822.63   D. 863.76

47. 根据我国现行规定，关于预备费的说法中，正确的是（　　）。

A. 基本预备费以工程费用为计算基数

B. 实行工程保险的工程项目，基本预备费应适当降低

C. 涨价预备费以工程费用和工程建设其他费用之和为计算基数

D. 涨价预备费不包括利率、汇率调整增加的费用

48. 下列有关基本预备费的表述，正确的是（　　　）。

    A. 基本预备费亦可称为工程建设不可预见费

    B. 基本预备费包括批准的初步设计范围外，技术设计所增加的工程费用

    C. 实行工程保险的工程项目，基本预备费可适当提高

    D. 基本预备费不包括超规超限设备运输增加的费用

49. 预备费包括基本预备费和价差预备费，其中价差预备费的计算应是（　　　）。

    A. 以编制年份的静态投资额为基数，采用单利方法

    B. 以编制年份的静态投资额为基数，采用复利方法

    C. 以估算年份价格水平的投资额为基数，采用单利方法

    D. 以估算年份价格水平的投资额为基数，采用复利方法

50. 新建项目建设期为 2 年，第一年贷款 1200 万元，第二年贷款 1800 万元。假设贷款在年内均衡发放，年利率为 10%，建设期内贷款只计息不支付。该项目建设期第二年应计贷款利息为（　　　）万元。

    A. 210   B. 216

    C. 300   D. 312

51. 某建设项目贷款总额为 3000 万元，贷款年利率为 10%。项目建设前期年限为 1 年。建设期为两年，其中第一、二年的贷款比例分别为 60% 和 40%。贷款在年初发放，建设期内只计息不付息，则该项目建设期第二年应计利息为（　　　）万元。

    A. 180.00   B. 318.00

    C. 498.00   D. 599.51

52. 关于建设期利息计算公式 $q_j = (P_{j-1} + 1/2A_j) \times i$ 的应用，下列说法正确的是（　　　）。

    A. 按总贷款在建设期内分年均衡发放考虑

    B. P_{j-1} 为第（$j-1$）年年初累计贷款本金和利息之和

    C. 按贷款在年初支用考虑

    D. 按建设期内支付贷款利息考虑

53. 根据我国现行建设项目投资构成，下列费用项目中属于建设期利息包含内容的是（　　　）。

    A. 建设单位建设期后发生的利息

    B. 施工单位建设期长期贷款利息

    C. 国内代理机构收取的贷款管理费

    D. 国外贷款机构收取的转贷费

二、多项选择题

1. 国产非标准设备按其成本估算其原价时，下列计算式中正确的有（　　　）。

    A. 材料费＝材料净用量×单位材料综合价

    B. 加工费＝材料总用量×材料加工单价

    C. 辅助材料费＝材料费×辅助材料费指标

    D. 增值税＝进项税额－当期销项税额

    E. 当期销项税额＝销售额×适用增值税率

2. 某建设项目的进口设备采用装运港船上交货价，则买方的责任有（　　　）。

    A. 负责租船并将设备装上船只

    B. 支付运费、保险费

    C. 承担设备装船后的一切风险

    D. 办理在目的港的收货手续

    E. 办理出口手续

3. 采用装运港船上交货价时卖方的责任包括（　　　）。

    A. 在规定的期限内，负责在合同规定的装运港口将货物装上买方指定的船只

    B. 负责办理出口手续

    C. 支付运费

    D. 负担货物装船前后的一切费用和风险

    E. 提供出口国政府签发的证件

4. 用成本计算估价法计算国产非标准设备原价时，需要考虑的费用项目有（　　　）。

    A. 特殊设备安全监督检验费　　　　B. 供销部门手续费

    C. 运输包装费　　　　　　　　　　D. 外购配套件费

    E. 非标准设备的设计费

5. 根据我国现行工程造价构成，设备购置费包括的费用有（　　　）。

    A. 达到固定资产标准的购置或自制的各种设备

    B. 未达到固定资产标准的自制设备

    C. 达到固定资产标准的工具、器具

    D. 未达到固定资产标准的工具、器具

    E. 设备制造厂的非标准设备的设计费

6. 关于设备购置费及其构成，下列说法正确的有（　　　）。

    A. 国产标准设备原价指设备出厂（场）价

    B. 国产非标准设备原价包含外购配套件费

    C. 进口设备从属费中包含增值税、银行财务费、外贸手续费

    D. 进口设备抵岸价指抵达买方边境、港口或车站形成的价格

    E. 进口设备运杂费指从设备来源地运至工地仓库止发生的运杂费

7. 下列费用项目中，以"到岸价＋关税＋消费税"为基数，乘以各自给定费（税）率进行计算的有（　　　）。

    A. 外贸手续费　　　　　　　　　　B. 关税

    C. 消费税　　　　　　　　　　　　D. 增值税

    E. 车辆购置税

8. 下列有关进口设备原价的构成与计算中，说法正确的是（　　　）。

    A. 运输保险费＝FOB×保险费率

    B. 消费税＝（CIF＋关税＋消费税）×消费税率

    C. 银行财务费＝CIF×银行财务费率

    D. 关税＝关税完税价格×关税率

    E. 车辆购置税＝［（CIF＋关税）/（1－消费税率）］×车辆购置税率

9. 下列费用中应计入到设备运杂费的有（　　　）。

    A．设备保管人员的工资

    B．设备采购人员的工资

    C．设备自生产厂家运至工地仓库的运费、装卸费

    D．运输中的设备包装支出

    E．设备仓库所占用的固定资产使用费

10. 下列费用中，属于设备运杂费的有（　　　）。

    A．进口设备由出口国口岸运至进口国口岸的运费

    B．在设备原价中没有包含，为运输而进行的包装支出的各种费用

    C．设备供销部门手续费

    D．国产设备由设备制造厂交货地点起至工地仓库的运费

    E．设备采购人员的工资

11. 关于设备购置费中的设备原价，下列说法正确的有（　　　）。

    A．包含随设备同时订购的首套备品备件费

    B．包括施工现场自制设备的制造费

    C．包括达到固定资产标准的办公家具购置费

    D．包括进口设备从来源地到买方边境的运输费

    E．包括设备采购、保管人员的工资费

12. 下列费用项目中，属于安装工程费用的有（　　　）。

    A．被安装设备的防腐、保温等工作的材料费

    B．设备基础的工程费用

    C．对单台设备进行单机试运转的调试费

    D．被安装设备的防腐、保温等工作的安装费

    E．与设备相连的工作台、梯子、栏杆的工程费用

13. 根据《建筑安装工程费用项目组成》（建标〔2013〕44号），按照构成要素分，属于建筑安装工程施工机械使用费的有（　　　）。

    A．施工机械检修费

    B．施工机械维护费

    C．机上司机和其他操作人员的工作日人工费

    D．施工机械按规定缴纳的车船税

    E．工程使用的仪器仪表的校验费

14. 按我国现行建筑安装工程费用项目组成的规定，下列属于企业管理费内容的有（　　　）。

    A．企业管理人员办公用的文具、纸张等费用

    B．企业施工生产和管理使用的属于固定资产的交通工具的购置、维修费

    C．对建筑以及材料、构件和建筑安装进行特殊鉴定检查所发生的检验试验费

    D．按全部职工工资总额比例计提的工会经费

    E．为施工生产筹集资金、履约担保所发生的财务费用

15. 根据《建筑安装工程费用项目组成》（建标〔2013〕44号），下列各项属于企业

管理费的有（　　　）。

A. 工会经费　　　　　　　　　B. 固定资产使用费

C. 增值税　　　　　　　　　　D. 劳动保险费

E. 企业定额编制费

16. 根据我国现行建筑安装工程造价计税方法，下列情况，可以选择适用简易计税法的有（　　　）。

A. 小规模纳税人发生的应税行为

B. 一般纳税人以清包工形式提供的建筑服务

C. 一般纳税人为甲供工程提供的建筑服务

D.《建筑工程施工许可证》注明的开工日期在 2016 年 4 月 30 日前的建筑工程项目

E. 实际开工日期在 2016 年 4 月 30 日前的建筑服务

17. 根据我国现行建筑安装工程费用项目组成的规定，下列费用中属于安全文明施工中临时设施费的有（　　　）。

A. 现场采用砖砌围挡的安砌费用

B. 现场围挡的墙面美化费用

C. 施工现场的操作场地的硬化费用

D. 施工现场规定范围内临时简易道路的铺设费用

E. 地下室施工时所采用的照明设备的安拆费用

18. 下列选项中，应予计量的措施项目费包括（　　　）。

A. 垂直运输费　　　　　　　　B. 排水、降水费

C. 冬雨季施工增加费　　　　　D. 临时设施费

E. 超高施工增加费

19. 根据《建筑安装工程费用项目组成》（建标〔2013〕44 号）的规定，关于措施项目费的计算，下列说法正确的有（　　　）。

A. 冬雨季施工增加费按冬雨期的日历天数计算

B. 成井费用通常按照设计图示以钻孔深度以米计算

C. 混凝土模板按模板与现浇构件的接触面积以平方米计算

D. 垂直运输费只能按建筑面积以平方米计算

E. 超高施工增加费按建筑物建筑面积以平方米计算

20. 根据我国现行建筑安装工程费用项目组成的规定，下列人工费中能构成分部分项工程费的有（　　　）。

A. 保管建筑材料人员的工资

B. 绑扎钢筋人员的工资

C. 操作施工机械人员的工资

D. 现场临时设施搭设人员的工资

E. 施工排水、降水作业人员的工资

21. 关于工程建设其他费中的场地准备及临时设施费，下列说法正确的有（　　　）。

A. 场地准备费是指为施工而进行的土地"三通一平"或"七通一平"的费用

  B．其中的大型土石方工程应进入工程费中的总图运输费

  C．新建项目的场地准备和临时设施费应根据实际工程量估算

  D．场地准备和临时设施费＝工程费用×费率＋拆除清理费

  E．委托施工单位修建临时设施时应计入施工单位措施费中

22．下列与建设用地有关的费用中，表述正确的是（　　　）。

  A．对于经营性房地产开发用地，可以实行租赁

  B．征用农用地的土地补偿费标准由省、自治区、直辖市通过制定公布区片综合
地价确定，并至少每一年调整或者重新公布一次

  C．在农村实行承包责任制后，农民自行承包土地的青苗补偿费应付给本人

  D．县级以上地方人民政府应当将被征地农民纳入相应的养老等社会保障体系

  E．安置补助费应支付给被征地单位和安置劳动力的单位

23．下列各项工程建设其他费用中，可以用工程费用作为计算基数的是（　　　）。

  A．项目建设管理费   B．建设项目场地准备费

  C．建设单位临时设施费   D．生产准备费

  E．研究试验费

24．下列工程建设其他费用，属于工程咨询服务费的有（　　　）。

  A．勘察设计费   B．职业病危害预评价费

  C．监理费   D．技术经济标准使用费

  E．专有技术使用费

25．新建项目或新增加生产能力的工程，在计算联合试运转费时需考虑的费用支出项
目有（　　　）。

  A．试运转所需原材料、燃料费

  B．施工单位参加试运转人员工资

  C．专家指导费

  D．设备质量缺陷发生的处理费

  E．施工缺陷带来的安装工程返工费

精选习题答案及解析

一、单项选择题

1．【答案】B

  【解析】固定资产投资＝工程造价＝建设投资＋建设期利息

2．【答案】A

  【解析】建设投资包括工程费用、工程建设其他费用和预备费三部分。建设投
资＝10000＋2000＋600＝12600（万元）。

3．【答案】D

  【解析】选项 A、B 包含的内容是工程费用。选项 C 是指建设投资的概念。选项 D
正确，工程造价是建设期预计或实际支出的建设费用。

4.【答案】C

【解析】选项 A 错误，非生产性建设项目总投资就是固定资产投资，不包括流动资金。选项 B 错误，生产性建设项目总投资由固定资产投资、流动资产投资组成。选项 C 正确，建设投资是为完成工程项目建设，在建设期内投入且形成现金流出的全部费用。选项 D 错误，建设投资由工程费用、工程建设其他费用和预备费三部分组成。

5.【答案】C

【解析】项目基本建设成本包括拆除和场地平整；地下结构；结构；非承重结构和装饰工程、非结构工程；服务和设备；地表和地下排水系统；附属工程；施工准备、承包方现场管理费用、一般要求；风险准备金；税金。选项 A、D 属于相关建设成本，选项 B 属于场地购置费和业主其他费用。

6.【答案】C

【解析】选项 A、B 属于项目基本建设成本。选项 D 属于业主其他费用。

7.【答案】C

【解析】选项 A 的"到岸价"错误，设备原价指国内采购设备的出厂（场）价格，或国外采购设备的抵岸价格。选项 B 中的"应"错误，国产设备原价可通过查询相关交易价格或向生产厂家询价获得。选项 D 错误，国产设备运杂费中包括设备从出厂到运至工地仓库发生的所有合理费用。

8.【答案】B

【解析】利润的计算基数包括材料费、加工费、辅助材料费、专用工具费、废品损失费、包装费。

9.【答案】D

【解析】离岸价中费用划分与风险转移分界点一致。

10.【答案】B

【解析】选项 B 错误，加工费＝材料总用量×材料加工单价。

11.【答案】C

【解析】销项税额＝销售额×适用增值税率＝（材料费＋加工费＋辅助材料费＋专用工具费＋废品损失费＋外购配套件费＋包装费＋利润）×增值税率＝[（6＋0.5）×（1＋10%）＋1.5]×13%＝1.125（万元）。

12.【答案】B

【解析】包装费＝（20＋3）×1%＝0.23（万元）；利润＝（20＋0.23）×8%＝1.6184（万元）；设备原价＝20＋3＋0.23＋1.6184＋1＝25.85（万元）。

13.【答案】A

【解析】运输保险费＝972×3‰＝2.916（万元）；离岸价＝到岸价－国际运费－运输保险费＝972－88－2.916＝881.084（万元）。

14.【答案】B

【解析】消费税＝（1500＋300）×10%/（1－10%）＝200（万元），增值税＝（1500＋300＋200）×17%＝340（万元）。进口设备原价＝1500＋36＋300＋200＋340＝2376（万元）。

15.【答案】D

【解析】选项 A，工器具及生产家具购置费和设备购置费属于并列关系。选项 B，工器具及生产家具购置费属于工程费用。选项 C，应为初期正常生产期，不是生产运营期。

16.【答案】B

【解析】选项 B 错误，材料费中的材料单价由材料原价、材料运杂费、运输损耗费、采购及保管费组成。材料单价中包含的损耗是材料"出库"前发生的运输损耗和仓储损耗。如果"出库"后发生的不可避免的损耗属于材料消耗。

17.【答案】A

【解析】选项 B，当采用一般计税方法时，检验试验费中增值税进项税额以 6% 的税率扣减。选项 C，对建筑以及材料、构件和建筑安装进行一般鉴定检查所发生的检验试验费。选项 D，税金是指除增值税之外的企业按规定缴纳的房产税、非生产性车船税、土地使用税、印花税、消费税、资源税、环境保护税、城市维护建设税、教育费附加、地方教育附加等各项税费。

18.【答案】B

【解析】选项 A，规费是省级政府和有关权力部门规定必须缴纳的费用；选项 C，规费按省、自治区、直辖市或行业建设主管部门规定的费率计算；选项 E，建筑安装工程一切险属于工程保险费。

19.【答案】D

【解析】承包人可以选择采用一般计税方法或简易计税方法，但一经选择，36 个月内不得变更。

20.【答案】D

【解析】预收工程款虽然不产生增值税纳税义务，但却有预缴税的纳税义务。采用一般计税方法时，预征率为 2%；采用简易计税方法时，预征率为 3%，计算基数均为"全部价款和价外费用－支付的分包款"，并且多预缴的增值税是不能退回的，只能用于冲抵下一期的应缴税款。

21.【答案】D

【解析】选项 A 错误，简易计税有适用的范围。选项 B 错误，一般计税方法，建筑业增值税率为 9%；简易计税方法，建筑业增值税率为 3%。选项 C 错误，采用简易计税法时，税前造价包含增值税的进项税额。

22.【答案】B

【解析】增值税销项税额 ＝（3000 ＋ 6500 ＋ 1000 ＋ 400 ＋ 800 ＋ 300 － 500）× 9% ＝ 1035（万元）。

23.【答案】B

【解析】选项 A 属于夜间施工增加费。选项 C 属于非夜间施工照明费。选项 D 属于地上、地下设施、建筑物的临时保护设施费。

24.【答案】A

【解析】选项 B，施工排水、降水费由成井和排水、降水两个独立的费用项目组成。选项 C，当单层建筑物檐口高度超过 20m，多层建筑物超过 6 层时，可计算超高施工增加费。选项 D，已完工程及设备保护费是指竣工验收前，对已完工程及设备采取的覆盖、包裹、封闭、隔离等必要保护措施所发生的费用。

25.【答案】B

【解析】选项 A，混凝土模板按照模板与现浇混凝土构件的接触面积计算，单位：m²。选项 C，① 成井费：按设计图示尺寸以钻孔深度计算，单位：m，② 排水、降水费用：按照排、降水日历天数计算，单位：昼夜。选项 D，大型机械设备进出场及安拆费按照机械设备的使用数量计算，单位：台次。

26.【答案】A

【解析】暂列金额用于施工合同签订时尚未确定或者不可预见的所需材料、工程设备、服务的采购，施工中可能发生的工程变更、合同约定调整因素出现时的工程价款调整以及发生的索赔、现场签证确认等的费用。选项 B 属于计日工，选项 C 属于总承包服务费，选项 D 属于国外建筑安装工程费的组成。

27.【答案】C

【解析】驻工地工程师的现场办公室及所需设备的费用，现场材料试验及所需设备的费用属于开办费。

28.【答案】C

【解析】选项 A 错误，国外一般工程施工的工人按技术要求划分为高级技工、熟练工、半熟练工和壮工。选项 B 错误，当工程价格采用平均工资计算时，要按各类工人总数的比例进行加权计算。选项 D 错误，人工费应该包括工资、加班费、津贴、招雇解雇费用等。

29.【答案】C

【解析】选项 A，包括分包工程直接工程费、管理费和利润。选项 B，材料的预涨费计入材料费。选项 D，管理费分摊进单价。

30.【答案】B

【解析】建设单位管理费是指项目建设单位从项目筹建之日起至办理竣工财务决算之日止发生的管理性质的支出。包括工作人员薪酬及相关费用、办公费、办公场地租用费、差旅交通费、劳动保护费、工具用具使用费、固定资产使用费、招募生产工人费、技术图书资料费（含软件）、业务招待费、竣工验收费和其他管理性质开支。选项 A、C、D 属于工程咨询服务费。

31.【答案】C

【解析】选项 A 错误，有偿出让和转让使用权，要向土地受让者征收契税；选项 B 错误，转让土地如有增值，要向转让者征收土地增值税。选项 C 正确，土地使用者每年应按规定的标准缴纳土地使用费。选项 D 错误，经批准准予续期的，应当重新签订土地使用权出让合同，依照规定支付土地使用权出让金。

32.【答案】A

【解析】选项 B，征地补偿或拆迁补偿＋土地出让金；选项 C，属于征地补偿费；选项 D，不包括，属于税金。

33.【答案】B

【解析】建设用地如通过行政划拨方式取得，须承担征地补偿费用或对原用地单位或个人的拆迁补偿费用；若通过市场机制取得，则不但承担以上费用，还须向土地所有者支付有偿使用费，即土地出让金。选项 A、C 属于征地补偿费。选项 D 属于拆迁补偿费。

34.【答案】A

【解析】土地补偿费是对农村集体经济组织因土地被征用而造成的经济损失的一种补偿。土地补偿费归农村集体经济组织所有。选项 B 补给所有者，选项 C 不属于征地补偿费，与农村集体无关。选项 D 应支付给被征地单位和安置劳动力的单位。

35.【答案】B

【解析】选项 A、C、D 属于工程咨询服务费，和专项评价费是并行关系。

36.【答案】A

【解析】研究试验费是为建设项目提供和验证设计数据、资料等进行试验及验证的费用及设计规定在项目建设过程中必须进行试验、验证所需费用。选项 B 错误，研究试验费不应包括应由科技三项费用开支的项目（新产品试制费、中间试验费和重要科学研究补助费）。选项 C，施工单位的支出，不属于工程建设其他费用。选项 D 属于勘察设计费。

37.【答案】C

【解析】配套设施费包括城市基础设施配套费和人防易地建设费。选项 A 属于用地与工程准备费。选项 B 属于工程费用。选项 D 属于工程咨询服务费。

38.【答案】A

【解析】联合试运转费包括：试运转所需原材料、燃料及动力消耗、低值易耗品、其他物料消耗、工具用具使用费、机械使用费、联合试运转和施工单位参加试运转人员工资以及专家指导费。

39.【答案】B

【解析】建设期计列的生产经营费是指为达到生产经营条件在建设期发生或将要发生的费用。包括专利及专有技术使用费、联合试运转费、生产准备费等。选项 A 属于项目建设管理费。选项 C 错误，应为建设期取得的特许经营权费用。选项 D 属于安装工程费。

40.【答案】B

【解析】选项 A，自行和委托都行。选项 C，为保证初期正常生产（或营业、使用）所必需的生产办公、生活家具用具购置费。选项 D，没有明确是新建还是改扩建。

41.【答案】C

【解析】工伤保险费属于规费。

42.【答案】C

【解析】选项 A，计算基数是工程费用。选项 B，研究试验费不包括新产品试制费。选项 D，人防易地建设费属于配套设施费。

43.【答案】A

【解析】选项 B，专有技术的界定应以省、部级鉴定批准为依据。选项 C，项目投资中只需考虑建设期支付的专利及专有技术使用费。选项 D，需要区分建设期、生产期。

44. 【答案】A

【解析】选项 B、D 属于项目建设管理费。选项 C 属于联合试运转费，与生产准备费是并列关系。

45. 【答案】B

【解析】基本预备费指投资估算或工程概算阶段预留的，由于工程实施中不可预见的工程变更及洽商、一般自然灾害处理、地下障碍物处理、超规超限设备运输等而可能增加的费用，亦可称为不可预见费。

46. 【答案】A

【解析】第一年价差预备费为 $8000 \times 50\% \times [(1+5\%)^{0.5+1-0.5}-1] = 200$（万元）；第二年价差预备费为 $8000 \times 50\% \times [(1+5\%)^{0.5+2-0.5}-1] = 410$（万元）；建设期价差预备费 $= 200+410 = 610$（万元）。

47. 【答案】B

【解析】基本预备费的计算基数为工程费用和工程建设其他费用，价差预备费以每年的静态投资额（工程费用、工程建设其他费用及基本预备费）为计算基础，所以A、C 错误。价差预备费包括利率和汇率的调整，所以 D 错误。

48. 【答案】A

【解析】基本预备费指投资估算或工程概算阶段预留的，由于工程实施中不可预见的工程变更及洽商、一般自然灾害处理、地下障碍物处理、超规超限设备运输等而可能增加的费用，亦可称为不可预见费。选项 B 中的"初步设计范围外"错误，应为"初步设计范围内"。选项 C 应为适当降低。选项 D 应包含超规超限设备运输增加的费用。

49. 【答案】D

【解析】价差预备费按估算年份价格水平的投资额为基数，采用复利方法计算。

50. 【答案】B

【解析】第一年利息：$1200 \times 1/2 \times 10\% = 60$（万元），第二年利息：$(1200+60+1800 \times 1/2) \times 10\% = 216$（万元）。

51. 【答案】B

【解析】第一年利息 $= 3000 \times 60\% \times 10\% = 180$（万元），第二年利息 $=(3000 \times 60\%+180+3000 \times 40\%) \times 10\% = 318$（万元）。

52. 【答案】A

【解析】选项 B 错误，P_{j-1} 为建设期第（$j-1$）年末累计贷款本金与利息之和。选项 C、D 错误，在总贷款分年均衡发放前提下，可按当年借款在年中支用考虑，即当年借款按半年计息，上年借款按全年计息。建设期内不支付利息。

53. 【答案】C

【解析】建设期利息是建设单位在建设期内发生的为工程项目筹措资金的融资费用及债务资金利息，所以选项 A、B 错误。国外贷款利息的计算中，还应包括国外贷款银行根据贷款协议向贷款方以年利率的方式收取的手续费、管理费、承诺费，以及国内代理机构经国家主管部门批准的以年利率的方式向贷款单位收取的转贷费、担保费、管理费。

二、多项选择题

1.【答案】BCE

【解析】选项 A 错误，材料净用量×（1＋加工损耗系数）×单位材料综合价。选项 D 错误，增值税＝当期销项税额－进项税额。

2.【答案】BCD

【解析】在 FOB 交货方式下，买方的基本义务有：自负风险和费用，取得进口许可证或其他官方批准的证件，在需要办理海关手续时，办理货物进口以及经由他国过境的一切海关手续，并支付有关费用及过境费；负责租船或订舱，支付运费，并给予卖方关于船名、装船地点和要求交货时间的充分的通知；负担货物在装运港装上船后的一切费用和风险；接受卖方提供的有关单据，受领货物，并按合同规定支付货款。选项 A，设备装上船只是卖方的责任；选项 E，出口手续卖方办理。

3.【答案】ABE

【解析】在 FOB 交货方式下，卖方的基本义务有：在合同规定的时间或期限内，在装运港按照习惯方式将货物交到买方指派的船上，并及时通知买方；自负风险和费用，取得出口许可证或其他官方批准证件，在需要办理海关手续时，办理货物出口所需的一切海关手续；负担货物在装运港至装上船为止的一切费用和风险；自付费用提供证明货物已交至船上的通常单据或具有同等效力的电子单证。

4.【答案】DE

【解析】选项 A 属于工程建设其他费的工程咨询服务费。选项 B 属于设备运杂费；选项 C 属于运杂费。

5.【答案】ACE

【解析】设备及工器具购置费用的构成：① 设备购置费：购置或自制的达到固定资产标准的设备、工器具及生产家具等所需的费用。设备原价＋设备运杂费。② 工具、器具及生产家具购置费：指新建或扩建项目初步设计规定的，保证初期正常生产必须购置的没有达到固定资产标准的设备、仪器、工卡模具、器具、生产家具和备品备件等的购置费用。

6.【答案】ABC

【解析】选项 D 错误，进口设备到岸价指抵达买方边境、港口或车站形成的价格。选项 E 错误，设备运杂费是指国内采购设备自来源地、国外采购设备自到岸港运至工地仓库或指定堆放地点发生的采购、运输、运输保险、保管、装卸等费用。

7.【答案】CDE

【解析】消费税、增值税、车辆购置税的计算基数均是"到岸价＋关税＋消费税"。选项 A、B 的计算基础是到岸价。

8.【答案】BDE

【解析】运输保险费＝CIF×保险费率。银行财务费＝FOB×银行财务费率。

9.【答案】ABDE

【解析】设备运杂费是指国内采购设备自来源地、国外采购设备自到岸港运至工地仓库或指定堆放地点发生的采购、运输、运输保险、保管、装卸等费用。

10. 【答案】BCDE

【解析】选项 A 属于设备原价。

11. 【答案】AD

【解析】设备原价指国内采购设备的出厂（场）价格，或国外采购设备的抵岸价格，设备原价通常包含备品备件费在内。设备购置费是指购置或自制的达到固定资产标准的设备、工器具及生产家具等所需的费用。设备购置费＝设备原价＋设备运杂费。选项 B 未说明是否达到固定资产，所以不选。选项 C 的"办公"错误。选项 E 属于设备运杂费。

12. 【答案】ACDE

【解析】安装工程费用：各种需要安装的机械设备的装配费用，与设备相连的工作台、梯子、栏杆等设施的工程费用，附属于被安装设备的管线敷设以及被安装设备的防腐、保温等的材料费和安装费；单台设备单机试运转、系统设备联动无负荷试运转的调试费。选项 B 属于建筑工程费。

13. 【答案】ABCD

【解析】施工机械台班单价包括折旧费、检修费、维护费、安拆费及场外运费、人工费、燃料动力费、其他费。选项 E 属于仪器仪表使用费。

14. 【答案】ADE

【解析】选项 B 阐述中"属于固定资产"错误，企业管理费中的工具用具使用费是指企业施工生产和管理使用的不属于固定资产的工具、器具、家具、交通工具和检验、试验、测绘、消防用具等的购置、维修和摊销费。选项 C 阐述中"特殊"错误，企业管理费中的检验试验费是指施工企业按照有关标准规定，对建筑以及材料、构件和建筑安装物进行一般鉴定、检查所发生的费用，包括自设试验室进行试验所耗用的材料等费用。

15. 【答案】ABDE

【解析】增值税与企业管理费是并列的。

16. 【答案】BD

【解析】选项 A 错误，小规模纳税人发生应税行为适用简易计税方法。选项 C 错误，一般纳税人为甲供工程提供的建筑服务，可以选择适用简易计税方法。但甲供工程中建筑工程总承包单位为房屋建筑的地基与基础、主体结构提供工程服务，建设单位自行采购全部或部分钢材、混凝土、砌体材料、预制构件的，适用简易计税方法。选项 E 错误，《建筑工程施工许可证》注明的开工日期在 2016 年 4 月 30 日前的建筑工程项目可以选择适用简易计税方法计税。

17. 【答案】AD

【解析】选项 BC，属于文明施工费。选项 E，属于非夜间施工照明费。

18. 【答案】ABE

【解析】应予计量的措施项目：脚手架费、混凝土模板及支架（撑）费、垂直运输费、超高施工增加费、大型机械设备进出场及安拆费、施工排水、降水费。

19. 【答案】BC

【解析】选项 A 属于不宜计量的措施项目费。选项 D 还可以天为单位，选项 E 应该是按超高部分的建筑面积以平方米计算。

20.【答案】ABC

【解析】选项 D、E 属于措施项目费中的人工费。

21.【答案】ABCD

【解析】选项 E 错误，委托施工单位修建临时设施时应计入的场地准备及临时设施费，就属于建设单位临时设施费。

22.【答案】CDE

【解析】选项 A 错误，对于经营性房地产开发用地，不可以实行租赁。选项 B 错误，征用农用地的土地补偿费标准由省、自治区、直辖市通过制定公布区片综合地价确定，并至少每三年调整或者重新公布一次。

23.【答案】ABC

【解析】项目建设管理费＝工程费用×项目建设管理费率；场地准备和临时设施费＝工程费用×费率＋拆除清理费；研究试验费按照设计单位根据本工程项目的需要提出的研究试验内容和要求计算。

24.【答案】ABCD

【解析】工程咨询服务费包括可行性研究费、专项评价费、勘察设计费、监理费、研究试验费、特殊设备安全监督检验费、招标代理费、设计评审费、技术经济标准使用费、工程造价咨询费、竣工图编制费。选项 E 属于建设期计列的生产经营费。

25.【答案】ABC

【解析】选项 D、E 错误，联合试运转费不包括：设备安装工程费开支的调试及试车费用，以及在试运转中暴露的因施工原因或设备缺陷等发生的处理费用。

第二章　建设工程计价原理、方法及依据

考纲要求

1. 工程计价方法及计价依据的分类；
2. 工程量清单计价方法；
3. 建筑安装工程人工、材料和施工机具台班消耗量的确定；
4. 建筑安装工程人工、材料和施工机具台班单价的确定；
5. 工程计价定额的编制；
6. 工程计价信息及其应用。

第一节　工程计价原理

考情分析

考点	2023 年		2022 年		2021 年		2020 年		2019 年		2018 年	
	单选	多选	单选	多选	单选	多选	单选	多选	单选	多选	单选	多选
工程计价基本原理	1		1								1	
工程计价依据		1			1	1						
工程计价基本程序							1		1	1		1
工程定额体系	1		1	1	1		1		1		1	

考点一　工程计价基本原理

1. 利用函数关系对拟建项目的造价进行类比匡算（表 2-1）

造价类比匡算　　　　　　　　　　　　　　　　　　表 2-1

适用	建设项目还没有具体的图样和工程量清单时
注意事项	项目的造价并不总是和规模大小呈线性关系，因此要慎重选择合适的产出函数，寻找规模和经济有关的经济数据

2. 分部组合计价原理（表 2-2）

分部组合计价原理   表 2-2

适用	建设项目的设计方案已经确定。 项目划分：建设项目→单项工程→单位工程→分部工程→分项工程。 单位工程可以按照**结构部位、路段长度及施工特点或施工任务**分解为分部工程。 分部工程按照不同的**施工方法、材料、工序及路段长度**等分解为分项工程
公式	$\dfrac{\text{分部分项工程费}}{\text{（或单价措施项目）}} = \sum \text{基本构造单元工程量} \times \text{相应单价}$ 分项工程进一步**分解**或**适当组合**，得到基本构造单元（定额项目或清单项目）

3. 工程计价分为工程计量和工程组价（表 2-3）

工程计量与工程组价包含的内容   表 2-3

工程计量	**工程计量工作包括**工程项目的划分和工程量的计算。 （1）项目划分：确定基本构造单元。 ①编制工程概预算时，**按定额**进行项目划分； ②编制工程量清单时，按照**清单**工程量计算规范进行项目划分。 （2）工程量的计算：按照工程定额或各专业工程量计算规范附录中规定的计算规则计算
工程组价	（1）工程单价：工料单价、综合单价。 ①工料单价仅包括人工费、材料费、施工机具使用费； ②综合单价分为清单综合单价（不完全综合单价）、全费用综合单价。清单综合单价包含人工、材料、机具使用费、企业管理费、利润和一定范围风险费用；全费用综合单价除包含清单综合单价中的费用外，还包括规费和税金。 （2）工程总价：按规定的程序和办法逐级汇总形成工程总价。 总价的计算分为实物量法和单价法

【**例题 1**】根据《建设工程工程量清单计价规范》GB 50500—2013，清单综合单价是（　　）。（2023 年真题）

A．工料单价
B．成本单价
C．完全费用综合单价
D．不完全费用综合单价

【**答案**】D

【**例题 2**】根据现行工程量清单计价规范，将工程量乘以综合单价，汇总得出分部分项工程和单价措施项目费，再计算总价措施项目费和其他项目费，合计得出单位工程建筑安装工程费的方法称为（　　）。（2022 年真题）

A．实物量法
B．定额基价法
C．全费用综合单价法
D．工料单价法

【**答案**】C

【**解析**】若采用全费用综合单价，首先依据相应工程量计算规范规定的工程量计算规则计算工程量，用工程量乘以综合单价，并汇总即可得出分部分项工程及单价措施项目费，之后再计算总价措施项目费、其他项目费，汇总形成工程造价。

【例题3】关于工程造价的分部组合计价原理，下列说法正确的是（　　）。（2018年真题）

A. 分部分项工程费＝基本构造单元工程量×工料单价

B. 工料单价指人工、材料和施工机械台班单价

C. 基本构造单元是由分部工程适当组合形成

D. 工程总价是按规定程序和方法逐级汇总形成的工程造价

【答案】D

【解析】选项 A，分部分项工程费＝基本构造单元工程量×相应单价。选项 B，工料单价指人工、材料和施工机具台班单价。选项 C，基本构造单元是将分项工程进一步分解或适当组合。

【例题4】根据分部组合计价原理，单位工程可依据（　　）等不同分解为分部工程。（2017年真题）

A. 结构部位　　　　　　　　B. 路段长度

C. 施工特点　　　　　　　　D. 材料

E. 工序

【答案】ABC

【解析】单位工程分解为分部工程的依据：结构部位、路段长度、施工特点、施工任务。

考点二　工程计价依据（图2-1、表2-4）

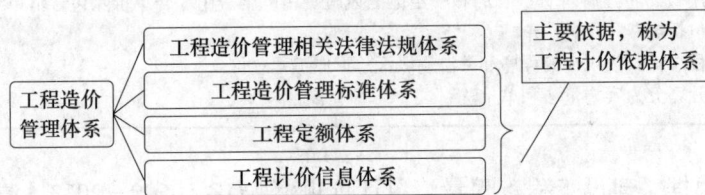

图 2-1　工程造价管理体系的组成

主要计价依据及其内容　　　　　　　　　　　　表 2-4

主要计价依据	内容
工程造价管理标准	**基础标准**：《工程造价术语标准》《建设工程计价设备材料划分标准》等 **管理规范**：《建设工程工程量清单计价规范》《建设工程造价咨询规范》等 **团体标准与操作规程**：《建设项目工程总承包计价规范》《建设项目设计概算编审规程》《工程造价咨询企业服务清单》等 **质量管理标准**：《建设工程造价咨询成果文件质量标准》 **信息管理规范**：《建设工程人工材料设备机械数据标准》和《建设工程造价指标指数分类与测算标准》等
工程定额	包括工程消耗量定额和工程计价定额、工期定额等
工程计价信息	建设工程人工、材料、工程设备、施工机具的价格信息，以及各类工程的造价指数、指标、典型工程数据库等 工程造价信息化建设需要以标准化、网络化、动态化的基本原则进行

【例题 1】《工程造价咨询企业服务清单》CECA/GC 11 属于我国现行工程造价管理标准中的（　　）。（2022 年真题）

A．基础标准　　　　　　　　　B．管理规范

C．操作规程　　　　　　　　　D．质量管理标准

【答案】C

【解析】题干中的"GC"表示规程，所以选择 C。

【例题 2】《工程造价术语标准》GB/T 50875 属于工程造价管理标准中的（　　）。（2021 年真题）

A．基础标准　　　　　　　　　B．管理规范

C．操作规程　　　　　　　　　D．质量管理标准

【答案】A

【解析】基础标准：《工程造价术语标准》GB/T 50875、《建设工程计价设备材料划分标准》GB/T 50531 等。

【例题 3】我国工程造价管理体系可划分为若干子体系，具体包括（　　）。（2021 年真题）

A．相关法律法规体系　　　　　B．工程造价管理标准体系

C．工程定额体系　　　　　　　D．工程计价依据体系

E．工程计价信息体系

【答案】ABCE

【解析】我国的工程造价管理体系可划分为工程造价管理的相关法律法规体系、工程造价管理标准体系、工程定额体系和工程计价信息体系四个主要部分。选项 B、C、E 是工程计价的主要依据，所以 D 选项错误。

考点三　工程计价基本程序

1. 计价的基本程序（表 2-5）

计价的基本程序　　　　　　　　　　表 2-5

工程概预算编制（设计阶段，建设项目总投资）	（1）每一计量单位建筑产品的基本构造单元（假定建筑安装产品）的工料单价＝人工费＋材料费＋施工机具使用费 （2）单位建筑安装工程直接费＝∑（假定建筑安装产品工程量×工料单价） （3）单位建筑安装工程概预算造价＝单位建筑安装工程直接费＋间接费＋利润＋材料价差＋税金 （4）单项工程概预算造价＝∑单位建筑安装工程概预算造价＋∑单位工程设备及工器具购置费 （5）建设项目概预算造价＝∑单项工程的概预算造价＋预备费＋工程建设其他费＋建设期利息＋流动资金 如果采用全费用综合单价，套单价后用（4）（5）公式
工程量清单计价（发承包阶段，建筑安装工程费）	（1）分部分项工程费＝∑（分部分项工程量×相应分部分项工程综合单价） （2）措施项目费＝∑各措施项目费 （3）其他项目费＝暂列金额＋暂估价＋计日工＋总承包服务费 （4）单位工程造价＝分部分项工程费＋措施项目费＋其他项目费＋规费＋税金 （5）单项工程造价＝∑单位工程报价 （6）建设项目总造价＝∑单项工程报价

2. 清单计价的过程及应用（表 2-6）

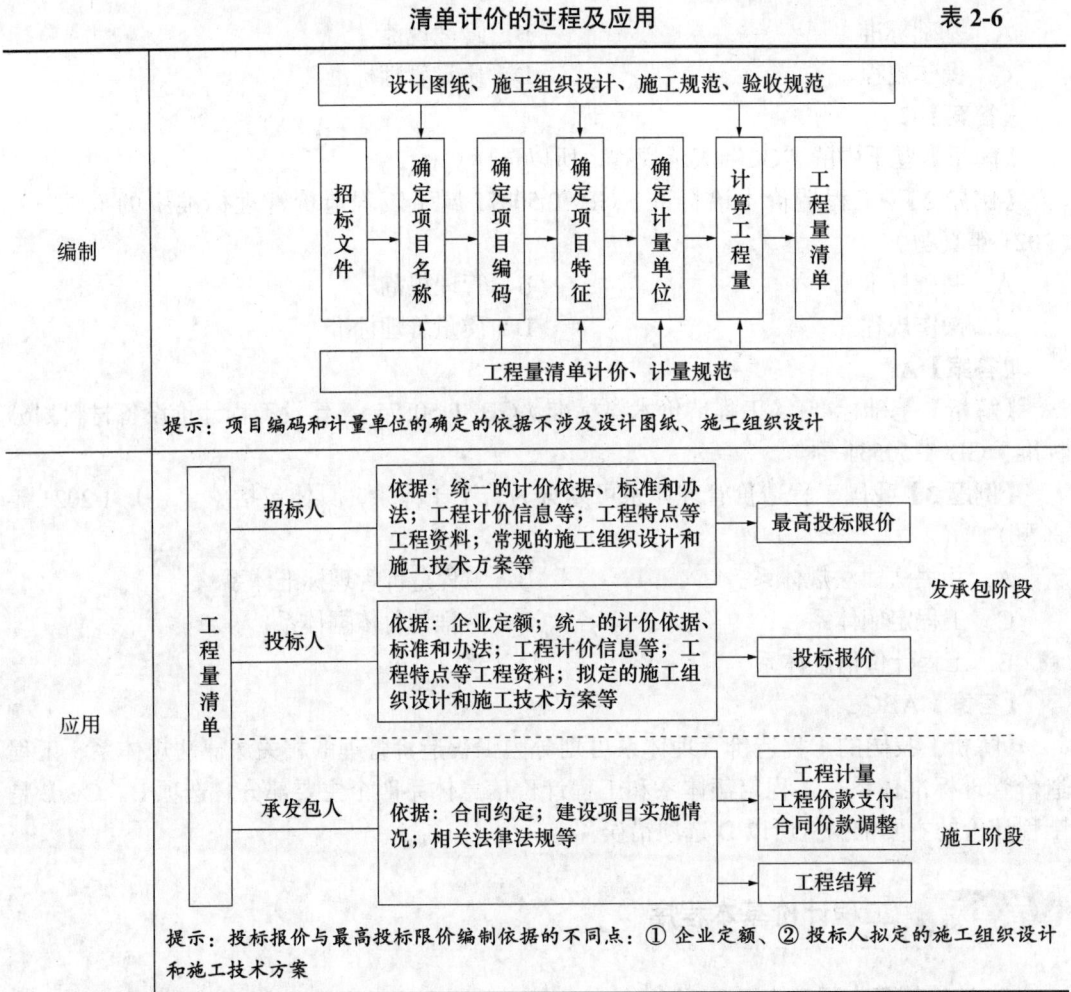

清单计价的过程及应用　　　　　　　　　　表 2-6

编制	
	提示：项目编码和计量单位的确定的依据不涉及设计图纸、施工组织设计
应用	
	提示：投标报价与最高投标限价编制依据的不同点：① 企业定额、② 投标人拟定的施工组织设计和施工技术方案

3. 工程量清单计价活动的涵盖（表 2-7）

工程量清单计价活动涵盖内容　　　　　　　表 2-7

发承包阶段	编制招标工程量清单、最高投标限价、投标报价，确定合同价
施工阶段	工程计量与价款支付、合同价款的调整、工程结算和工程计价纠纷处理等活动

4. 定额计价与工程量清单计价的主要区别（表 2-8）

定额计价与工程量清单计价的主要区别　　　　表 2-8

不同点	内容
造价形成机制	最根本的区别。 定额：生产决定价格的成本法计价机制 清单：交易决定价格的市场法计价机制

不同点	内容
风险分担方式	定额：容易导致履约过程中出现的风险双方分担方式不明确，且常采用事后算总账，容易引起纠纷 清单：实现了计价风险按合同约定由发承包双方分担。事前算细账、摆明账
计价的目的	定额：更注重在建设项目前期合理设定投资控制目标 清单：更注重在建设项目交易阶段进行合理定价，强调计价依据的个性化

【例题1】关于工程概预算计价和工程量清单计价模式的异同，下列说法正确的有（　　　）。（2022年真题）

A. 工程基本构造单元的划分不同

B. 工程单价包含的费用内容不同

C. 工程量计算规则相同

D. 汇总单位工程造价的费用类别不同

E. 工程计价程序相同

【答案】ABD

【解析】工程概预算计价和工程量清单计价模式的不同见表2-9。

工程概预算计价和工程量清单计价模式的不同　　　　表2-9

不同点	工程概预算计价	工程量清单计价
基本构造单元的划分	按定额进行项目划分	按照清单工程量计算规范进行项目划分
单价包含的内容	工料单价或全费用综合单价	清单综合单价
工程量计算规则	定额计价的规则	清单计价的规则
单位工程造价	单位建筑安装工程概预算造价＝单位建筑安装工程直接费＋间接费＋利润＋材料价差＋税金	单位工程造价＝分部分项工程费＋措施项目费＋其他项目费＋规费＋税金
计价程序	概预算编制的计价程序	清单的计价程序

【例题2】关于工程量清单计价，下列算式正确的是（　　　）。

A. 分部分项工程费＝∑（分部分项工程量×分部分项工程工料单价）

B. 措施项目费＝∑（措施项目工程量×措施项目工料单价）

C. 其他项目费＝暂列金额＋暂估价＋计日工＋总承包服务费

D. 单位工程造价＝分部分项工程费＋措施项目费＋其他项目费＋税金

【答案】C

【解析】选项A中的"工料单价"错误，分部分项工程费＝∑（分部分项工程量×相应分部分项工程综合单价）。选项B中的"工料单价"错误，措施项目费＝∑各措施项目费。选项D中"单位工程造价"错误，单位工程造价＝分部分项工程费＋措施项目费＋其他项目费＋规费＋税金。

【例题3】关于工程量清单计价的基本程序和方法，下列说法正确的有（　　　）。（2018年真题）

A. 单位工程造价通过直接费、间接费、利润汇总

B. 计价过程包括工程量清单的编制和应用两个阶段

C. 项目特征和计量单位的确定与施工组织设计无关

D. 招标文件中划分的由投标人承担的风险费用应隐含在综合单价中

E. 工程量清单计价活动伴随竣工结算而结束

【答案】BD

【解析】选项 A，不属于清单计价的程序，按照概预算编制程序，选项 A 并缺少材料价差和税金。选项 C，项目编码和计量单位的确定与施工组织设计无关。选项 E，并未随竣工结算而结束，还涉及计价纠纷的处理。

考点四　工程定额体系

1. 工程定额的分类（表 2-10）

工程定额的分类　　　　　　　　　　　　　　　表 2-10

划分标准	分类
定额反映的生产要素	劳动消耗定额、材料消耗定额、机具消耗定额 劳动定额、机械消耗定额的主要表现形式都是时间定额
编制程序和用途分类	**施工定额、预算定额、概算定额、概算指标、投资估算指标**
按照专业划分	建筑工程定额、安装工程定额

2. 工程定额编制程序和用途分类（表 2-11）

工程定额的编制程序和用途分类　　　　　　　　表 2-11

分类	项目	定额水平	定额性质
施工定额	对象：施工过程或基本工序 用途：编制施工预算 特点：企业性质定额、基础性定额 内容：人、材、机的数量标准	**平均先进**	**生产性定额**
预算定额	对象：**分项工程或结构构件** 用途：编制**施工图预算** 编制基础：施工定额 内容：人、材、机数量及其费用标准	平均	计价定额
概算定额	对象：**扩大分项工程或结构构件** 用途：编制**扩大初步设计概算** 编制基础：预算定额 内容：人、材、机数量及其费用标准		
概算指标	对象：**单位工程** 用途：编制**初步设计概算** 编制基础：主要来自各种预算或结算资料 内容：人、材、机数量标准及造价指标		

分类	项目	定额水平	定额性质
投资估算指标	对象：**建设项目、单项工程、单位工程** 用途：编制**投资估算** 编制基础：在项目建议书和可研阶段使用，**概略程度与可行性研究相适应，往往根据历史的预、决算资料和价格变动等资料编制，编制基础仍离不开预算定额、概算定额** 内容：人、材、机数量标准及造价指标	平均	计价定额

【例题1】下列定额中，子目最多，项目划分最细的定额是（   ）。（2023年真题）

A. 施工定额　　　　　　　　　　B. 预算定额

C. 概算定额　　　　　　　　　　D. 概算指标

【答案】A

【解析】施工定额是工程定额中分项最细、定额子目最多的一种定额，也是工程定额中的基础性定额。

【例题2】关于投资估算指标，下列说法中正确的有（   ）。（2015年真题）

A. 应以单项工程为编制对象

B. 是反映建设总投资的经济指标

C. 概略程度与可行性研究工作深度相适应

D. 编制基础包括概算定额，不包括预算定额

E. 可根据历史预算资料和价格变动资料等编制

【答案】BCE

【解析】选项A，投资估算指标是以建设项目、单项工程、单位工程为对象，反映建设总投资及其各项费用构成的经济指标。选项D，其编制基础仍然离不开预算定额、概算定额。

第二节　工程量清单计价方法

考情分析

考点	2023年		2022年		2021年		2020年		2019年		2018年	
	单选	多选	单选	多选	单选	多选	单选	多选	单选	多选	单选	多选
工程量清单计价的分类及适用范围	1				1	1	1				1	
分部分项工程项目清单			1		2		1			1	1	
措施项目清单	1		1				1		1			1
其他项目清单	1	1	1					1	2		1	1

考点一 工程量清单计价的分类及适用范围（图2-2、图2-3）

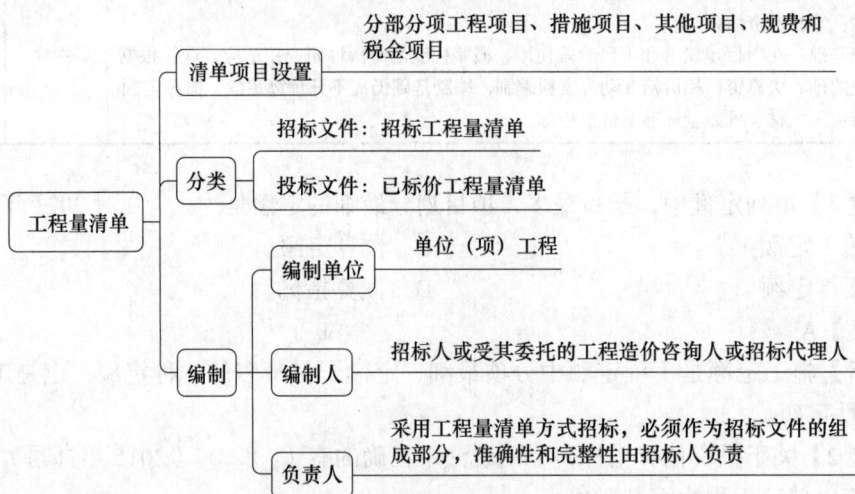

图 2-2　工程量清单分类及编制要求

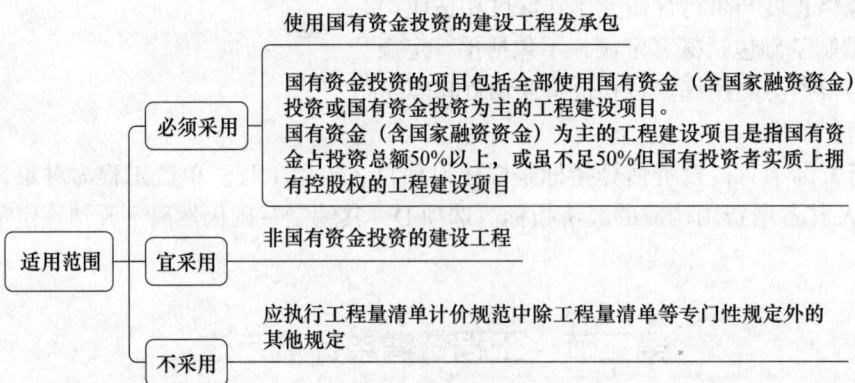

图 2-3　工程量清单计价的适用范围

【例题】关于工程量清单计价的适用范围和编制要求，下列说法正确的是（　　）。（2021年真题）

A. 工程量清单计价主要用于设计及其以后各个阶段的计价活动

B. 招标工程量清单的完整性和准确性由编制人负责

C. 招标工程量清单应以单位（项）工程为对象编制

D. 国家特许的融资项目可不采用工程量清单计价

【答案】C

【解析】选项A错误，工程量清单计价主要用于发承包阶段和实施阶段。选项B错误，采用工程量清单方式招标，招标工程量清单必须作为招标文件的组成部分，其准确性和完整性由招标人负责。选项D错误，使用国有资金投资的建设工程发承包必须采用工程量清单计价。

考点二　分部分项工程项目清单

分部分项工程量清单必须载明项目编码、项目名称、项目特征、计量单位和工程量（表 2-12）。

分部分项工程量清单载明的内容要求　　　　　　　　　　表 2-12

项目编码	① 五级十二位 一级：表示**专业工程代码**，两位 二级：表示**附录分类顺序码**，两位 三级：表示**分部工程顺序码**，两位 四级：表示**分项工程项目名称顺序码**，三位 五级：表示**清单项目名称**顺序编码，三位 ② **前四级编码全国统一**，第五级由招标人针对招标工程项目具体编制，**从 001 起顺序编制，不得有重号**
项目名称	按专业工程工程量计算**规范附录**的项目名称结合**拟建工程的实际**确定
项目特征	① 作用：构成分部分项工程、措施项目自身价值的本质特征。对项目的准确描述，是确定**综合单价**不可缺少的依据。 ② 确定：按各专业工程工程量计算规范附录中规定的项目特征，结合技术规范、标准图集、施工图纸，按照工程结构、使用材质及规格或安装位置等，予以详细而准确的表述和说明。 独有的特征，清单编制人视项目具体情况确定，以准确描述清单项目为准。 ③ 工程内容（计算规范附录中有描述），可能发生的具体工作和操作程序。**编制清单时，通常无须描述**
计量单位	① 当有多个计量单位时，应根据项目的特征，**选择最适宜表现项目特征并方便计量的单位**。 ② 单位的有效位数： 以吨为单位的保留三位数字； 以立方米、平方米、米、千克为单位的保留两位小数； 以个、项等为单位的，取整数
工程量	根据现行工程量清单计价与工程量计算规范的规定计算。除另有说明外，所有清单项目的工程量应以**实体工程量**为准，并以完成后的**净值计算；投标人投标报价时，应在单价中考虑施工中的各种损耗和需要增加的工程量**

当工程量计算规范附录缺项，编制人应补充，应注意如下几点。

（1）补充项目的编码组成：**计算规范的代码＋B＋3 位阿拉伯数字**，从 001 起顺序编制，不得重码（9 个计算规范，01、02……09）。

（2）工程量清单中应附补充项目的**项目名称、项目特征、计量单位、工程量计算规则和工作内容**。

（3）将编制的补充项目报省级或行业工程造价管理机构备案。

【例题 1】 关于分部分项工程项目清单的编制，下列说法正确的是（　　）。（2023 年真题）

A．同一标段内不同单位工程下相同的分部分项工程应采用相同编码

B．应对各分部分项工程的工程内容予以详细准确描述

C．应在定额和工程量清单计算规则中选用最能准确计量的工程量计算规则

D．当出现增补清单项目时，应在工程量清单中附补充项目的名称、特征、计量单位、工程量计算规则和工作内容

【答案】 D

【解析】选项 A"相同编码"错误。选项 B 错误，工程内容在编制清单时，通常无须描述。选项 C 错误，应根据现行工程量清单计价与工程量计算规范的规定计算工程量。

【例题 2】关于分部分项工程项目清单的编制，下列说法正确的是（　　）。（2022 年真题）

A. 第二级项目编码为单位工程顺序码

B. 应补充描述清单计算规范中未规定的其他独有特征

C. 项目名称应直接采用规范附录给定的名称

D. 工程量中应包含多种必要的施工损耗量

【答案】B

【解析】选项 A 错误，第二级表示附录分类顺序码。选项 C 错误，项目名称应按专业工程工程量计算规范附录的项目名称结合拟建工程的实际确定。选项 D 错误，除另有说明外，所有清单项目的工程量应以实体工程量为准，并以完成后的净值计算。

【例题 3】根据《建设工程工程量清单计价规范》GB 50500—2013，关于分部分项工程量清单的编制，下列说法正确的有（　　）。（2017 年真题）

A. 以重量计算的项目，其计算单位应为吨或千克

B. 以吨为计量单位时，其计算结果应保留三位小数

C. 以立方米为计量单位时，其计算结果应保留三位小数

D. 以千克为计量单位时，其计算结果应保留一位小数

E. 以"个""项"为单位的，应取整数

【答案】ABE

【解析】选项 C、D 错误，以立方米、平方米、米、千克为计量单位时，其计算结果应保留两位小数。

考点三　措施项目清单

1. 单价措施项目和总价措施项目的组成（表 2-13）

单价措施项目和总价措施项目的组成　　　　　　　　　　　　　表 2-13

单价措施项目	脚手架费 混凝土模板及支架（撑）费 垂直运输费 超高施工增加费 大型机械设备进出场及安拆费 施工排水、降水费 **口诀：脚模垂超大机排水**
总价措施项目	安全文明施工费 夜间施工增加费 非夜间施工照明费 二次搬运费 冬雨季施工增加费 地上、地下设施和建筑物的临时保护设施费 已完工程及设备保护费 **口诀：二夜保护冬雨安全**

2. 总价措施项目费＝计算基础×费率

（1）"计算基础"

安全文明施工费可为三种情况："定额基价""定额人工费"或"定额人工费＋定额施工机具使用费"；

其他总价措施项目可为两种情况："定额人工费"或"定额人工费＋定额施工机具使用费"。

（2）按施工方案计算的措施费，若无"计算基础"和"费率"的数值，也可只填"金额"数值，但应在备注栏说明施工方案出处或计算方法。

【例题1】根据现行工程量清单计价规范，下列费用中，应列入单价措施项目清单与计价表的是（　　　）。（2022年真题）

A. 施工排水、降水费

B. 已完工程及设备保护费

C. 冬雨季施工增加费

D. 地上、地下设施和建筑物临时保护设施费

【答案】 A

【解析】单价措施项目有：脚手架工程，混凝土模板及支架（撑），垂直运输，超高施工增加，大型机械设备进出场及安拆，施工排水、降水等。

【例题2】关于工程量清单的编制，下列说法中正确的是（　　　）。（2015年真题）

A. 项目编码以五级全国统一编码设置，用十二位阿拉伯数字表示

B. 编制分部分项工程量清单时，必须对工作内容进行描述

C. 补充项目的编码由计算规范的代码与B和三位阿拉伯数字组成

D. 按施工方案计算的措施费，必须写明"计算基础""费率"的数值

【答案】 C

【解析】选项A，前四级编码为全国统一。选项B，在编制分部分项工程量清单时，工作内容通常无须描述。选项D，按施工方案计算的措施费，若无"计算基础"和"费率"的数值，也可只填"金额"数值，但应在备注栏说明施工方案出处或计算方法。

考点四　其他项目清单（表2-14）

其他项目清单各项费用的计算　　　　　　　　　　　　　　表2-14

	招标人	投标人
暂列金额	填写明细表，如不能详列，也可只列总额	直接计入投标总价
暂估价	招标人填写金额	**材料、设备单价计入分部分项工程综合单价；** 专业工程的暂估金额**直接**计入总价； 综合暂估价，包括人、材、机、管理费和利润，**分不同的专业列明细表**
计日工	项目名称 暂定数量 计量单位	投标时，**综合单价自主报价**，按暂定数量计算合价计入总价； 结算时，**实际签证确认的量**

	招标人	投标人
总承包 服务费	项目名称 服务内容	投标时，费率及金额自主报价，计入总价

> 说明：材料设备暂估单价
> （1）招标人在"暂估价表"备注栏说明暂估价的材料、工程设备拟用在哪些清单项目上；暂估价数量在"暂估价表"予以说明。
> （2）为方便合同管理，需要纳入综合单价中的暂估价应只是材料、工程设备暂估单价，以方便投标人组价。

【例题1】招标工程量清单编制中，应由招标人填写暂定数量的其他项目是（ ）。（2022年真题）

A. 暂列金额　　　　　　　　　　B. 专业工程暂估价

C. 计日工　　　　　　　　　　　D. 总承包服务费

【答案】C

【解析】计日工表项目名称、暂定数量由招标人填写。

【例题2】下列费用中，在投标时需按招标人确定的单价或金额计入投标总价的有（ ）。（2023年真题）

A. 暂列金额　　　　　　　　　　B. 专业工程暂估价

C. 计日工单价　　　　　　　　　D. 材料暂估单价

E. 总承包服务费

【答案】ABD

【解析】选项C、E投标人自主报价，计日工单价由投标人自主报价，总承包服务费的费率和金额由投标人自主报价。

【例题3】关于其他项目清单与计价表的编制，下列说法正确的有（ ）。（2020年真题）

A. 材料暂估单价进入清单项目综合单价，不汇总到其他项目清单计价表总额

B. 暂列金额归招标人所有，投标人应将其扣除后再作投标报价

C. 专业工程暂估价的费用构成类别应与分部分项工程综合单价的构成保持一致

D. 计日工的名称和数量应由投标人填写

E. 总承包服务费的内容和金额应由投标人填写

【答案】AC

【解析】选项B错误，暂列金额直接计入投标报价。选项D错误，计日工表的项目名称、暂定数量由招标人填写。选项E错误，总承包服务费的项目名称、服务内容由招标人填写。

第三节　建筑安装工程人工、材料和施工机具台班消耗量的确定

考情分析

考点	2023 年		2022 年		2021 年		2020 年		2019 年		2018 年	
	单选	多选	单选	多选	单选	多选	单选	多选	单选	多选	单选	多选
工作时间分类	1	1			1	1	1					
确定人工定额消耗量的基本方法	1		1					1	1		1	
确定材料定额消耗量的基本方法	1		1	1	1		1		1	1	1	
确定施工机具台班定额消耗量的基本方法			1		1		1				1	

考点一　工作时间分类

1. 工人工作时间的分类（图 2-4、表 2-15）

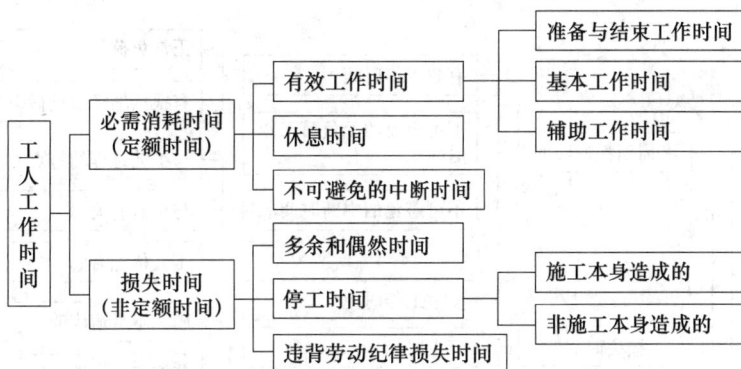

图 2-4　工人工作时间的分类

工人工作时间的分类　　　　表 2-15

必需消耗的时间	有效工作时间：与产品生产直接有关的时间消耗	基本工作时间：**其长短和工作量大小成正比**
		辅助工作时间：**其长短与工作量大小有关**
		准备与结束工作时间，**其时间长短往往与工作内容有关。熟悉图纸、准备相应工具、事后清理现场**
	休息时间	
	不可避免的中断时间	**举例：安装工等待起重机吊预制构件的时间**

	多余工作时间	
损失时间	偶然工作时间：能够获得一定产品的工作时间，**拟定定额时要适当考虑它的影响**。如抹灰工不得不补上偶然遗漏的墙洞	
	停工时间：工作班内停止工作造成的时间损失	施工本身造成的：由于施工组织不善、材料供应不及时等
		非施工本身造成的：由于水源、电源中断引起的停工时间，**在定额中给予合理的考虑**
	违背劳动纪律损失时间	

【例题1】下列工作时间中，虽属于损失时间但在拟定定额时需适当考虑的是（　　）。（2023年真题）

A．抹灰工偶然补墙洞的时间　　　　　B．工人熟悉图纸的时间

C．工人完工后清理的时间　　　　　　D．工人喝水的时间

【答案】A

【例题2】下列工人工作时间中，属于有效工作时间的有（　　）。（2017年真题）

A．基本工作时间　　　　　　　　　　B．不可避免的中断时间

C．辅助工作时间　　　　　　　　　　D．偶然工作时间

E．准备与结束工作时间

【答案】ACE

2. 施工机械工作时间消耗的分类（图2-5、表2-16）

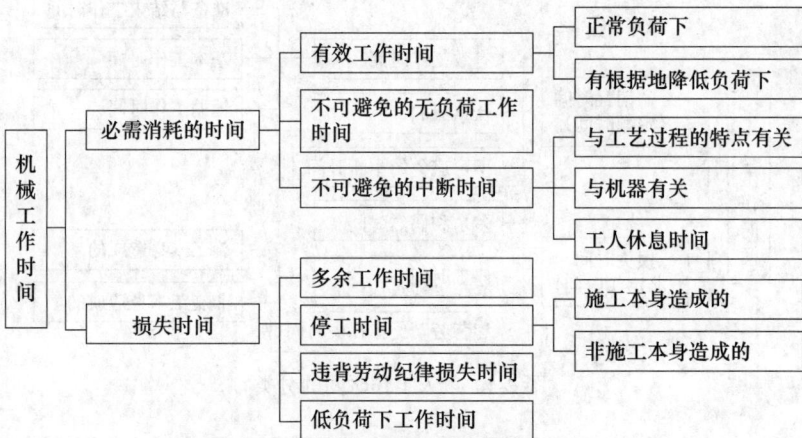

图2-5　机械工作时间消耗的分类

施工机械工作时间消耗的分类　　　　　　　　　　　　　　　　　　表2-16

必需消耗的时间	有效工作时间	正常负荷下的工作时间
		有根据地降低负荷下的工作时间 如：**汽车运输重量轻而体积大的货物**
	不可避免的无负荷工作时间	如：**筑路机在工作区末端调头**

续表

必需消耗的时间	不可避免的中断时间	① 与工艺过程的特点有关：有循环和定期两种 循环：如，**汽车装货和卸货时的停车** 定期：如，灰浆泵由一个工作地点转移到另一个工作地点
		② 与机器有关：机器停止工作而引起的中断时间，与机器的使用与保养有关
		③ 工人休息时间
损失时间	① 多余工作时间： 机器进行任务内和工艺过程内未包括的工作而延续的时间	
	② 停工时间	施工本身造成的停工时间：施工组织得不好而引起的，未及时供给机器燃料而引起的停工
		非施工本身造成的停工时间：由于气候条件所引起的，暴雨时压路机停工
	③ 违背劳动纪律时间	
	④ 低负荷下工作时间	工人装车的砂石数量不足引起的汽车降低负荷，此时间不能作为计算时间定额的基础

提示：掌握每个时间分类的例子。

【例题 3】下列施工机械消耗时间，应计入施工机具台班消耗量的有（　　　　）。（2023年真题）

A．筑路机在工作区末端掉头的时间　　　B．暴雨时压路机的停工时间

C．操作工人短暂休息的停机时间　　　　D．汽车装货时的停车时间

E．甲方材料供应不及时引起的停机时间

【答案】ACD

【解析】选项 B、E 属于损失时间，不计入施工机具台班消耗量。

考点二　确定人工定额消耗量的基本方法

人工定额：时间定额、产量定额，时间定额 $= \dfrac{1}{产量定额}$

定额时间的组成见图 2-6。

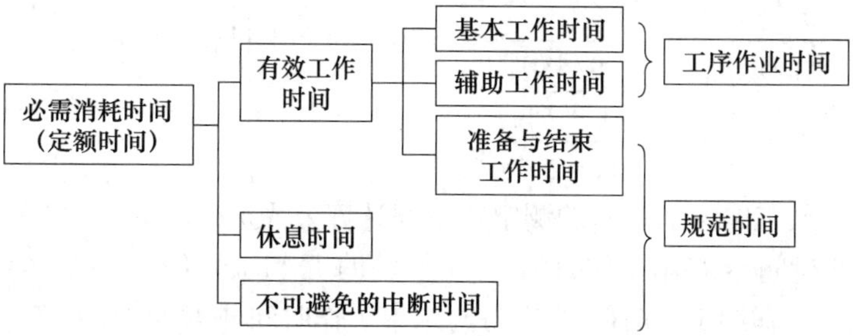

图 2-6　定额时间的组成

掌握如下公式：

（1）工序作业时间＝基本工作时间＋辅助工作时间

$$工序作业时间 = \frac{基本工作时间}{1-辅助时间（\%）}$$

（2）规范时间＝准备与结束工作时间＋不可避免的中断时间＋休息时间

（3）定额时间＝工序作业时间＋规范作业时间

$$定额时间 = \frac{工序作业时间}{1-规范时间（\%）}$$

【例题1】已知每 $1m^2$ 砖墙的勾缝时间为 8min，则每 $1m^3$ 一砖半厚墙所需的勾缝时间为（　　）min。（2013年真题）

A. 12.00
B. 21.92
C. 22.22
D. 33.33

【答案】B

【解析】第一步求出墙体的面积，一砖半厚墙体的厚度为 0.365m，1/0.365＝2.74（m^2），用面积乘以每 $1m^2$ 的勾缝时间，即得出本题的答案，2.74×8＝21.92（min）。

【例题2】通过计时观察资料得知，砌砖墙人工勾缝 $10m^2$ 的基本工作时间为 90min，辅助工作时间占工序作业时间的 5%，准备与结束工作时间、不可避免中断时间、休息时间分别占工作日的 5%、12%、3%。该人工勾缝的产量定额为（　　）m^2/工日。（2023年真题）

A. 0.024
B. 0.025
C. 40.53
D. 42.22

【答案】C

【解析】每 $1m^2$ 墙体勾缝的基本工作时间为 9min，第一步统一"单位"，需将分钟转化为工日，规范时间＝5%＋12%＋3%＝20%。

$$基本工作时间 = \frac{9}{480}（工日）$$

$$工序作业时间 = \frac{基本工作时间}{1-辅助时间（\%）} = \frac{9/480}{（1-5\%）}（工日）$$

$$定额时间 = \frac{工序作业时间}{1-规范时间（\%）} = \frac{\dfrac{9/480}{（1-5\%）}}{（1-20\%）}（工日）$$

$$产量定额 = \frac{1}{时间定额} = \frac{1}{\dfrac{\dfrac{9/480}{（1-5\%）}}{（1-20\%）}} = 40.53m^2/工日$$

【例题3】关于人工定额消耗量的测定，下列计算公式正确的是（　　）。（2022年真题）

A. 工序作业时间＝基本工作时间／［1＋辅助工作时间（%）］

B. 规范时间＝辅助工作时间＋准备与结束工作时间＋休息时间

C. 规范时间＝工序作业时间／［1＋规范时间（%）］

D. 定额时间＝工序作业时间＋规范时间

【答案】D

【解析】选项 A 错误，工序作业时间＝基本工作时间／［1－辅助时间（%）］。选项 B 错误，规范时间＝准备与结束工作时间＋不可避免的中断时间＋休息时间。选项 C 错误，定额时间＝工序作业时间／［1－规范时间（%）］。

考点三 **确定材料定额消耗量的基本方法**

材料总消耗量＝净用量＋损耗量＝净用量×（1＋损耗率）

1. 材料的分类（图 2-7）

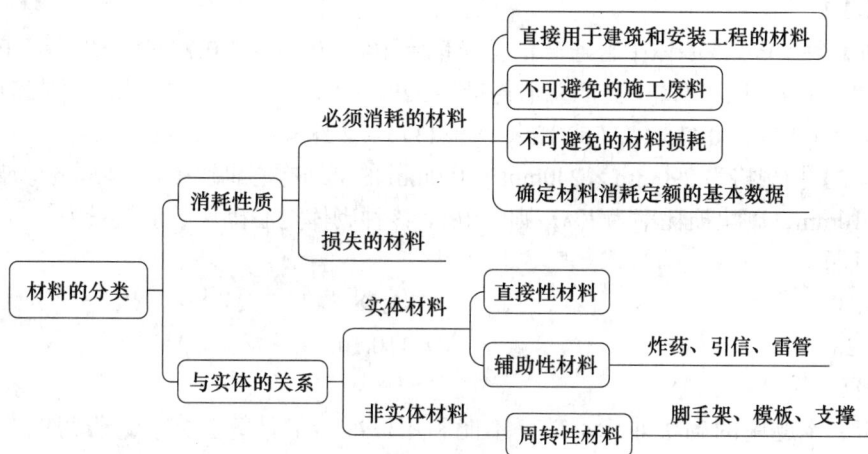

图 2-7 材料的分类

2. 确定材料消耗量的基本方法（表 2-17）

确定材料消耗量的基本方法　　　　　　　　　　　　　　　表 2-17

分类	概念及适用
现场技术测定法	又称为观测法，是根据对材料消耗过程的测定与观察。 适用于**确定材料损耗量**，还可以区别可以避免的损耗与难以避免的损耗
实验室试验法	主要用于编制材料**净用量**定额。缺点在于无法估计到施工现场某些因素对材料消耗量的影响
现场统计法	是以施工现场积累的分部分项工程使用材料数量、完成产品数量、完成工作原材料的剩余数量等统计资料为基础，获得材料消耗的数据。一是该方法一般**只能确定材料**总消耗量，不能确定必须消耗的材料和损失量；二是其准确程度受到统计资料和实际使用材料的影响。只能作为**辅助性方法使用**
理论计算法	计算材料**净用量**的方法。这种方法较适合于不易产生损耗，且容易确定废料的材料消耗量的计算

3. 利用理论计算法计算材料净用量

（1）每 $1m^3$ 砖墙中标准砖（240mm×115mm×53mm）块数计算公式

$$A = \frac{1}{墙厚 \times (砖长 + 灰缝) \times (砖厚 + 灰缝)} \times k$$

> 墙厚的砖数×2
> 1 砖墙＝2
> 1 砖半墙＝3

砂浆用量：$B = 1 - 砖数 \times 砖块体积$

【例题 1】用 M75 水泥砂浆与规格为 240mm×115mm×53mm 的普通砖砌筑一砖厚墙体灰缝宽度为 10mm。假设普通砖与水泥砂浆的损耗率均为 1%，则每 10m³ 该墙体中普通砖和水泥砂浆的消耗量分别为（　　）。（2023 年真题）

A. 5291 块，2.26m³
B. 5344 块，2.18m³
C. 5291 块，2.20m³
D. 5344 块，2.28m³

【答案】D

【解析】每 10m³ 该墙体中普通砖消耗净量＝10/［0.24×（0.24＋0.01）×（0.053＋0.01）］×2＝5291 块，墙体中砖的总消耗量＝5291×（1＋1%）＝5344 块；砂浆消耗量＝［10－5291×（0.24×0.115×0.053）］×（1＋1%）＝2.28m³。

【例题 2】用规格为 290mm×240mm×190mm 的烧结空心砌块砌筑 240mm 厚墙体，灰缝宽度为 10mm，砌块损耗率为 1%，则每 10m³ 该种砌体空心砌块的消耗量为（　　）m³。（2022 年真题）

A. 8.90
B. 9.18
C. 9.28
D. 10.10

【答案】C

【解析】本题中的砌块非标准砖，不能利用标准砖的计算公式。计算思路为：第一步，墙体体积除以墙体厚度，得出墙体的面积；第二步，利用墙体的面积除以每个砌块的面积，即得出砌块的净用量。墙体的面积＝1/0.24＝4.167（m²），砌块净用量＝4.167/［（0.29＋0.01）×（0.19＋0.01）］＝69.45（块），砌块的总消耗量＝69.45×1.01＝70.1445（块），70.1445×（0.29×0.24×0.19）＝0.928（m³），每 10m³ 该种砌体空心砌块的消耗量为 9.28m³。

【例题 3】关于材料消耗的性质及确定材料消耗量的基本方法，下列说法正确的是（　　）。（2018 年真题）

A. 理论计算法适用于确定材料净用量
B. 必须消耗的材料量是指材料的净用量
C. 土石方爆破工程所需的炸药、雷管、引信属于非实体材料
D. 现场统计法主要适用于确定材料损耗量

【答案】A

【解析】选项 B 错误，必须消耗的材料包括直接用于建筑安装的材料、不可避免的施工废料、不可避免的材料损耗。选项 C，炸药、雷管、引信属于实体材料的辅助材料。选项 D，现场统计法适用于确定总量。

（2）块料面层的材料用量计算

$$100m² 块料净用量 = \frac{100}{(块料长 + 灰缝宽) \times (块料宽 + 灰缝宽)}$$

100m^2 灰缝材料净用量 $=[100-(\text{块料长}\times\text{块料宽}\times100\text{m}^2\text{块料用量})]\times\text{灰缝深}$

> 提示：灰缝深是块料的厚。

结合层材料用量 $=100\text{m}^2\times\text{结合层厚度}$

总消耗量 $=$ 净用量 $+$ 损耗量 $=$ 净用量 $\times(1+\text{损耗率})$

【例题 4】用干混砂浆贴 $800\text{mm}\times800\text{mm}$ 地砖地面，砂浆结合层厚度为 20mm，砂浆损耗率为 2%，不考虑砂浆灰缝用量，则每铺贴 100m^2 地面砂浆消耗量为（　　）m^3。（2022 年真题）

A．2.040　　　　　　　　　B．2.041

C．2.319　　　　　　　　　D．2.140

【答案】A

【解析】每 100m^2 地面中结合层砂浆净用量 $=100\times0.02=2$（m^3），每 100m^2 地面砂浆消耗量 $=2\times(1+2\%)=2.04$（m^3）。

考点四　确定施工机具台班定额消耗量的基本方法

循环动作机械台班产量定额的计算思路及公式：

第一步：计算 1 次循环时间 $=\sum$（循环各组成部分正常延续时间）$-$ 交叠时间

第二步：计算 1h 循环次数 $\left(\dfrac{\text{1h 的持续时间}}{\text{1 次循环时间}}\right)$

第三步：计算 1h 生产率（1h 循环次数 $\times$ 1 次产量）

第四步：计算台班产量（1h 生产率 $\times$ 8h $\times$ 机械时间利用系数）

【例题 1】某型号施工机械循环作业一次，各循环组成部分的正常延续时间分别为 3min、5min、4min、2min，交叠时间为 2min，一次循环的产量为 2m^3，机械时间利用系数为 0.9，则该机械的产量定额为（　　）$\text{m}^3/$ 台班。（2022 年真题）

A．6.75　　　　　　　　　B．9

C．54　　　　　　　　　　D．72

【答案】D

【解析】一次循环正常延续时间 $=3+5+4+2-2=12$（min），纯工作 1h 循环次数 $=60/12=5$（次），纯工作 1h 正常生产率 $=5\times2=10\text{m}^3$，产量定额 $=10\times8\times0.9=72$（$\text{m}^3/$ 台班）。

【例题 2】出料容量为 200L 的干混砂浆罐式搅拌机，每一次工作循环中，运料、装料、搅拌、卸料、不可避免的中断时间分别为 5min、1min、3min、1min、5min。若机械时间利用系数为 0.8，则该机械台班产量定额为（　　）。（2021 年真题）

A．$5.12\text{m}^3/$ 台班　　　　　　B．1.3 台班 $/10\text{m}^3$

C．$7.68\text{m}^3/$ 台班　　　　　　D．1.9 台班 $/10\text{m}^3$

【答案】C

【解析】注意在计算一次循环的时间中，不考虑运料的时间，因为运料不属于搅拌机的工作，运料时间与其他时间可以并行发生。所以 1 次循环时间＝1＋3＋1＋5＝10（min），1h 循环次数＝60/10＝6（次）；1h 纯工作正常生产率＝0.2×6＝1.2（m^3）；施工机械台班产量定额＝1.2×8×0.8＝7.68（m^3/台班）。

【例题 3】某出料容量 750L 的砂浆搅拌机，每一次循环工作中，运料、装料、搅拌、卸料、中断需要的时间分别为 150s、40s、250s、50s、40s，运料和其他时间的交叠时间为 50s，机械利用系数为 0.8。该机械的台班产量定额为（　　）m^3/台班。（2016 年真题）

A. 29.79　　　　　　　　　　B. 32.60

C. 36.00　　　　　　　　　　D. 39.27

【答案】C

【解析】本题与上题（2021 年试题）不同点是明确了运料与其他时间的交叠时间，此时运料时间考虑在一次循环时间中，交叠的时间不考虑。一次循环的正常延续时间＝150＋40＋250＋50＋40－50＝480（s）；每 1h 循环次数＝3600/480＝7.5（次）；1h 正常生产率＝7.5×750＝5.625（m^3）；产量定额＝5.625×8×0.8＝36.00（m^3/台班）。

【例题 4】根据工程定额编制要求，下列时间、材料、施工机具的消耗，应计入人工、材料或施工机具台班消耗量的有（　　）。（2022 年真题）

A. 工序作业时间之外的规范时间

B. 不可避免的施工废料和材料损耗量

C. 模板、脚手架等非实体材料的使用量

D. 施工本身原因造成的机械停工时间

E. 施工仪器仪表的台班消耗量

【答案】ABE

【解析】选项 C 错误，模板、脚手架属于非实体材料，摊销量计入定额，非使用量。选项 D 属于损失时间，不计入定额消耗量。

第四节　建筑安装工程人工、材料和施工机具台班单价的确定

考情分析

考点	2023 年		2022 年		2021 年		2020 年		2019 年		2018 年	
	单选	多选	单选	多选	单选	多选	单选	多选	单选	多选	单选	多选
人工日工资单价的组成和影响因素												1
材料单价的组成和确定方法	1		1	1	1		1		1		1	
施工机具台班单价的组成和确定方法	1	1	1			1	1		1	1	1	

考点一　**人工日工资单价的组成和影响因素（表 2–18）**

人工日工资单价的组成和影响因素　　　　　　　　　　　　　表 2-18

组成	（1）计时工资或计件工资 （2）奖金：超额劳动、增收节支，如节约奖、劳动竞赛奖 （3）津贴补贴：流动施工津贴、特殊地区施工津贴、高温（寒）作业临时津贴、高空津贴、物价补贴 （4）特殊情况下支付的工资：工伤、产假、婚丧假、生育假、事假、停工学习、执行国家或社会义务等 **口诀：奖加贴殊计**
影响因素	（1）社会平均工资水平。取决于经济发展水平 （2）消费价格指数。决定于物价的变动，尤其决定于生活消费品物价的变动 （3）人工日工资单价的组成内容 （4）劳动力市场供需变化 （5）政府推行的社会保障和福利政策

【例题 1】根据国家相关法律、法规和政策规定，因停工学习、执行国家或社会义务等原因，按计时工资标准支付的工资属于人工日工资单价中的（　　）。

A．基本工资　　　　　　　　　B．奖金

C．津贴补贴　　　　　　　　　D．特殊情况下支付的工资

【答案】D

【例题 2】影响定额中人工日工资单价的因素包括（　　）。（2014 年真题）

A．人工日工资单价的组成内容　　B．社会工资差额

C．劳动力市场供需变化　　　　　D．社会最低工资水平

E．政府推行的社会保障与福利政策

【答案】ACE

【解析】B 选项是干扰项，不是影响因素。D 选项正确说法为社会平均工资水平。

考点二　**材料单价的组成和确定方法**

材料单价是指建筑材料从其来源地运到施工工地仓库，直至**出库**形成的综合单价。

1. 材料单价的组成和影响因素（表 2-19）

材料单价的组成和影响因素　　　　　　　　　　　　　表 2-19

组成	（1）材料原价。 （2）运杂费：含外埠中转运输过程中发生的一切费用和过境过桥费用。 （3）运输损耗费：材料在场外运输装卸过程中不可避免的损耗。 运输损耗费＝（材料原价＋材料运杂费）×运输损耗率 （4）采购及保管费：组织采购、供应和保管过程中所需要的各项费用。 包括：采购费、仓储费、工地保管费和仓储损耗。 采购及保管费＝（材料原价＋运杂费＋运输损耗费）×采购及保管费率 **口诀：原保耗运**

影响因素	（1）市场供需变化。 （2）材料生产成本的变动。 （3）流通环节的多少和材料供应体制。 （4）运输距离和运输方法的改变。 （5）国际市场行情会对进口材料单价产生影响

2. 材料单价的计算

材料单价＝（材料原价＋运杂费）×（1＋运输损耗率）×（1＋采购及保管费率）

注意：

（1）从不同来源地购买材料，材料原价和运杂费，需计算加权平均的原价和运杂费，采购量为权重。

（2）当一般纳税人采用**一般计税**办法时，材料单价中材料**原价、运杂费**等均应**扣除增值税进项税额**。

1）"两票制"支付方式。材料费和运杂费按照相应的税率分别扣除进项税，此时运杂费以接受交通运输与服务适用税率 9% 扣减增值税进项税额。

2）"一票制"支付方式。运杂费采用与材料原价相同的税率扣减增值税进项税额。

$$不含税价格＝\frac{含税价格}{1＋税率}$$

（3）区分损耗，以"出库"为分界线，出库前发生的损耗计入材料单价，出库后发生的损耗，计入材料消耗量。

1）计入材料单价的损耗：场外运输损耗、仓储损耗。

2）计入材料消耗量的损耗：施工中不可避免的施工废料及不可避免的材料损耗。

【例题1】某建设项目从供应商处采购甲材料，已知含税采购价为 5650 元 /t（适用 13% 增值税率），不含税运杂费为 100 元 /t，若运输损耗、采购保管费率均按 3% 考虑，则该材料的不含税单价应为（ ）元 /t。（2023 年真题）

A. 5100　　　　　　　　　　B. 5406

C. 5411　　　　　　　　　　D. 5750

【答案】C

【解析】该材料的不含税单价＝［5650/（1＋13%）＋100］×（1＋3%）×（1＋3%）＝5411（元 /t）。

【例题2】某建设项目从两个不同的地点采购材料（适用 13% 增值税率），其供应量及有关费用如表 2-20 所示（表中原价、运杂费均为含税价格，且来源一供料采用"一票制"支付方式；来源二采用"两票制"支付方式），则该材料的单价为（ ）元 /t。

A. 295.25　　　　　　　　　B. 312.40

C. 317.48　　　　　　　　　D. 341.28

表 2-20

供应单位	采购量（t）	原价（元/t）	运杂费（元/t）	运输损耗率	采购及保管费费率
来源一	360	340	24	0.5%	3%
来源二	240	300	20	0.4%	

【答案】C

【解析】思路：分别求来源一、二的单价，再加权平均。

来源一的单价＝（340＋24）/1.13×（1＋0.5%）×（1＋3%）＝333.447（元/t）；

来源二的单价＝（300/1.13＋20/1.09）×（1＋0.4%）×（1＋3%）＝293.520（元/t）；

材料的单价＝（333.447×360＋293.520×240）/（360＋240）＝317.48（元/t）。

【例题3】采用"一票制""两票制"支付方式采购材料，在进行增值税进项税抵扣时，正确的做法是（   ）。（2020年真题）

A．"一票制"下，构成材料价格的所有费用均按货物销售适用的税率进行抵扣

B．"一票制"下，材料原价按货物销售适用税率进行抵扣，运杂费不再进行抵扣

C．"两票制"下，材料原价按货物销售适用税率、运杂费按交通运输适用税率进行

D．"两票制"下，材料原价按货物销售适用税率，运杂费、运输损耗和采购保管费按交通运输适用税率进行

【答案】C

【解析】无论一票制或两票制，当一般纳税人采用一般计税办法时，材料单价中材料原价、运杂费等均应扣除增值税进项税额。

【例题4】下列材料损耗中，因损耗而产生的费用包含在材料单价中的有（   ）。（2020年多选）

A．场外运输损耗   B．工地仓储损耗

C．出工地仓库后的搬运损耗   D．材料加工损耗

E．材料施工损耗

【答案】AB

【解析】C、D、E在材料消耗量中考虑。

考点三　施工机具台班单价的组成和确定方法

1. 施工机械台班单价的组成及计算（表 2-21）

施工机械台班单价的组成及计算   表 2-21

组成内容	计算
折旧费	台班折旧费＝$\dfrac{机械预算价格×（1－残值率）}{耐用总台班}$ 耐用总台班＝折旧年限×年工作台班 　　　　　＝检修间隔台班×检修周期 检修周期＝检修次数＋1

组成内容	计算
检修费	按规定的检修间隔进行必要的检修，以**恢复其正常功能**所需的费用。 $$台班检修费 = \frac{一次检修费 \times 检修次数}{耐用总台班} \times 除税系数$$ 除税系数 = 自行检修比例 + 委外检修比例 / （1＋税率）
维护费	按规定的维护间隔进行**各级维护和临时故障排除**所需的费用。 台班维护费 = 台班检修费 × K（维护费系数） $$台班维护费 = \frac{\sum（各级维护一次费用 \times 除税系数 \times 各级维护次数）+ 临时故障排除费}{耐用总台班}$$
安拆费及场外运费	（1）计入台班单价：安拆简单、移动需要起重及运输机械的**轻型施工机械**。 ① 一次安拆包括人、材、机、安全监测部门的检测费和**试运转费**。 ② 一次场外运费：运输、装卸、辅材和回程等费用。 （2）单独计算： ① 安拆**复杂**、移动需要起重及运输机械的**重型施工机械**。 ② 利用**辅助设施**移动的施工机械，其辅助设施（包括轨道和枕木）等的折旧、搭设和拆除等费用。 （3）不计算： ① 不需安拆的，不计算一次安拆费； ② 不需相关机械辅助运输的自行移动机械，不计算场外运费； ③ 固定在车间的，不计算安拆费及场外运费。 （4）自升式塔式起重机、施工电梯安拆费的超高起点及其增加费，各地区、部门可根据具体情况确定
人工费	$$台班人工费 = 人工消耗量 \times \left(\frac{年制度工作日}{年工作台班}\right) \times 人工单价$$ 年制度工作日≥年工作台班，**既考虑机械年工作台班内发生的人工费，又考虑机械年台班以外的人工费**
燃料动力费	是指施工机械在运转作业中所耗用的燃料及水、电等费用

【**例题 1**】某载重汽车预算价格为 20 万元，可耐用 1000 台班，残值率为 5%，需配司机 1 人。若年度工作日为 250d，年工作台班为 200 台班，人工单价为 300 元，该载重汽车的台班折旧费、人工费分别是（ ）元／台班。（2023 年真题）

　　A. 190，300　　　　　　　　　　B. 190，375

　　C. 200，300　　　　　　　　　　D. 200，375

【**答案**】B

【**解析**】该载重汽车的台班折旧费 = 200000×（1－5%）/1000 = 190（元／台班）；该载重汽车的台班人工费 = 1×（250/200）×300 = 375（元／台班）。

【**例题 2**】一台设备原值 5 万元，使用期内大修 3 次，每维修期运转 400 台班，设备残值率 5%。该设备台班折旧费为（ ）元。（2020 年真题）

　　A. 29.69　　　　　　　　　　　B. 31.25

　　C. 39.58　　　　　　　　　　　D. 41.67

【**答案**】A

【**解析**】检修周期 = 检修次数 + 1 = 3 + 1 = 4；耐用总台班 = 检修间隔台班 × 检修周期 = 400×4 = 1600（台班）；台班折旧费 = 机械预算价格 ×（1－残值率）/ 耐用总台班 = 50000×（1－5%）/1600 = 29.69（元）。

【例题3】下列费用中，应计入施工机械台班单价的有（　　　　）。（2022年真题）

A. 进口施工机械关税

B. 临时故障排除费

C. 大型机械设备进出场及安拆费

D. 年机械工作台班之外的机械操作人员工资

E. 机械的年检测费

【答案】BDE

【解析】施工机械台班单价由七项费用组成，包括折旧费、检修费、维护费、安拆费及场外运费、人工费、燃料动力费和其他费用。选项A计入折旧费计算的预算价格中，选项C单独计算，不计入机械台班单价。

【例题4】下列在施工机械安拆和场外运费应用中，应计入施工机械台班单价的是（　　　　）。（2022年真题）

A. 轻型施工机械现场安装发生的试运转费

B. 自行移动机械的场外行驶费

C. 移动机械所需的辅助设施的折旧费

D. 安拆复杂的重型施工机械的安拆费

【答案】A

【解析】选项B，不计算场外运费。选项C、D，单独计算安拆和场外运费。

【例题5】关于施工机械台班单价的确定，下列表达式正确的是（　　　　）。（2018年真题）

A. 台班折旧费＝机械原值×（1－残值率）/耐用总台班

B. 耐用总台班＝检修间隔台班×（检修次数＋1）

C. 台班检修费＝一次检修费×检修次数/耐用总台班

D. 台班维护费＝∑（各级维护一次费用×各级维护次数）/耐用总台班

【答案】B

【解析】选项A错误，台班折旧费＝机械预算价格×（1－残值率）/耐用总台班。

选项C错误，台班检修费＝一次检修费×检修次数×除税系数/耐用总台班。

选项D错误，台班维护费＝∑［（各级维护一次费用×各级维护次数×除税系数）＋临时故障排除费］/耐用总台班。

2. 施工仪器仪表台班单价的组成和确定方法

包括折旧费、维护费、校验费、动力费。**不包括检测软件的相关费用。**

口诀：动折维校。

【例题6】下列与施工仪器仪表相关的费用中，属于施工仪器仪表台班单价的有（　　　　）。（2023年真题）

A. 折旧费　　　　　　　　　　B. 维护费

C. 校验费　　　　　　　　　　D. 检测软件费用

E. 操作人工费

【答案】ABC

【解析】施工仪器仪表台班单价包括折旧费、维护费、校验费、动力费。不包括检测软件的相关费用、人工费。

【**例题 7**】下列因素中，能够影响人工、材料或施工机具台班单价水平的有（　　　）。（2022 年真题）

　A. 社会保障和福利政策　　　　B. 施工技术水平

　C. 施工中必要的材料损耗　　　D. 材料的生产成本

　E. 施工机械的维护保养水平

【**答案**】ADE

【**解析**】选项 B 是影响人工消耗量的因素。选项 C 是影响材料消耗量的因素。

第五节　工程计价定额的编制

考情分析

考点	2023 年		2022 年		2021 年		2020 年		2019 年		2018 年	
	单选	多选	单选	多选	单选	多选	单选	多选	单选	多选	单选	多选
预算定额及其基价编制	1			1						1		2	
概算定额及其基价编制							1					1
概算指标及其编制					1	1					1	
投资估算指标及其编制		1						1				

考点一　预算定额及其基价编制

1. 预算定额消耗量的组成及编制方法（表 2-22）

以**施工定额**为编制基础，确定预算定额的人工、材料、机具台班消耗量指标。

预算定额消耗量的组成及编制方法　　　　　　　　　　表 2-22

人工消耗量	基本用工	（1）施工定额中的劳动定额用工 （2）按劳动定额规定应增（减）计算的用工量
	其他用工	（1）超运距用工：劳动定额与预算定额所考虑的现场材料、半成品堆放地点到操作地点的水平运输距离之差。需要指出，实际工程现场运距超过预算定额取定运距时，可另行计算现场二次搬运费 （2）辅助用工：劳动定额内不包括而在预算定额内又必须考虑的用工 （3）人工幅度差：指在劳动定额中未包括，而在正常施工情况下不可避免但又很难准确计量的用工和各种工时损失。 ①各工种间的**工序**搭接及交叉作业相互配合或影响所发生的停歇用工 ②施工过程中，**移动**临时水电线路而造成的影响工人操作的时间 ③工程质量**检查**和隐蔽工程**验收**工作的影响 ④班组操作地点**转移**影响的时间 ⑤工序交接时对前一**工序**不可避免的修整用工 ⑥施工中不可避免的其他零星用工
	预算定额人工消耗量 ＝（基本用工＋辅助用工＋超运距用工）×（1＋人工幅度差系数）	

材料消耗量	材料消耗量＝材料净用量×（1＋损耗率）
机具台班 消耗量	**预算定额机械耗用台班＝施工定额机械耗用台班×（1＋机械幅度差系数）** 注意：第三节讲解的是施工机械台班产量定额，此处施工定额机械耗用台班是时间定额，计算时注意换算
	机械台班幅度差：施工定额没有包括，而在实际施工中又不可避免产生的影响机械或使机械停歇的时间。其内容包括： ① 施工机械**转移**工作面及配套机械相互影响损失的时间 ② 在正常施工条件下，机械在施工中不可避免的**工序**间歇 ③ 工程**开工或收尾**时工作量**不饱满**所损失的时间 ④ **检查**工程质量影响机械操作的时间 ⑤ **临时**停机、停电影响机械操作的时间 ⑥ 机械维修引起的停歇时间

2. 预算定额基价

预算定额基价就是预算定额分项工程或结构构件的单价，可以是工料单价、不完全综合单价、完全综合单价。

以工料单价为例，定额基价＝人工费＋材料费＋机具使用费

人工费＝∑（现行预算定额中各种人工工日用量×人工日工资单价）

材料费＝∑（现行预算定额中各种材料耗用量×相应材料单价）

机具使用费＝∑（现行预算定额中机械台班用量×机械台班单价）＋∑（仪器仪表台班用量×仪器仪表台班单价）

预算定额基价是根据现行定额和当地的价格水平编制的，**具有相对的稳定性**。

【例题 1】依据劳动定额编制预算定额人工工日消耗量，已知完成 10m³ 某工作的基本用工 8 个工日、辅助用工 1.5 个工日、超运距用工 0.5 个工日，人工幅度差系数按照 15% 考虑，则完成该工作 10m³ 的预算定额人工消耗量为（　　）工日。（2023 年真题）

A. 10.0　　　　　　　　　　B. 11.2

C. 11.3　　　　　　　　　　D. 11.5

【答案】D

【解析】完成该工作 10m³ 的预算定额人工消耗量＝（8＋1.5＋0.5）×（1＋15%）＝11.5（工日）。

【例题 2】关于预算定额消耗量的确定方法，下列表述正确的是（　　）。（2018 年真题）

A. 人工工日消耗量由基本用工量和辅助用工量组成

B. 材料消耗量＝材料净用量／（1－损耗率）

C. 机械幅度差包括了正常施工条件下，施工中不可避免的工序间歇

D. 机械台班消耗量＝施工定额机械台班消耗量／（1－机械幅度差）

【答案】C

【解析】选项 A 错误，人工工日消耗量由基本用工量和其他用工量组成。选项 B 错误，材料消耗量＝材料净用量×（1＋损耗率）。选项 D 错误，机械台班消耗量＝施工定额机

械台班消耗量×（1＋机械幅度差）。

【例题 3】确定预算定额人工工日消耗量过程中，应计入其他用工的有（   ）。（2017年真题）

A．材料二次搬运用工

B．电焊点火用工

C．按劳动定额规定应增（减）计算的用工

D．临时水电线路移动造成的停工

E．完成某一分项工程所需消耗的技术工种用工

【答案】BD

【解析】选项 A，二次搬运费另行计算。选项 C、E，属于基本用工。

【例题 4】某挖掘机械挖二类土方的台班产量定额为 100m³/ 台班，当机械幅度差系数为 20% 时，该机械挖二类土方 1000m³ 预算定额的台班耗用量应为（   ）台班。（2017年真题）

A．8.0   B．10.0

C．12.0   D．12.5

【答案】C

【解析】台班时间定额＝1/100＝0.01（台班 /m³），机械耗用台班＝0.01×（1+20%）＝0.012（台班 /m³），挖 1000m³ 预算定额的台班消耗量＝0.012×1000＝12（台班）。

【例题 5】下列与施工机械工作相关的时间中，应包括在预算定额机械台班消耗量中，但不包括在施工定额中的有（   ）。（2015年真题）

A．低负荷下工作时间

B．机械施工不可避免的工序间歇

C．机械维修引起的停歇时间

D．开工时工作量不饱满所损失的时间

E．不可避免的中断时间

【答案】BCD

【解析】选项 A，属于损失时间，定额中不考虑。选项 E，属于必须消耗的时间，包含在施工定额中。

考点二 **概算定额及其基价编制**

1. 概算定额与预算定额比较（表 2-23）

概算定额与预算定额比较   表 2-23

		预算定额	概算定额
不同点	项目划分	分项工程或结构构件	扩大的分项工程或扩大的结构构件
	用途	编制施工图预算	编制扩大初步设计概算
相近		表达的主要内容、表达的主要方式及基本使用方法	

2. 概算定额手册组成与内容（表 2-24）

概算定额手册组成与内容　　　　　　　　　　　　　　　　表 2-24

组成	内容
文字说明	有总说明和分部工程说明。 在总说明中，主要阐述概算定额的性质和作用、概算定额编纂形式和应注意的事项、概算定额编制目的和使用范围、有关定额的使用方法的统一规定
定额项目表	定额项目的划分：按工程结构划分；按工程部位（分部）划分
	定额项目表：定额手册的主要内容，由若干分节定额组成。各节定额由工程内容、定额表及附注说明组成
附录	

3. 概算定额基价的编制

根据不同的表达方法，概算定额基价可能是工料单价、综合单价或全费用综合单价。

概算定额基价＝人工费＋材料费＋机具费

【例题】关于概算定额，下列说法正确的是（　　　）。（2020 年真题）

A．不仅包括人工、材料和施工机具台班的数量标准，还包括费用标准

B．是施工定额的综合与扩大

C．反映的主要内容、项目划分和综合扩大程度与预算定额类似

D．定额水平体现平均先进水平

【答案】A

【解析】选项 B，概算定额是预算定额的综合与扩大。选项 C，表达的主要内容、表达的主要方式及基本使用方法与预算定额类似。选项 D，定额水平体现平均水平。

考点三　概算指标及其编制

1. 概算指标与概算定额比较（表 2-25）

概算指标与概算定额比较　　　　　　　　　　　　　　　　表 2-25

	消耗量确定对象	消耗量确定依据
概算定额	单位扩大分项工程或单位扩大结构构件	以现行的预算定额为基础
概算指标	单位工程	主要来自各种预算或结算资料

2. 概算指标的分类和表现形式

（1）分类：**建筑工程概算指标、设备及安装工程概算指标**（图 2-8）

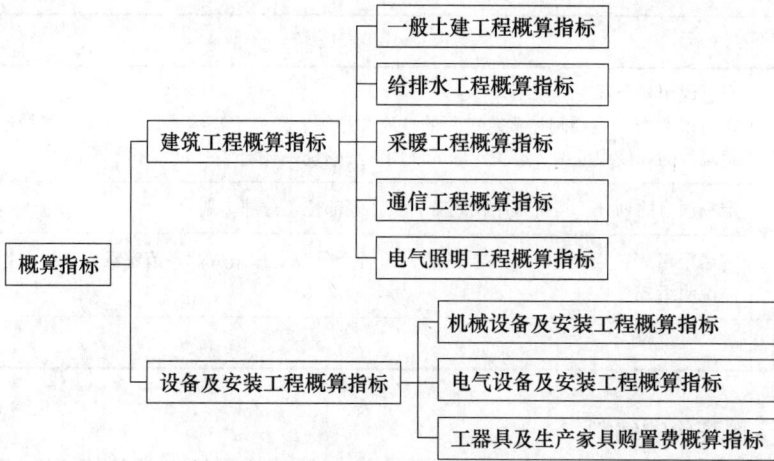

图 2-8　概算指标的分类及组成

（2）定额手册组成与内容（表 2-26）

概算指标的表现形式 表 2-26 定额手册组成与内容 表 2-26

定额手册组成与内容　　　　　　　　　　　　　　　　　　　　　　表 2-26

组成	内容
文字说明	有总说明和分册说明。 一般包括概算指标的编制范围、编制依据、分册情况、指标包括的内容、指标未包括的内容、指标的使用方法、指标允许调整的范围及调整方法等
列表：示意图、工程特征、经济指标、构造内容及工程量指标	建筑工程列表形式：房屋建筑、构筑物一般是以建筑面积、建筑体积、"座""个"等为计算单位，附以必要的示意图
	安装工程的列表形式：设备以"t"或"台"为计算单位，也可以设备购置费或设备原价的百分比（%）表示
附录	

（3）概算指标的表现形式（表 2-27）

概算指标的表现形式　　　　　　　　　　　　　　　　　　　　　　表 2-27

表现形式	特点
综合概算指标	按照工业或民用建筑及其结构类型而制定的概算指标。综合概算指标的概括性较大，**其准确性、针对性不如单项指标**
单项概算指标	为某种建筑物或构筑物而编制的概算指标。**单项概算指标的针对性较强，故指标中对工程结构形式要做介绍**

3. 概算指标的编制

（1）计算工程量，以每平方米建筑面积为计算单位，换算出所含的工程量指标。

（2）根据计算出的工程量和预算定额等资料，编出预算书，求出每百平方米建筑面积

78

的预算造价及人工、材料、施工机具使用费和材料消耗量指标。

（3）**构筑物是以"座"为单位，在计算完工程量后，**不必进行换算，预算书确定的价值就是每座构筑物概算指标的经济指标。

【例题1】关于概算指标，下列说法正确的是（   ）。（2022年真题）

A. 确定各种消耗量的依据与概算定额相同

B. 按工程类别分为建筑工程概算指标和安装工程概算指标

C. 按表现形式分为综合指标和单项指标

D. 包括经济指标和工程量指标两个部分

【答案】C

【解析】选项A错误，概算定额消耗量确定的依据是预算定额，概算指标消耗量确定的依据主要来自各种预算或结算资料。选项B错误，概算指标分为：建筑工程概算指标、设备及安装工程概算指标。选项D错误，概算指标包括示意图、工程特征、经济指标、构造内容及工程量指标。

【例题2】关于概算指标的内容和特点，下列说法正确的是（   ）。（2021年真题）

A. 编制对象只涉及单项工程和建设项目

B. 编制内容不包括人工、材料、机具台班的消耗量

C. 适用范围包括投资决策阶段和施工阶段

D. 编制费用包括建安费和设备及工器具购置费

【答案】D

【解析】选项A、B错误，建筑安装工程概算指标通常是以单位工程为对象，以建筑面积、体积或成套设备装置的台或组为计量单位而规定的人工、材料、机具台班的消耗量标准和造价指标；选项C错误，概算指标主要用于初步设计阶段。

考点四 投资估算指标及其编制

1. 投资估算指标的概念

投资估算指标比其他各种计价定额具有更大的综合性和概括性。**不但要反映实施阶段的静态投资，还必须反映**项目建设前期和交付使用期内发生的**动态投资**。

2. 投资估算指标的内容及表现形式（表2-28）

投资估算指标的内容及表现形式 表2-28

	内容	表现形式
建设项目综合指标	从立项筹建开始至竣工验收交付的全部投资额。 建设项目总投资＝单项工程投资＋工程建设其他费＋预备费等	以项目的综合生产能力**单位投资**表示；或以使用功能表示。 如：元/t，医院：元/床
单项工程指标	独立发挥生产能力或使用效益的单项工程内的全部投资额。 工程费用＝建筑工程费＋安装工程费＋设备及工器具购置费（可能有其他费用）	以**单项工程生产能力单位投资**表示，如：元/t，元/m²
单位工程指标	能独立设计、施工的工程项目的费用，**即建筑安装工程费**	房屋区别不同结构以"元/m²"表示等

【例题 1】关于投资估算指标的说法，正确的是（　　）。（2022 年真题）

A. 定额水平保持平均先进水平

B. 费用范围涉及建设期全部投资

C. 在概算指标的基础上综合扩大编制

D. 按表现形式分为综合指标和单项指标

【答案】B

【解析】选项 A 错误，为平均水平。选项 C 错误，依据历史的预、决算资料和价格变动资料编制。选项 D 属于概算指标的表现形式。

【例题 2】关于预算定额、概算定额和估算指标等各类计价定额的异同，下列说法正确的有（　　）。（2022 年真题）

A. 反映的定额水平各有不同

B. 项目划分与综合扩大程度各有不同

C. 定额的表现形式有所不同

D. 定额内容均包含人工、材料、施工机具台班消耗量等内容

E. 适用的图纸深度不同

【答案】BCDE

【解析】选项 A 错误，预算定额、概算定额、估算指标，都是计价定额，定额水平相同，都是平均水平。

【例题 3】关于各类工程计价定额的说法，正确的有（　　）。（2019 年真题）

A. 概算定额基价可以是工料单价、综合单价或全费用综合单价

B. 概算指标分为建筑工程概算指标和设备及安装工程概算指标

C. 综合概算指标的准确性高于单项概算指标

D. 概算指标是在概算定额的基础上进行编制的

E. 投资估算指标必须反映项目建设前期和交付使用期内发生的动态投资

【答案】ABE

【解析】选项 C 错误，综合概算指标的概括性较大，其准确性、针对性不如单项指标。选项 D 错误，概算指标的编制依据包括：现行的概算指标，以及已完工程的预算或结算资料。

第六节　工程计价信息及其应用

考情分析

考点	2023 年		2022 年		2021 年		2020 年		2019 年	
	单选	多选	单选	多选	单选	多选	单选	多选	单选	多选
工程计价信息及其主要内容										
工程造价指标的编制及使用	2	1	1		1	1	1	1	1	1
工程造价指数及其编制	1		1		1		1		1	

考点一 工程计价信息及其主要内容

工程计价信息的分类（表 2-29）

工程计价信息的分类　　　　　　　　　　　　　　　　表 2-29

价格信息	各种建筑材料、装修材料、安装材料、人工工资、施工机具等的最新市场价格，一般是没有经过系统加工处理的初级数据。包括：人工价格信息、材料价格信息、施工机具价格信息
工程造价指数	反映一定时期内价格变化对工程造价影响程度的指数，包括人材机市场价格指数、单项工程造价指数、建设工程造价综合指数
工程造价指标	已完或在建工程的各种造价信息，**经过统一格式和标准化处理**的造价数值。可以为拟建工程或在建工程造价提供依据

【例题】下列工程造价信息中，最能体现市场机制下信息动态性变化特征的是（　　）。（2018 年真题）

A．工程价格信息　　　　　　　B．政策性文件

C．计价标准和规范　　　　　　D．工程定额

【答案】A

【解析】最能体现信息动态性变化特征，并且在工程价格市场机制中起着重要作用的工程计价信息：价格信息、工程造价指数、工程造价指标。

考点二 工程造价指标的编制及使用

1. 工程造价指标及其分类（表 2-30）

工程造价指标分类　　　　　　　　　　　　　　　　表 2-30

分类标准	具体分类
层级	**建设项目总投资指标、建设项目投资明细指标**
用途	**工程经济指标、工程量指标、工料价格及消耗量指标**

2. 工程造价指标测算时应注意的问题

（1）测算指标的数据**必须都是采集实际的工程数据**（包括投资估算、设计概算、最高投标限价、合同价、竣工结算价）。

（2）投资估算、设计概算、最高投标限价应**采用成果文件编制完成日期**；合同价应采用工程**开工日期**；结算价应采用工程**竣工日期**。

（3）根据工程特征进行测算。按照工程造价指标层级，工程特征包括建设项目特征信息和单项工程特征信息（表 2-31）。

工程特征的分类及必须描述的内容　　　　表 2-31

对象	分类	必须描述	适用
建设项目特征信息	基本信息	工程特征分类、项目所在地、造价类型、建筑安装造价是否含税	
	面积信息	建筑面积	
单项工程特征信息	通用特征信息	建设性质（新建或扩建）、结构类型、抗震等级、建筑面积、檐高、层数、层高、装修标准等	所有的房屋建筑工程的一级分类
	分类特征信息（居住建筑）	①居住建筑分类：普通住宅、别墅、公寓、养老地产、集体宿舍等 ②高度类型：低层或多层、高层、超高层 ③居住建筑档次：高、中、低档等	房屋建筑工程的二级或三级分类

3. 工程造价指标的测算方法（表 2-32）

工程造价指标的测算方法　　　　表 2-32

方法	适用
数据统计法	当建设工程造价数据的**样本数量达到数据采集最少样本数量**时，**应使用数据统计法**测算建设工程造价指标
典型工程法	建设工程造价数据样本数量**达不到最少样本数量**要求时，应采用典型工程法测算。 典型工程造价数据也宜采用样本数据，并且要求典型工程的特征必须与指标描述保持一致
汇总计算法	需要采用下一层级造价指标汇总计算上一层级造价指标时，应采用汇总计算法。**应采用加权平均计算法**，**权重为指标对应的总建设规模**。汇总计算法采用的下一层级造价指标宜采用数据统计法得出的各类工程造价指标

4. 数据统计法的测算过程（表 2-33）

数据统计法的测算过程　　　　表 2-33

工程经济指标、工程量指标、消耗量指标	$$P=\frac{P_1\times S_1+P_2\times S_2+\cdots+P_n\times S_n}{S_1+S_2+\cdots+S_n}$$ 式中：P——造价指标； S——建设规模； n——样本数 $\times 90\%$。 序列两端各去掉 5% 的边缘项目，边缘项目不足 1 时按 1 计算
工料价格指标	$$P=\frac{Y_1\times Q_1+Y_2\times Q_2+\cdots+Y_n\times Q_n}{Q_1+Q_2+\cdots+Q_n}$$ 式中：P——造价指标； Y——工料价格； Q——消耗量； n——样本数

【例题1】关于房屋建筑工程造价指标的特征信息，下列说法正确的有（　　）。（2023年真题）

A. 建设项目特征信息包括基本信息和面积信息

B. 二级或三级分类的工程需描述分类特征信息

C. 必须描述的项目特征信息包括工程所在地、竣工日期和资金来源等

D. 必须描述的通用特征信息包括建筑性质、结构类型、抗震等级、建筑面积等

E. 居住建筑必须描述的分类特征信息包括建筑分类、高度类型、建筑档次等

【答案】ABDE

【解析】选项 C 错误，选项 C 中的竣工日期和资金来源是可选择描述的信息，非必须描述。

【例题 2】根据《建设工程造价指标指数分类与测算标准》GB/T 51290—2018，按照用途的不同，建设工程造价指标可以分为（　　　）。（2023 年真题）

A. 投资估算、设计概算、施工图预算、工程结算和竣工决算指标

B. 工程经济指标、工程量指标、工料价格与消耗量指标

C. 建设项目总投资指标和建设项目投资明细指标

D. 人材机市场价格指标、单项工程造价指标和建设工程造价综合指标

【答案】B

【例题 3】现从 30 个建设工程造价资料中随机抽取 7 个项目的现浇混凝土矩形梁工程综合单价及工程量，数据如表 2-34 所示，采用数据统计法测算，现浇混凝土矩形梁工程的综合单价指标为（　　　）元 /m³。（2023 年真题）

表 2-34

项目编号	1	2	3	4	5	6	7
综合单价（元 /m³）	680	770	720	745	805	830	765
工程量（m³）	1200	540	620	600	420	190	570

A. 738

B. 758

C. 759

D. 761

【答案】B

【解析】现浇混凝土矩形梁工程的综合单价指标，属于工程经济指标。两端需要去掉边缘项目，计算不考虑综合单价 680 和 830 两组数据。（770 × 540 ＋ 720 × 620 ＋ 745 × 600 ＋ 805 × 420 ＋ 765 × 570）/（540 ＋ 620 ＋ 600 ＋ 420 ＋ 570）＝ 758（元 /m³）。

【例题 4】工程造价指标测算中，各类造价数据的时间需符合造价指标的时间要求。下列造价数据的时间选取符合规定的是（　　　）。（2019 年真题）

A. 投资估算采用投资估算书编制完成日期

B. 最高投标限价采用投标截止日期

C. 合同价采用合同签订日期

D. 结算价采用工程结算日期

【答案】A

【解析】选项 B，投资估算、设计概算、最高投标限价应采用成果文件编制完成日期。选项 C，合同价应采用工程开工日期。选项 D，结算价应采用工程竣工日期。

考点三 工程造价指数及其编制（表2-35）

工程造价指数及其编制　表2-35

人材机市场价格指数	人工费（材料费、施工机具使用费）价格指数 $=\dfrac{P_1}{P_0}$ 式中：P_0——基期人工日工资单价（材料价格、施工机具台班单价）； 　　　P_1——报告期人工日工资单价（材料价格、施工机具台班单价）
单项工程造价指数	单项工程造价指数 $=\dfrac{P_1'}{P_0'}$ 式中：P_0'——基期单项工程造价指标； 　　　P_1'——报告期单项工程造价指标
建设工程造价综合指数	建设工程造价综合指数 $=\dfrac{A_1\times X_1+A_2\times X_2+\cdots+A_n\times X_n}{X_1+X_2+\cdots+X_n}$ 式中：A_n——同期各类单项工程造价指数； 　　　X_n——同期各类单项工程总投资额

　　【例题】某地区测算新建医院的造价综合指数，已测得新建医院的住院楼、医技楼、门诊楼、实验楼、其他建筑的造价指数及总投资额如表2-36所示。若基期价格指数为1.00，则该地区新建医院的造价综合指数为（　　）。（2023年真题）

表2-36

类别	住院楼	医技楼	门诊楼	实验楼	其他建筑
单项工程造价指数	1.08	1.10	1.05	1.03	1.04
总投资（亿元）	6	4	5	2	3

　　A. 1.060　　　　　　　　　　B. 1.066
　　C. 1.075　　　　　　　　　　D. 1.077
　　【答案】B
　　【解析】（6×1.08＋4×1.1＋5×1.05＋2×1.03＋3×1.04）/（6＋4＋5＋2＋3）＝1.066。

本章精选习题

一、单项选择题

1. 关于建设工程的分部组合计价，下列说法中正确的是（　　）。
　　A. 适用于没有具体图样和工程量清单的建设项目计价
　　B. 要求将建设项目细分到最基本的构造单元

C．是利用产出函数进行计价

D．具有自上而下、由粗到细的计价组合特点

2．下列说法中，符合工程计价基本原理的是（　　）。

A．工程计价的基本原理在于项目划分与工程量计算

B．工程计价分为项目的分解与组合两个阶段

C．工程组价包括工程单价的确定和总价的计算

D．工程单价包括生产要素单价、工料单价和综合单价

3．（　　）是依据图纸和相应计价定额的项目划分，先计算出分部分项工程量，然后套用消耗量定额计算人材机等要素的消耗量，再根据各要素的实际价格及各项费率汇总形成相应工程造价的方法。

A．不完全综合单价法　　　　　　B．全费用综合单价法

C．工料单价法　　　　　　　　　D．实物量法

4．作为工程定额体系的重要组成部分，概算指标是（　　）。

A．完成一定计量单位的某一施工过程所需消耗的人工、材料和机具台班数量标准

B．完成一定计量单位合格分项工程和结构构件所需消耗的人工、材料、施工机具台班数量及其费用标准

C．完成单位合格扩大分项工程所需消耗的人工、材料和施工机械机具台班数量及其费用标准

D．完成一个规定计量单位建筑安装产品的经济指标

5．下列工程定额中，能够反映建设总投资及其各项费用构成的是（　　）。

A．预算定额　　　　　　　　　　B．施工定额

C．概算指标　　　　　　　　　　D．投资估算指标

6．关于施工企业的施工定额，下列说法正确的是（　　）。

A．施工定额是分项最细、子目最多的一种计价性定额

B．可通过建立基于大数据的企业定额测算体系进行动态管理

C．劳动定额主要表现形式为时间定额，机具消耗定额主要表现形式为产量定额

D．企业定额需要准确反映行业实际技术和管理水平

7．采用工程量清单计价方式招标时，对招标工程量清单的完整性和准确性负责的是（　　）。

A．编制招标文件的招标代理人　　B．编制清单的工程造价咨询人

C．发布招标文件的招标人　　　　D．确定中标的投标人

8．某分部分项工程的清单编码为020301008001，则专业工程代码为（　　）。

A．02　　　　　　　　　　　　　B．03

C．008　　　　　　　　　　　　D．001

9．根据《建设工程工程量清单计价规范》GB 50500—2013，下列关于工程量清单项目编码的说法中，正确的是（　　）。

A．第三级编码为分部工程顺序码，由三位数字表示

B．第五级编码应根据拟建工程的工程量清单项目名称设置，不得重码

C．同一标段含有多个单位工程，不同单位工程中项目特征相同的工程应采用相

同编码

  D. 补充项目编码以"B"加上计算规范代码后跟三位数字表示，并应从 001 起顺序编制

10. 根据《建设工程工程量清单计价规范》GB 50500—2013 规定，除另有说明外，分部分项工程量清单表中的工程量应等于（ ）。

  A. 实体工程量

  B. 实体工程量＋施工损耗

  C. 实体工程量＋施工需要增加的工程量

  D. 实体工程量＋措施工程量

11. 根据《建设工程工程量清单计价规范》GB 50500—2013，关于分部分项工程项目清单的编制，下列说法正确的是（ ）。

  A. 所有清单项目的工程量均应以完成后的净值计算

  B. 应对各分部分项工程的工程内容予以详细准确描述

  C. 应在定额和工程量清单计算规则中选用最能准确计量的工程量计算规则

  D. 当出现增补清单项目时，应在工程量清单中附补充项目的名称、特征、计量单位、工程量计算规则和工作内容

12. 根据《建设工程工程量清单计价规范》GB 50500—2013，编制工程量清单出现计算规范附录中未包括的清单项目时，编制人应作补充，下列关于编制补充项目的说法中正确的是（ ）。

  A. 补充项目编码由附录顺序码与 B 和三位阿拉伯数字组成

  B. 补充项目也是五级十二位阿拉伯数字，应报省级工程造价管理机构备案

  C. 补充项目需明确工作内容

  D. 补充项目编码由编制人根据需要自主确定

13. 根据《建设工程工程量清单计价规范》GB 50500—2013，下列计入总价措施项目的是（ ）。

  A. 垂直运输费   B. 施工降排水

  C. 地上地下临时保护   D. 大型机械进出场

14. 根据《建设工程工程量清单计价规范》GB 50500—2013，在编制措施项目清单时，对于钢筋混凝土模板及支架项目，应在清单中列明（ ）。

  A. 项目编码   B. 计算基础

  C. 取费费率   D. 工作内容

15. 根据《建设工程工程量清单计价规范》GB 50500—2013，关于措施项目工程量清单编制与计价，下列说法中正确的是（ ）。

  A. 不能计算工程量的措施项目也可以采用分部分项工程量清单方式编制

  B. 安全文明施工费按总价方式编制，应以"定额基价"为计算基础

  C. 总价措施项目清单表应列明计量单位、费率、金额等内容

  D. 按施工方案计算的措施项目费，若无"计算基础"和"费率"的数值，可只填写"金额"数值，在备注中说明施工方案出处或计算方法

16. 根据《建设工程工程量清单计价规范》GB 50500—2013，关于材料和专业工程暂

估价的说法中，正确的是（　　　）。

    A．材料暂估价表中只填写原材料、燃料、构配件的暂估价

    B．材料暂估价应纳入分部分项工程量清单项目综合单价

    C．专业工程暂估价指完成专业工程的建筑安装工程费

    D．专业工程暂估价由专业工程承包人填写

17. 根据《建设工程工程量清单计价规范》GB 50500—2013 规定，当合同约定调整因素出现时进行工程价款调整而预备的费用，应列入（　　　）之中。

    A．暂列金额　　　　　　　　　　B．暂估价

    C．计日工　　　　　　　　　　　D．措施项目费

18. 关于招标工程量清单中的暂估价，下列说法正确的是（　　　）。

    A．工程项目暂估价应汇总计入其他项目费

    B．材料暂估单价应计入工程量清单综合单价

    C．专业工程暂估价中应包含规费和税金

    D．材料和工程设备暂估单价应由投标人填写

19. 在工程量清单计价中，下列费用项目应计入总承包服务费的是（　　　）。

    A．总承包人的工程分包费

    B．总承包人的管理费

    C．总承包人对发包人自行采购材料的保管费

    D．总承包工程的竣工验收费

20. 其他项目清单中，无须由招标人根据拟建工程实际情况提出估算额度的费用项目是（　　　）。

    A．暂列金额　　　　　　　　　　B．材料暂估价

    C．专业工程暂估价　　　　　　　D．计日工费用

21. 根据《建设工程工程量清单计价规范》GB 50500—2013，关于计日工，下列说法中正确的是（　　　）。

    A．计日工表包括各种人工、施工机械，不应包括材料

    B．计日工按综合单价计价，按现场签证的工程量计算，无需计入投标总价

    C．计日工表中的项目名称、暂定数量由招标人填写

    D．计日工单价由投标人自主确定，并按计日工表中所列数量结算

22. 在工程量清单计价中，下列关于暂估价的说法，正确的是（　　　）。

    A．材料设备暂估价是指用于尚未确定或不可预见的材料、设备采购的费用

    B．纳入分部分项工程项目清单综合单价中的材料暂估价包括暂估单价及数量

    C．专业工程暂估价与分部分项工程综合单价在费用构成方面应保持一致

    D．专业工程暂估由投标人自主报价

23. 根据工人工作时间分类，下列属于必需消耗的时间是（　　　）。

    A．工人下班前工具整理所耗的时间

    B．墙体砌筑工人等待砂浆所耗的时间

    C．因短暂停电而导致配合机械工作的工人停工所耗的时间

    D．重砌质量不合格的墙体

24. 在工人工作时间分类中，由于材料供应不及时引起工作班内的工时损失应列入（　　）。

    A. 施工本身造成的停工时间   B. 非施工本身造成的停工时间

    C. 准备与结束工作时间   D. 不可避免的中断时间

25. 运输汽车装载棉花，因体积大但重量不足而引起的汽车在降低负荷的情况下工作的时间属于机械工作时间消耗中的（　　）。

    A. 有效工作时间   B. 不可避免的无负荷工作时间

    C. 多余工作时间   D. 低负荷下的工作时间

26. 下列施工机械消耗时间中，属于机械必需消耗时间的是（　　）。

    A. 未及时供料引起的机械停工时间

    B. 由于气候条件引起的机械停工时间

    C. 装料不足时的机械运转时间

    D. 因机械保养而中断使用的时间

27. 已知某人工抹灰 $10m^2$ 的基本工作时间为 4h，辅助工作时间占工序作业时间的 5%，准备与结束工作时间、不可避免的中断时间、休息时间占工作日的 6%、11%、3%。则该人工抹灰的时间定额为（　　）工日 $/100m^2$。

    A. 6.3   B. 6.56

    C. 6.58   D. 6.67

28. 据计时观测资料得知：每平方米标准砖墙勾缝时间为 10min，辅助工作时间占工序作业时间的比例为 5%，准备结束时间、不可避免的中断时间、休息时间占工作班时间的比例分别为 3%、2%、15%。则每立方米砌体标准砖厚砖墙勾缝的产量定额为（　　）$m^3/$ 工日。

    A. 8.621   B. 8.772

    C. 9.174   D. 14.493

29. 在对材料消耗过程测定与观察的基础上，通过完成产品数量和材料消耗量的计算而确定各种材料消耗定额的方法是（　　）。

    A. 实验室试验法   B. 现场技术测定法

    C. 现场统计法   D. 理论计算法

30. 某一砖半厚混水墙，采用规格为 240mm×115mm×53mm 的烧结煤矸石普通砖砌筑，灰缝厚度为 10mm，每 $10m^3$ 该种墙体砖的净用量为（　　）千块。

    A. 5.148   B. 5.219

    C. 6.374   D. 6.462

31. 用规格为 290mm×240mm×190mm 的烧结空心砌块砌筑 290mm 厚墙体，灰缝宽度为 10mm，砌块损耗率为 1%，则每 $10m^3$ 该种砌体空心砌块的消耗量为（　　）块。

    A. 718   B. 690

    C. 726   D. 697

32. 已知砌筑 $1m^3$ 砖墙中砖净量和损耗分别为 529 块、6 块，百块砖体积按 $0.146m^3$ 计算，砂浆损耗率为 10%。则砌筑 $1m^3$ 砖墙的砂浆用量为（　　）m^3。

    A. 0.250   B. 0.253

C. 0.241   D. 0.243

33. 用干混地面砂浆铺贴 600mm × 600mm 石材楼面，灰缝宽为 2mm，石材损耗率为 2%，则每 100m² 石材楼面中石材的消耗量为（   ）块。

    A. 281.46   B. 281.57

    C. 283.33   D. 283.45

34. 用干混抹灰砂浆贴 400mm × 500mm 瓷砖墙面，灰缝宽为 3mm，假设瓷砖损耗率为 6%，则 200m² 瓷砖墙面的瓷砖消耗量是（   ）m²。

    A. 203.6   B. 204.3

    C. 197.3   D. 209.2

35. 用 1∶1 水泥砂浆贴 150mm × 150mm × 5mm 瓷砖墙面，结合层厚度为 10mm，灰缝宽为 2mm。假设瓷砖损耗率为 1.5%，砂浆损耗率为 1%，试计算每 100m² 瓷砖墙面中砂浆的消耗量为（   ）m³。

    A. 1   B. 0.013

    C. 1.013   D. 1.02

36. 有关施工机械台班定额消耗量的编制，下列表述中正确的是（   ）。

    A. 机械时间利用系数通常小于 1

    B. 机械纯工作时间是指机械的有效工作时间

    C. 施工机械台班定额消耗量的编制通常是先编制时间定额

    D. 循环动作机械和连续动作机械纯工作 1h 正常生产率的计算方法是相同的

37. 某装载容量为 15m³ 的运输机械，每运输 10km 的一次循环工作中，装车、运输、卸料、空车返回时间分别为 10min、15min、8min 和 12min，机械时间利用系数为 0.75，则该机械运输 10km 的台班产量定额为（   ）10m³/ 台班。

    A. 8   B. 10.91

    C. 12   D. 16.36

38. 出料容量为 500L 的砂浆搅拌机，每循环工作一次，需要运料、装料、搅拌、卸料和中断的时间分别为 120s、30s、180s、30s、30s，其中运料与其他循环组成部分交叠的时间为 30s。机械正常利用系数为 0.8，则 500L 砂浆搅拌机的产量定额为（   ）m³/ 台班。（1m³ = 1000L）

    A. 27.43   B. 29.54

    C. 32.00   D. 48.00

39. 下列费用项目中，应计入人工日工资单价的有（   ）。

    A. 职工福利费   B. 材料保管员工资

    C. 劳动保护费   D. 物价补贴

40. 关于材料单价的构成和计算，下列说法中不正确的是（   ）。

    A. 运杂费含外埠中转运过程中发生的一切费用和过境过桥费用

    B. 材料单价中的损耗指材料在场外运输装卸及仓储发生的不可避免损耗

    C. 采购及保管费包括组织材料采购、供应过程中发生的费用

    D. 材料单价指材料由其来源地运达施工现场作业面的单价

41. 某建设项目从两个不同的地点采购材料（适用 13% 增值税率），其供应量及有关

费用如表 2-37 所示（表中原价、运杂费均为含税价格，且来源一供料采用"一票制"支付方式；来源二采用"两票制"支付方式），则该材料的单价为（　　）元/t。

表 2-37

供应单位	采购量（t）	原价（元/t）	运杂费（元/t）	运输损耗率	采购及保管费费率
来源一	300	240	20	0.5%	3.5%
来源二	200	250	15	0.4%	

    A. 255.22
    B. 272.42
    C. 264.59
    D. 241.28

42. 某施工机械原始购置费为 10 万元，使用年限 5 年，年工作台班为 200 台班，检修周期为 3 个，每次检修费为 5000 元，除税系数为 95%，每台班维护费、人工、燃料动力及其他费用为 80 元，机械残值率为 5%。则该机械的台班单价为（　　）元/台班。

    A. 184.5
    B. 201.6
    C. 207.1
    D. 248.33

43. 某施工机械检修间隔为 200 台班，检修周期数为 4，每次检修费用为 1200 元，自行检修与委外检修比例为 1∶1，且修理修配适用 13% 的增值税率，则该机械的台班检修费为（　　）元。

    A. 4.24
    B. 4.55
    C. 4.5
    D. 3.0

44. 某载重汽车配司机 3 人，当年制度工作日为 250d，年工作台班为 230 台班，人工日工资单价为 500 元。求该载重汽车的台班人工费为（　　）元/台班。

    A. 1500
    B. 1530
    C. 1630
    D. 1657

45. 与施工机械台班单价相比，施工仪器仪表台班单价组成中独有的是（　　）。

    A. 折旧费
    B. 校验费
    C. 人工费
    D. 维护费

46. 在计算预算定额人工工日消耗量时，对于工种间的工序搭接及交叉作业相互配合影响所发生的停歇用工，应列入（　　）。

    A. 辅助用工
    B. 人工幅度差
    C. 基本用工
    D. 超运距用工

47. 某砌筑工程，工程量为 $10m^3$，每 $1m^3$ 砌体需要基本用工 0.86 工日，辅助用工和超运距用工分别是基本用工的 28% 和 18%，人工幅度差系数为 10%，则该砌筑工程的预算定额人工工日消耗量是（　　）工日。

    A. 11.75
    B. 12.56
    C. 13.81
    D. 15.78

48. 某挖土机挖土一次正常循环工作时间为 50s，每次循环平均挖土量为 $0.5m^3$，机械时间利用系数为 0.8，机械幅度差系数为 25%，按 8h 工作制考虑，挖土方预算定额的机械台班消耗量为（　　）台班/1000m^3。

A．5.43   B．7.2

C．8   D．8.68

49．下列关于预算定额基价的说法正确的是（   ）。

    A．预算定额基价就是扩大的分项工程或扩大的结构构件的单价

    B．预算定额基价的编制方法就是工、料、机消耗量和工、料、机单价的结合过程

    C．预算定额基价是根据现行定额和当地的价格水平编制的，具有稳定性

    D．预算定额基价主要用于编制施工预算

50．工程建设投资估算指标是编制建设工程投资估算的依据，下面对投资估算指标表述正确的是（   ）。

    A．投资估算指标分为建设项目综合指标和单项工程指标两个层次

    B．投资估算指标主要反映实施阶段的静态投资

    C．投资估算指标比其他各种计价定额具有更大的综合性和概括性

    D．投资估算指标的概括性不如概算指标全面

51．下列关于工程造价指标的描述中，正确的是（   ）。

    A．根据已完或在建工程的各种造价信息，未经过加工处理的造价数值

    B．按照层级划分为建设项目总投资指标、单项工程投资指标

    C．建设项目总投资指标是以建设项目为单位计算的总金额、总指标，是建设项目全部费用的指标

    D．按照用途不同，建设工程造价指标分为工程经济指标、工程量指标及消耗量指标三类

52．建设工程造价数据样本数量达到采集最少样本数量要求时，建设工程造价指标应采用（   ）测算。

    A．典型工程法   B．数据统计法

    C．比例分析法   D．汇总计算法

53．工程造价指标测算中，各类造价数据的时间需符合造价指标的时间要求。下列造价数据的时间选取符合规定的是（   ）。

    A．投资估算采用投资估算书开始编制日期

    B．最高投标限价采用编制完成日期

    C．设计概算采用设计概算书设计评审合格日期

    D．结算价采用工程决算日期

54．当编制建设工程造价综合指数时，通常是以（   ）为权重加权汇总编制而成。

    A．各类单位工程投资额   B．各类单位工程建筑面积

    C．各类单项工程投资额   D．各类单项工程建筑面积

55．2024 年某水泥厂建设工程的工程造价为 5.6 亿元。其中：城市轨道交通工程造价为 6600 万元，定额编制期同类项目的城市轨道交通工程造价为 6000 万元。该水泥厂建设工程造价综合指数为 1.20，则该轨道交通工程的造价指数是（   ）。

    A．1.10   B．0.77

    C．0.91   D．1.56

56．现有 30 个某类建设工程造价数据，随机抽取 7 个项目的造价及相关数据，如表 2-38

所示。采用数据统计法测算该类工程造价指标是（　　　）元/m²。

表 2-38

项目编码	1	2	3	4	5	6	7
造价数据（单方造价，元/m²）	2000	1800	1900	1850	2050	2200	1950
建设规模（建筑面积，m²）	10 万	50 万	10 万	20 万	30 万	50 万	30 万

A. 1950　　　　　　　　　　B. 1960

C. 1964　　　　　　　　　　D. 1980

57. 现从 30 个建设工程造价数据中随机抽取 7 个项目的 C20 商品混凝土材料单价及消耗量，数据见表 2-39。采用数据统计法测算，该商品混凝土单价指标是（　　　）元/m³。

表 2-39

项目编号	1	2	3	4	5	6	7
材料单价（元/m³）	400	350	475	500	450	550	525
消耗量（m³）	2500	3000	4000	1500	2000	2000	5000

A. 464.29　　　　　　　　　B. 466.25

C. 470.00　　　　　　　　　D. 478.33

58. 关于建设工程造价综合指数的计算方法，下列说法正确的是（　　　）。

A. 按报告期与基期建设工程造价的比值计算

B. 按报告期与基期各类单项工程造价指数之和的比值计算

C. 用同期各类单项工程造价指数加总计算

D. 用同期各类单项工程造价指数加权汇总计算

二、多项选择题

1. 关于工程计价的方法，下列说法正确的有（　　　）。

A. 工程计价是工程价值的货币形式

B. 当一个建设项目还没有具体的图样和工程量清单时，常用分部组合计价法

C. 分部组合计价原理，需将建设项目自下而上细分至最基本构造单元

D. 工程计价的基本原理在于项目的分解与价格的组合

E. 工程总价的确定分为工料单价法和综合单价法

2. 关于工程计价原理与依据，下列说法正确的有（　　　）。

A. 项目的造价与建设规模大小呈线性关系

B. 工程计价的基本原理是项目的分解和价格的组合

C. 工程计价可分为工程计量和套用单价两个环节

D. 定额计价与工程量清单计价的主要区别之一是风险分担方式不同

E. 时间定额与产量定额互为倒数

3. 根据分部组合计价原理，从工程计价的角度，需要把分部工程按照（　　　）的不同划分为分项工程。

  A. 施工方法   B. 路段长度

  C. 施工特点   D. 材料

  E. 工序

4. 下列关于工程计量工作的说法中正确的有（ ）。

  A. 项目划分须按预算定额规定的定额子项进行

  B. 通过项目划分确定单位工程基本构造单元

  C. 工程量的计算须按工程量清单计算规范的规则进行计算

  D. 工程计量工作包括工程项目的划分和工程量的计算

  E. 建筑安装工程费＝∑基本构造单元工程量×相应单价

5. 关于工程造价管理体系，下列说法正确的是（ ）。

  A. 法律法规是实施工程造价管理的制度依据和重要前提

  B. 工程造价管理的标准体系、工程计价定额体系和工程计价信息体系被称为工程计价依据体系

  C. 工程计价信息是指建设工程人工、材料、工程设备、施工机具的价格信息，不包括各类工程的造价指数、指标

  D. 工程计价定额的作用主要在于建设前期造价预测以及投资管控目标的合理设定

  E. 工程定额包括工程消耗量定额、工程计价定额和工期定额等

6. 下列各项中属于工程造价管理基础标准的是（ ）。

  A. 建设工程造价咨询成果文件质量标准

  B. 建设工程人工材料设备机械数据标准

  C. 建设工程计价设备材料划分标准

  D. 建设工程造价鉴定规范

  E. 工程造价术语标准

7. 在工程量清单编制中，施工组织设计、施工规范和验收规范可以用于确定（ ）。

  A. 项目名称   B. 项目编码

  C. 项目特征   D. 计量单位

  E. 工程数量

8. 关于工程量清单计价和定额计价，下列计价公式中正确的有（ ）。

  A. 单位工程直接费＝∑（假定建筑安装产品工程量×工料单价）＋措施费

  B. 单位工程概预算费＝单位工程直接费＋企业管理费＋利润＋税金

  C. 分部分项工程费＝∑（分部分项工程量×分部分项工程综合单价）

  D. 措施项目费＝∑按"项"计算的措施项目费＋∑（措施项目工程量×措施项目综合单价）

  E. 单位工程报价＝分部分项工程费＋措施项目费＋其他项目费＋规费＋税金

9. 下列关于工程量清单计价程序和方法的说法中，正确的是（ ）。

  A. 确定项目特征和计量单位需依据施工组织设计及清单计价规范

  B. 工程量清单计价要历经工程量清单编制和工程量清单应用两个阶段

  C. 工程量清单在发承包阶段的应用主要是用来编制最高投标限价、投标报价和

工程计量、工程结算和工程计价纠纷的解决

    D. 综合单价中隐含的风险费用于化解发承包双方在工程合同中约定的风险内容和范围

    E. 综合单价由人工费、材料和工程设备费、施工机具使用费、企业管理费、利润及一定范围内的风险费组成

10. 关于工程量清单计价和定额计价，下列计价公式中正确的有（   ）。

    A. 单位建筑安装工程直接费 ＝∑（假定建筑安装产品工程量×综合单价）

    B. 单位建筑安装工程概预算造价 ＝ 单位建筑安装工程直接费＋间接费＋利润＋材料价差＋税金

    C. 分部分项工程费 ＝∑（分部分项工程量×分部分项工程综合单价）

    D. 措施项目费 ＝∑按"项"计算的措施项目费＋∑（措施项目工程量×措施项目综合单价）

    E. 单项工程报价 ＝ 分部分项工程费＋措施项目费＋其他项目费＋规费＋税金

11. 工程量清单计价中，在编制投标报价和最高投标限价时共同依据的资料是（   ）。

    A. 企业定额   B. 统一的计价依据、标准和办法

    C. 工程计价信息   D. 投标人拟定的施工组织设计方案

    E. 建设项目特点

12. 下面所列工程建设定额中，属于按定额编制程序和用途分类的是（   ）。

    A. 机具台班消耗定额   B. 建筑工程定额

    C. 投资估算指标   D. 安装工程定额

    E. 施工定额

13. 定额计价与工程量清单计价的主要区别有（   ）。

    A. 造价形成机制不同   B. 工程计价的对象不同

    C. 风险分担方式不同   D. 不可应用于同一项目的计价

    E. 计价的目的不同

14. 关于投资估算指标，下列说法中正确的有（   ）。

    A. 可以分部工程为编制对象

    B. 是反映完成一个规定计量单位建筑安装产品的经济消耗指标

    C. 概略程度与可行性研究阶段相适应

    D. 编制基础仅是概算指标

    E. 可根据历史预算资料和价格变动资料等编制

15. 按照《住房城乡建设部关于进一步推进工程造价改革的指导意见》（建标〔2014〕142号）的要求，工程量清单规范体系应满足（   ）下工程计价需要。

    A. 不同管理需求   B. 不同融资方式

    C. 不同设计深度   D. 不同复杂程度

    E. 不同承包方式

16. 下列有关工程量清单的叙述中，正确的有（   ）。

    A. 单位工程造价汇总表可分为单位工程最高投标限价汇总表、单位工程投标报价汇总表和单位工程竣工结算汇总表

B．工程量清单是指招标工程量清单

C．在招标人同意的情况下，工程量清单可以由投标人自行编制

D．已标价工程量清单必须作为招标文件的组成部分

E．招标工程量清单应以单位（单项）工程为对象编制

17. 下列工程项目中，必须采用工程量清单计价的有（　　　）。

A．使用各级财政预算资金的项目

B．使用国家发行债券所筹资金的项目

C．国有资金投资总额占 30% 以上的项目

D．使用国家政策性贷款的项目

E．使用国际金融机构贷款的项目

18. 根据《建设工程工程量清单计价规范》GB 50500—2013 的规定，分部分项工程量清单的组成部分包括（　　　）。

A．项目编码　　　　　　　　　B．工程内容

C．项目名称　　　　　　　　　D．项目特征

E．工程数量

19. 项目特征是构成分部分项工程项目、措施项目自身价值的本质特征，通常项目特征应按照（　　　）予以详细而准确的表述和说明。

A．工程结构　　　　　　　　　B．技术规范

C．使用材质及规格　　　　　　D．安装位置

E．标准图

20. 根据《建设工程工程量清单计价规范》GB 50500—2013，关于分部分项工程量清单的编制，下列说法正确的有（　　　）。

A．以重量计算的项目，其计算单位应为吨或千克

B．以吨为计量单位时，其计算结果应保留两位小数

C．以立方米为计量单位时，其计算结果应保留两位小数

D．以千克为计量单位时，其计算结果应保留三位小数

E．以"个""项"为单位的，应保留两位小数

21. 根据《房屋建筑与装饰工程工程量计算规范》GB 50854—2013 的规定，下列属于不可以精确计算工程量的措施项目有（　　　）。

A．施工排水、施工降水　　　　B．垂直运输

C．冬雨季施工　　　　　　　　D．安全文明施工

E．大型机械设备进出场及安拆

22. 下列措施项目中，应按分部分项工程量清单编制方式编制的有（　　　）。

A．超高施工增加　　　　　　　B．建筑物的临时保护设施

C．大型机械设备进出场及安拆　D．非夜间施工照明增加费

E．混凝土模板及支架（撑）费

23. 招标文件中，措施项目清单编制的主要依据有（　　　）。

A．投标人拟定的施工方案　　　B．相关的工程验收规范

C．施工承包合同　　　　　　　D．拟定的招标文件

E．设计文件

24．下列费用中，由招标人填写金额，投标人直接计入投标总价的有（　　）。

A．材料设备暂估价 　　　　　　　　B．专业工程暂估价

C．暂列金额 　　　　　　　　　　　D．计日工合价

E．总承包服务费

25．有关其他项目清单的表述，下列内容中正确的有（　　）。

A．暂列金额能保证合同结算价格不会超过合同价格

B．投标人应将材料暂估单价计入工程量清单综合单价报价中

C．专业工程的暂估价只包括人工费、材料费、施工机具使用费

D．计日工适用的所谓零星项目或工作一般是指合同约定之内的因变更而产生的额外工作

E．暂估价数量和拟用项目应结合工程量清单中的"暂估价表"予以补充说明

26．根据《建设工程工程量清单计价规范》GB 50500—2013，在其他项目清单中，应由投标人自主确定价格的有（　　）。

A．暂列金额 　　　　　　　　　　　B．专业工程暂估价

C．材料暂估单价 　　　　　　　　　D．计日工单价

E．总承包服务费

27．下列发生的各项费用，应计入总承包服务费的是（　　）。

A．不可预见的所需服务的采购费用

B．施工现场管理发生的费用

C．配合协调发包人进行专业工程发包发生的费用

D．自行采购材料进行保管发生的费用

E．竣工资料汇总整理发生的费用

28．关于暂估价的计算和填写，下列说法中正确的有（　　）。

A．暂估价数量和拟用项目应结合工程量清单中的"暂估价表"予以补充说明

B．材料暂估价应由招标人填写暂估单价，无须指出拟用于哪些清单项目

C．工程设备暂估价不应纳入分部分项工程综合单价

D．专业工程暂估价应分不同专业，列出明细表

E．专业工程暂估价由招标人填写，并计入投标总价

29．关于工程量清单及其编制，下列说法中正确的有（　　）。

A．招标工程量清单必须作为投标文件的组成部分

B．安全文明施工费应列入以"项"为单位计价的措施项目清单中

C．招标工程量清单的准确性和完整性由其编制人负责

D．暂列金额中包括用于施工中必然发生但暂不能确定价格的材料、设备的费用

E．计价规范中未列的规费项目，应根据省级政府或省级有关权力部门的规定列项

30．下列工人工作时间中，虽属于损失时间，但在拟定定额时又要适度考虑它的影响的是（　　）。

A．施工本身导致的停工时间 　　　　B．非施工本身导致的停工时间

C．不可避免的中断时间 　　　　　　D．多余工作时间

E．偶然工作时间

31．下列定额测定方法中，主要用于测定材料净用量的有（　　）。

A．现场技术测定法　　　　　　B．实验室试验法

C．现场统计法　　　　　　　　D．理论计算法

E．写实记录法

32．关于材料消耗的性质及确定材料消耗量的基本方法，下列说法正确的有（　　）。

A．现场技术测定法适用于确定材料净用量

B．直接用于建筑和安装工程的材料编制材料净用量定额

C．不可避免的施工废料和材料损耗编制材料损耗定额

D．现场统计法主要适用于确定材料总消耗量，是编制材料消耗量定额的主要方法

E．实体材料包括工程直接性材料和辅助材料

33．确定人、材、机定额消耗量，其计算公式正确的有（　　）。

A．工序作业时间＝基本工作时间＋辅助工作时间＋不可避免的中断时间

B．定额时间＝（基本工作时间＋辅助工作时间）／［1－规范时间占比（％）］

C．机械时间利用系数＝机械在一个工作班内纯工作时间／一个工作班延续时间（8h）

D．材料总消耗量＝净用量／（1＋损耗率）

E．规范时间＝准备与结束时间＋不可避免的中断时间＋休息时间

34．根据工程定额编制要求，下列工作时间或材料的消耗，应计入人工、材料或施工机具台班消耗量标准的有（　　）。

A．施工本身原因造成的人工停工时间

B．不可避免的施工废料

C．施工措施性材料的用量

D．有根据地降低负荷下的工作时间

E．与机械保养相关的必要中断时间

35．下列各项费用可以计入材料单价的是（　　）。

A．材料的供应价格　　　　　　B．施工过程中的损耗

C．新材料、新结构试验费　　　D．材料的工地保管费

E．材料的仓储损耗

36．影响建筑材料预算价格变动的因素包括（　　）。

A．定额材料消耗量　　　　　　B．材料生产成本

C．运输距离和运输方法　　　　D．市场供求

E．流动环节和供应体制

37．下列关于施工机械安拆费及场外运费的表述中，正确的有（　　）。

A．场外运费仅包括施工机械自停置点运到施工现场的单边运费

B．自升式塔式起重机安装、拆卸费用的超高起点及其增加费由各地区（部门）根据具体情况确定

C．一次安拆费为现场机械安装和拆卸一次所需的人工费、材料费、施工机械使用费之和，包括运输、装卸、辅材和回程等费用

D．不需安装、拆卸且自身又能开行的机械，不计安拆费和场外运费

E. 施工单位可以自己选择将安拆费及场外运费计入台班单价或单独计算

38. 下列各项费用中，应计入建筑安装工程施工机械台班单价的是（　　）。

    A. 仪器仪表使用费　　　　　　　　B. 机械的年检测费

    C. 临时故障排除费　　　　　　　　D. 机器损坏保险

    E. 年机械工作台班之外的机械操作人员工资

39. 下列因素中，能够影响人工、材料或施工机具台班单价水平的有（　　）。

    A. 社会平均工资水平　　　　　　　B. 生产工人的技能水平

    C. 运输过程中的损耗　　　　　　　D. 材料的生产成本

    E. 机械设备单位时间的生产效率和利用率

40. 下列用工项目中，构成预算定额人工工日消耗量，但并不包括在施工定额中的有（　　）。

    A. 材料水平搬运用工

    B. 材料加工用工和电焊点火用工

    C. 工序交接时对前一工序不可避免的修整用工

    D. 实际工程现场运距超过预算定额取定运距用工

    E. 完成施工任务必须消耗的技术工程用工

41. 下列与施工机械工作相关的时间中，应包括在预算定额机械台班消耗量中，但不包括在施工定额中的有（　　）。

    A. 机械维修引起的停歇时间

    B. 停电引起的机械停歇时间

    C. 机械在施工中不可避免的工序间歇

    D. 机械工作量不饱满增加的时间

    E. 机械低负荷下的工作时间

42. 关于各类工程计价定额的说法，正确的有（　　）。

    A. 概算定额基价就是工料单价

    B. 概算定额分为建筑工程概算定额和设备及安装工程概算定额

    C. 单项概算指标的准确性高于综合概算指标

    D. 概算指标是在投资估算指标的基础上进行编制的

    E. 投资估算指标必须反映项目建设前期和交付使用期内发生的动态投资

43. 在概算指标编制时，下列说法中符合要求的有（　　）。

    A. 概算指标的组成内容一般分为文字说明和列表形式两部分，以及必要的附录

    B. 建筑工程概算指标以综合生产能力的单位投资表示

    C. 构筑物以每立方米的投资表示

    D. 概算指标中各种消耗量指标，主要来自各种预算或结算资料

    E. 概算指标分为建筑安装工程概算指标和设备工器具概算指标

44. 关于投资估算指标，下列说法正确的有（　　）。

    A. 以独立的建设项目、单项工程或单位工程为对象

    B. 费用和消耗量指标主要来自概算指标

    C. 一般分为建设项目综合指标、单项工程指标和单位工程指标三个层次

　　D．单项工程指标一般以单位生产能力投资表示

　　E．建设项目综合指标表示的是建设项目的静态投资指标

45．当采用数据统计法编制工程造价指标时，需从序列两端各去掉 5% 的边缘项目的指标有（　　）。

　　A．工程量指标　　　　　　　　　B．工料消耗量指标

　　C．工程经济指标　　　　　　　　D．工料价格指标

　　E．材料价格指标

46．建设工程造价指标应区分不同的工程特征进行测算，这些特征包括（　　）等。

　　A．建设项目特征信息　　　　　　B．工程类型特征信息

　　C．单项工程特征信息　　　　　　D．合同类型特征信息

　　E．资金来源特征信息

精选习题答案及解析

一、单项选择题

1．【答案】B

【解析】选项 A、C 错误，当一个建设项目还没有具体的图样和工程量清单时，需要利用产出函数对建设项目投资进行匡算。如果一个建设项目的设计方案已经确定，常用的是分部组合计价法。选项 D 错误，工程计价是自下而上的分部组合计价。

2．【答案】C

【解析】选项 A 错误，工程计价的基本原理是项目的分解和价格的组合。选项 B 错误，工程计价分为工程计量和工程组价；工程计量工作包括工程项目的划分和工程量的计算；工程组价包括单价的确定和总价的计算。选项 D，工程单价包括工料单价和综合单价。

3．【答案】D

【解析】实物量法是依据图纸和相应计价定额的项目划分，先计算出分部分项工程量，然后套用消耗量定额计算人材机等要素的消耗量，再根据各要素的实际价格及各项费率汇总形成相应工程造价的方法。

4．【答案】D

【解析】选项 A，是施工定额的概念。选项 B，预算定额是完成一定计量单位合格分项工程和结构构件所需消耗的人工、材料、施工机具台班数量及其费用标准。选项 C，概算定额是完成单位合格扩大分项工程或扩大结构构件所需消耗的人工、材料和施工机具台班的数量及其费用标准。

5．【答案】D

【解析】投资估算指标是以建设项目、单项工程、单位工程为对象，反映建设总投资及其各项费用构成的经济指标。

6．【答案】B

【解析】选项 B 正确，为适应市场竞争，在大数据时代，企业可以建立基于大数

据的企业定额测算体系并建立信息化平台，动态积累企业定额消耗量数据，监测企业定额的变动情况，进而动态管理企业定额。选项 A 中"计价性"错误，施工定额是生产性定额。选项 C 错误，劳动定额和机具消耗量定额的主要表现形式都是时间定额。选项 D 错误，企业定额需要准确反映企业实际技术和管理水平，非"行业水平"。

7.【答案】C

【解析】采用工程量清单招标方式的，招标工程量清单的准确性和完整性由招标人负责。

8.【答案】A

【解析】项目编码：五级十二位。① 一级：表示专业工程代码，两位；② 二级：表示附录分类顺序码，两位；③ 三级：表示分部工程顺序码，两位；④ 四级：表示分项工程项目名称顺序码，三位；⑤ 五级：表示清单项目名称顺序编码，三位。前四级编码全国统一，第五级由招标人针对招标工程项目具体编制，从 001 起顺序编制，不得有重号。

9.【答案】B

【解析】选项 A，第三级表示分部工程顺序码（两位数字表示）。选项 C，不得有重码。选项 D，补充项目的编码由计算规范的代码与 B 和三位阿拉伯数字组成。

10.【答案】A

【解析】除另有说明外，所有清单项目的工程量应以实体工程量为准，并以完成后的净值计算；投标人报价时，应在单价中考虑施工中的各种损耗和需要增加的工程量。

11.【答案】D

【解析】选项 A，除另有说明外，所有清单项目的工程量应以实体工程量为准，并以完成后的净值计算。选项 B，工程内容是指完成清单项目可能发生的具体工作和操作程序，但应注意的是，在编制分部分项工程项目清单时，工程内容通常无须描述。选项 C，工程量计算规则是指对清单项目工程量计算的规定。

12.【答案】C

【解析】附录中没有的项目，编制人应作补充。① 补充项目的编码必须按本规范的规定进行：计算规范的代码＋B＋3位阿拉伯数字，从 001 起顺序编制，不得重码。② 将编制的补充项目报省级或行业工程造价管理机构备案，比如补充房屋建筑与装饰工程，编码从 01B001 开始顺序编。③ 工程量清单中应附补充项目的项目名称、项目特征、计量单位、工程量计算规则和工作内容。

13.【答案】C

【解析】总价措施项目包括：安全文明施工费；夜间施工增加费；非夜间施工照明费；二次搬运费；冬雨季施工增加费；地上、地下设施和建筑物的临时保护设施费；已完工程及设备保护费。

14.【答案】A

【解析】钢筋混凝土模板及支架项目属于单价措施项目费，与分部分项工程项目清单所需列明一致，即必须载明项目编码、项目名称、项目特征、计量单位和工程量。

15. 【答案】D

【解析】选项A，不可以，采用总价措施项目清单计价表。选项B，安全文明施工费按总价方式编制，可以"定额基价"为计算基础，还可以"定额人工费、定额人工费＋定额施工机具使用费"为基础。选项C，总价措施项目清单表无计量单位。

16. 【答案】B

【解析】选项A错误，暂估价包括材料暂估价、设备暂估价和专业工程暂估价，都是招标人填写，材料暂估价不但包括原材料、燃料、构配件的暂估价，还包括计入建安工程的设备。选项C错误，专业工程暂估价不包括税金和规费。选项D错误，由招标人填写。

17. 【答案】A

【解析】暂列金额是招标人在工程量清单中暂定并包括在合同价款中的一笔款项。用于工程合同签订时尚未确定或者不可预见的所需材料、工程设备、服务的采购，施工中可能发生的工程变更、合同约定调整因素出现时的合同价款调整以及发生的索赔、现场签证确认等的费用。

18. 【答案】B

【解析】选项A错误，材料、工程设备暂估价计入工程量清单综合单价报价中。选项C错误，专业工程的暂估价一般应是综合暂估价，包括人工费、材料费、施工机具使用费、企业管理费和利润，不包括规费和税金。选项D错误，招标工程量清单中由招标人填写"暂估单价"。

19. 【答案】C

【解析】总承包服务费是指总承包人为配合协调发包人进行的专业工程发包，对发包人自行采购的材料、工程设备等进行保管以及施工现场管理、竣工资料汇总整理等服务所需的费用。

20. 【答案】D

【解析】计日工表中，项目名称、暂定数量由招标人填写，编制最高投标限价时，单价由招标人按有关计价规定确定；投标时，单价由投标人自主报价，按暂定数量计算合价计入投标总价中。结算时，按发承包双方确认的实际数量计算合价。

21. 【答案】C

【解析】选项A错误，计日工表包括人工、材料、施工机具。选项B错误，计日工需计入投标总价。选项D错误，投标时，单价由投标人自主报价，结算时，按发承包双方确认的实际数量计算合价。

22. 【答案】C

【解析】选项A，暂列金额用于尚未确定或不可预见的材料、设备采购的费用。选项B，纳入综合单价的是材料、设备的暂估单价。选项D，暂列金额、暂估价不能自主报价。

23. 【答案】A

【解析】选项B属于施工本身造成的停工时间。选项C属于停工时间。选项D属于多余工作。

24.【答案】A

【解析】由于材料供应不及时引起工作班内的工时损失应列入施工本身造成的停工时间。

25.【答案】A

【解析】有效工作时间：① 正常负荷下的工作时间；② 有根据地降低负荷下的工作时间，在个别情况下由于技术上的原因，机器在低于其计算负荷下工作时间，如汽车运输重量轻而体积大的货物。

26.【答案】D

【解析】选项 D 属于不可避免的中断时间：与工艺过程的特点、机器的使用和保养、工人休息有关的中断时间。选项 A、B、C 属于损失时间。

27.【答案】C

【解析】4h＝4/8＝0.5（工日），100m² 所需的时间定额＝基本工作时间/[1－辅助工作时间（%）]/[1－规范时间（%）]＝0.5/（1－5%）/（1－6%－11%－3%）×10＝6.58（工日）。

28.【答案】B

【解析】1砖厚的砖墙，其每立方米砌体墙面面积的换算系数为 $\dfrac{1}{0.24}$＝4.17（m²），则每 1m³ 砌体所需的勾缝时间是：4.17×10＝41.7（min），每 1m³ 砌体 1 标准砖厚砖墙勾缝的工序作业时间＝41.7/（1－5%）＝43.895（min），每 1m³ 砌体 1 标准砖厚砖墙勾缝的定额时间＝43.895/（1－3%－2%－15%）＝54.869（min）＝0.114（工日/m³），则每 1m³ 砌体 1 标准砖厚砖墙勾缝的产量定额＝1/0.114＝8.772（m³/工日）。

29.【答案】B

【解析】现场技术测定法，又称观测法，是根据对材料消耗过程的测定与观察，通过完成产品数量和材料消耗量的计算，而确定各种材料消耗定额的一种方法。

30.【答案】B

【解析】1m³ 一砖半墙砖净用量＝1÷[0.365×（0.24＋0.01）×（0.053＋0.01）]×2×1.5＝521.9（块），10m³ 所需块数＝5219块，即 5.219 千块。

31.【答案】D

【解析】$\dfrac{10}{0.29×（0.24＋0.01）×（0.19＋0.01）}$×（1＋1%）＝697（块）。

32.【答案】A

【解析】砂浆净用量＝1－529×0.146÷100＝0.228（m³）；砂浆消耗量＝0.228×（1＋10%）＝0.250（m³）。

33.【答案】A

【解析】100m² 石材净用量＝100/（0.6＋0.002）²＝275.94（块），每 100m² 石材消耗量＝275.94×（1＋2%）＝281.46（块）。

34.【答案】D

【解析】材料总消耗量＝净用量×（1＋损耗率）。200m² 瓷砖墙面中瓷砖的净用量＝200/[（0.4＋0.003）×（0.5＋0.003）]＝986.64（块），986.64×（0.4×0.5）×

（1＋6%）＝209.2m²。

35.【答案】D

【解析】每 100m² 瓷砖墙面中瓷砖的净用量 $= \dfrac{100}{（0.15＋0.002）×（0.15＋0.002）} =$
4328.25（块）；

每 100m² 瓷砖墙面中结合层砂浆净用量＝100×0.01＝1（m³）；

每 100m² 瓷砖墙面中灰缝砂浆净用量＝［100－（4328.25×0.15×0.15）］×0.005＝
0.013（m³）；

每 100m² 瓷砖墙面中砂浆总消耗量＝（1＋0.013）×（1＋1%）＝1.02（m³）。

36.【答案】A

【解析】选项 B 错误，纯工作时间是机械必需消耗的时间。选项 C 错误，施工机械台班定额消耗量的编制通常是先编制产量定额。选项 D 错误，循环动作机械和连续动作机械纯工作 1h 正常生产率的计算方法是不同的。

37.【答案】C

【解析】1 次循环需要的时间＝10＋15＋8＋12＝45min＝0.75（h）；机械纯工作 1h 循环次数＝1/0.75＝1.33（次／台时），机械台班产量定额＝1.33×15×0.75×8＝119.7（m³／台班）。

38.【答案】C

【解析】500L 砂浆搅拌机的产量定额计算如下：该搅拌机一次循环的正常延续时间＝120＋30＋180＋30＋30－30＝0.1（h）；该搅拌机纯工作 1h 循环次数＝10（次）；该搅拌机纯工作 1h 正常生产率＝10×500＝5000L＝5（m³）；该搅拌机台班产量定额＝5×8×0.8＝32（m³／台班）。

39.【答案】D

【解析】选项 A、C 属于企业管理费。选项 B 属于材料费。

40.【答案】D

【解析】选项 D 说法错误，材料单价是指建筑材料从其来源地运到施工工地仓库，直至出库形成的综合单价。

41.【答案】D

【解析】来源一的单价＝（240＋20）/1.13×1.005×1.035＝239.33（元／t）；来源二的单价＝（250/1.13＋15/1.09）×1.004×1.035＝（221.24＋13.76）×1.004×1.035＝244.20（元／t）；（239.33×300＋244.20×200）/500＝241.28（元／t）。

42.【答案】A

【解析】台班折旧费＝100000×（1－5%）/（200×5）＝95（元／台班），台班检修费＝5000×（3－1）/（200×5）×95%＝9.5（元／台班），机械台班单价＝80＋95＋9.5＝184.5（元／台班）。

43.【答案】A

【解析】台班检修费＝一次检修费×检修次数×除税系数／耐用总台班，4 个检修周期，修（4－1）次，除税系数＝50%＋50%/（1＋13%）＝94.25%，台班检修费＝3×1200×94.25%/（200×4）＝4.24（元）。

建设工程计价

44. 【答案】C

【解析】台班人工费 = 人工消耗量 ×（年制度工作日 / 年工作台班）× 日工资单价 = 3 ×（250/230）× 500 = 1630（元 / 台班）。

45. 【答案】B

【解析】施工仪器仪表台班单价包括折旧费、维护费、校验费、动力费，不包括检测软件的相关费用。施工机械台班单价由七项费用组成，包括折旧费、检修费、维护费、安拆费及场外运费、人工费、燃料动力费和其他费用。

46. 【答案】B

【解析】预算定额人工消耗量 =（基本用工 + 辅助用工 + 超运距用工）×（1 + 人工幅度差系数）。人工幅度差包含内容的关键词"工序、验收、转移"。

47. 【答案】C

【解析】预算定额人工消耗量 =（基本用工 + 辅助用工 + 超运距用工）×（1 + 人工幅度差系数）= 0.86 ×（1 + 28% + 18%）×（1 + 10%）× 10 = 13.81（工日）。

48. 【答案】A

【解析】机械纯工作 1h 的循环次数 = 3600/50 = 72（次 /h）；

机械纯工作 1h 的生产率 = 72 × 0.5 = 36（m³/h）；

机械台班产量定额 = 36 × 8 × 0.8 = 230.4（m³/ 台班）；

台班时间定额 = 1/230.4 = 0.00434（台班 /m³）

耗用台班 = 0.00434 ×（1 + 0.25）= 0.00543（台班 /m³）= 5.43（台班 /1000m³）

49. 【答案】B

【解析】选项 A 中"扩大"说法错误，预算定额基价就是预算定额分项工程或结构构件的单价。选项 C 错误，预算定额基价具有"相对的稳定性"。选项 D 错误，预算定额基价主要用于编制施工图预算。

50. 【答案】C

【解析】选项 A 错误，投资估算指标分为建设项目综合指标、单项工程指标、单位工程指标三个层次。选项 B 错误，动、静态投资都反映。选项 D 错误，投资估算指标比其他计价定额有更大的综合性和概括性。

51. 【答案】C

【解析】选项 A 错误，工程造价指标是已完或在建工程的各种造价信息，经过统一格式和标准化处理的造价数值。选项 B 错误，按照层级划分为建设项目总投资指标、建设项目投资明细指标。选项 D 错误，按照用途不同，建设工程造价指标分为工程经济指标、工程量指标、工料价格及消耗量指标四类。

52. 【答案】B

【解析】当建设工程造价数据的样本数量达到数据采集最少样本数量时，应使用数据统计法测算建设工程造价指标。

53. 【答案】B

【解析】符合时间要求：① 投资估算、设计概算、最高投标限价应采用成果文件编制完成日期；② 合同价应采用工程开工日期；③ 结算价应采用工程竣工日期。

54.【答案】C

【解析】建设工程造价综合指数的编制是在单项工程造价指数编制结果的基础上，将不同专业类型的单项工程造价指数以投资额为权重加权汇总后编制完成的。

55.【答案】A

【解析】轨道交通工程的造价指数 ＝ 拟建工程造价／同类工程造价 ＝ 6600/6000 ＝ 1.1。

56.【答案】B

【解析】首先去除边缘项目，两端各去掉 1 个，分别是造价数据的最大值和最小值。其余数据加权平均计算。（2000×10＋1900×10＋1850×20＋2050×30＋1950×30）/（10＋10＋20＋30＋30）＝ 1960（元/m²）。

57.【答案】B

【解析】单价指标的计算，以消耗量为权重，无须去掉边缘项目。$P ＝$（400×2500＋350×3000＋475×4000＋500×1500＋450×2000＋550×2000＋525×5000）/（2500＋3000＋4000＋1500＋2000＋2000＋5000）＝ 466.25（元/m³）。

58.【答案】D

【解析】建设工程造价综合指数的编制是在单项工程造价指数编制结果的基础上，将不同专业类型的单项工程造价指数以投资额为权重加权汇总后编制完成的。

二、多项选择题

1.【答案】AD

【解析】选项 B，当一个建设项目还没有具体的图样和工程量清单时，需要利用产出函数对建设项目投资进行匡算。选项 C，工程计价的基本原理是项目的分解和价格的组合，即将建设项目自上而下细分至最基本的构造单元。选项 E，工程总价的确定分为实物量法和单价法。

2.【答案】BDE

【解析】选项 A 错误，项目的造价并不总是和规模大小呈线性关系。选项 C 错误，工程计价分为工程计量和工程组价两个环节。

3.【答案】ABDE

【解析】从工程计价的角度，把分部工程按照不同的施工方法、材料、工序及路段长度等，加以更为细致的分解，划分为更为简单细小的部分，即分项工程。

4.【答案】BD

【解析】选项 A、C，项目的划分和工程量的计算都有清单和定额两种规则。选项 E，分部分项工程费＝∑基本构造单元工程量×相应单价。

5.【答案】ABDE

【解析】选项 C 错误，工程计价信息是指国家、各地区、各部门工程造价管理机构、行业组织以及企业发布的指导或服务于建设工程计价的人工、材料、工程设备、施工机具的价格信息，以及各类工程的造价指数、指标、典型工程数据库等。

6.【答案】CE

【解析】工程造价管理基础标准包括《工程造价术语标准》GB/T 50875—2013、《建设工程计价设备材料划分标准》GB/T 50531—2009 等。

7. 【答案】ACE

【解析】项目编码和计量单位无需依据施工组织设计、施工规范和验收规范。

8. 【答案】CDE

【解析】选项 A 错误，单位工程直接费＝∑（假定建筑安装产品工程量×工料单价）。选项 B 错误，单位工程概预算造价＝单位工程直接费＋间接费＋利润＋材料价差＋税金。

9. 【答案】BDE

【解析】选项 A，计量单位和项目编码不需要依据施工组织设计及清单计价规范。选项 C，工程计量、工程结算和工程计价纠纷的解决属于施工阶段清单的应用。

10. 【答案】BCD

【解析】选项 A，单位建筑安装工程直接费＝∑（假定建筑安装产品工程量×工料单价）。选项 E，单位工程报价＝分部分项工程费＋措施项目费＋其他项目费＋规费＋税金。

11. 【答案】BCE

【解析】选项 A、D 仅是投标报价的依据。

12. 【答案】CE

【解析】定额的分类（表 2-40）

定额的分类　　　　　　　　　　表 2-40

划分标准	分类			
定额反映的生产要素	劳动消耗定额	材料消耗定额	机具消耗定额	
编制程序和用途分类	施工定额	预算定额	概算定额	概算指标	投资估算指标
按照专业划分	建筑工程定额	安装工程定额		

13. 【答案】ACE

【解析】定额计价与工程量清单计价的主要区别（表 2-41）

定额计价与工程量清单计价的主要区别　　　　　　　　　　表 2-41

不同点	内容
造价形成机制	最根本的区别。 定额：生产决定价格的成本法计价机制 清单：交易决定价格的市场法计价机制
风险分担方式	定额：容易导致履约过程中出现的风险双方分担方式不明确，且常采用事后算总账，容易引起纠纷 清单：实现了计价风险按合同约定由发承包双方分担。事前算细账、摆明账
计价的目的	定额：更注重在建设项目前期合理设定投资控制目标 清单：更注重在建设项目交易阶段进行合理定价，强调计价依据的个性化

14. 【答案】CE

【解析】投资估算指标的概略程度与可行性研究阶段相适应。投资估算指标往往根据历史的预、决算资料和价格变动等资料编制，但其编制基础仍然离不开预算定额、概算定额。选项 A、B 错误，投资估算指标以建设项目、单项工程、单位工程为编制对象，反映建设总投资及其各项费用构成的经济指标。

15.【答案】ACDE

【解析】清单计价方式应满足"完善工程项目划分，建立多层级工程量清单，形成以清单计价规范和各专（行）业工程量计算规范配套使用的清单规范体系，满足不同设计深度、不同复杂程度、不同承包方式及不同管理需求下工程计价的需要"的原则。

16.【答案】AE

【解析】采用工程量清单方式招标，招标工程量清单必须作为招标文件的组成部分，已标价工程量清单是投标文件的组成部分。工程量清单是招标人或工程造价咨询人（招标代理人）编制。准确性与完整性由招标人负责。

17.【答案】ABD

【解析】选项 C 错误，应为 50%。必须采用清单计价的关键词"国家、政府、财政"，选项 E 不属于此类。

18.【答案】ACDE

【解析】分部分项工程量清单必须载明项目编码、项目名称、项目特征、计量单位和工程量。

19.【答案】ACD

【解析】分部分项工程项目清单的项目特征应按各专业工程工程量计算规范附录中规定的项目特征，结合技术规范、标准图集、施工图纸，按照工程结构、使用材质及规格或安装位置等，予以详细而准确的表述和说明。

20.【答案】AC

【解析】选项 B，以吨为计量单位时，其计算结果应保留三位小数。选项 D，以千克为计量单位时，其计算结果应保留两位小数。选项 E，以"个""项"为单位的，应取整数。

21.【答案】CD

【解析】选项 A、B、E 均为能算量的单价措施项目。

22.【答案】ACE

【解析】有些措施项目是可以计算工程量的项目，如脚手架工程，混凝土模板及支架（撑），垂直运输，超高施工增加，大型机械设备进出场及安拆，施工排水、降水等。

23.【答案】BDE

【解析】措施项目清单的编制依据：① 施工现场情况、地勘水文资料、工程特点；② 常规施工方案；③ 与建设工程有关的标准、规范、技术资料；④ 拟定的招标文件；⑤ 建设工程设计文件及相关资料。计价规范中未列的项目：可根据实际情况补充。选项 A，投标文件编制依据。选项 C，施工承包合同是干扰项，确定中标后才签署合同。

24. 【答案】BC

【解析】本题的关键点为"直接"计入，选择 B、C。选项 A，材料、工程设备暂估单价，非"直接"，须先纳入分部分项工程项目清单综合单价中。选项 D、E，投标人自主报价。

25. 【答案】BE

【解析】选项 A，暂列金额编制的准确性取决于清单编制人预测的准确性。选项 C，还包括管理费和利润。选项 D，计日工适用的所谓零星项目或工作一般是指合同约定之外的因变更而产生的额外工作。

26. 【答案】DE

【解析】计日工单价和总承包服务费，投标时由投标人自主报价。

27. 【答案】BCE

【解析】总承包服务费是指总承包人为配合协调发包人进行的专业工程发包，对发包人自行采购的材料、工程设备等进行保管以及施工现场管理、竣工资料汇总整理等服务所需的费用。选项 A 不可预见的所需服务的采购费用属于暂列金额。选项 D 在材料费中。

28. 【答案】ADE

【解析】选项 B 错误，材料暂估单价及调整表由招标人填写"暂估单价"，并在备注栏说明暂估价的材料、工程设备拟用在哪些清单项目上，投标人应将上述材料、工程设备暂估价计入工程量清单综合单价报价中。选项 C 错误，工程设备暂估价应纳入分部分项工程综合单价。

29. 【答案】BE

【解析】选项 A，采用清单计价的，招标工程量清单必须作为招标文件的组成部分。选项 C，招标工程量清单的准确性和完整性由招标人负责。选项 D，暂列金额用于工程合同签订时尚未确定或者不可预见的所需材料、工程设备、服务的采购，施工中可能发生的工程变更、合同约定调整因素出现时的合同价款调整以及发生的索赔、现场签证确认等的费用。

30. 【答案】BE

【解析】偶然工作时间：工人进行任务以外的工作，但能够获得一定产品的工作时间，拟定定额时要适当考虑它的影响。如抹灰工不得不补上偶然遗漏的墙洞。非施工本身造成的停工时间：由于水源、电源中断引起的停工时间，定额给予合理的考虑。

31. 【答案】BD

【解析】选项 A，主要测定损耗量。选项 C，确定总的消耗量，不能确定净用量或损耗量。选项 E，研究工时消耗的方法。

32. 【答案】BCE

【解析】选项 A 错误，现场技术测定法适用于确定材料损耗量。选项 D 错误，现场统计法只能作为辅助性方法使用。

33. 【答案】BCE

【解析】选项 A 错误，工序作业时间＝基本工作时间＋辅助工作时间。选项 D

错误，材料总消耗量＝净用量×（1＋损耗率）。

34. 【答案】BCDE

【解析】选项A，施工本身造成的停工时间属于损失时间。

35. 【答案】ADE

【解析】材料单价＝（材料原价＋运杂费）×（1＋运输损耗费率）×（1＋采购及保管费率）。选项B属于材料消耗量。选项C属于工程建设其他费用。

36. 【答案】BCDE

【解析】影响材料单价变动的因素：① 市场供需变化。② 材料生产成本的变动直接影响材料单价的波动。③ 流通环节的多少和材料供应体制也会影响材料单价。④ 运输距离和运输方法的改变会影响材料运输费用的增减，从而也会影响材料单价。⑤ 国际市场行情会对进口材料单价产生影响。选项A属于材料消耗量。

37. 【答案】BD

【解析】选项A错误，还包括回程费用。选项C错误，还包括安全监测部门的检测费及试运转费。选项E错误，施工单位不能自行选择。

38. 【答案】BCE

【解析】选项A属于施工机具使用费，与施工机械使用费是并行关系。选项D属于工程建设其他费。施工机械台班单价由七项费用组成，包括折旧费、检修费、维护费、安拆费及场外运费、人工费、燃料动力费和其他费用。施工仪器仪表台班单价包括折旧费、维护费、校验费、动力费，不包括检测软件的相关费用。

39. 【答案】ACD

【解析】选项B是影响人工消耗量的因素。选项E是影响机械消耗量的因素。

40. 【答案】BC

【解析】选项B属于辅助用工。选项C属于人工幅度差。选项A、E属于两者都包括的用工。选项D两者都不包括。

41. 【答案】AC

【解析】选项A、C属于机械幅度差，包含在预算定额中。选项B、D、E属于损失时间，定额中不考虑。

42. 【答案】CE

【解析】选项A错误，根据不同的表达方法，概算定额基价可能是工料单价、综合单价或全费用综合单价，用于编制设计概算。选项B错误，概算指标分为建筑工程概算指标和设备及安装工程概算指标。选项D错误，概算指标主要来自各种预算或结算资料。

43. 【答案】AD

【解析】选项B错误，建设项目综合指标一般以项目的综合生产能力单位投资表示；单项工程指标一般以单项工程生产能力单位投资表示。选项C错误，应为"座"。选项E错误，概算指标分为建筑工程概算指标和设备及安装工程概算指标。

44. 【答案】ACD

【解析】选项B错误，往往根据历史的预、决算资料和价格变动等资料编制，编制基础仍离不开预算定额、概算定额。选项E错误，反映全部投资额。

45. 【答案】ABC

【解析】数据统计法计算建设工程经济指标、工程量指标、消耗量指标时，应将所有样本工程的单位造价、单位工程量、单位消耗量进行排序，从序列两端各去掉5%的边缘项目，边缘项目不足1时按1计算，剩下的样本采用加权平均计算，得出相应的造价指标。

46. 【答案】AC

【解析】按照工程造价指标层级，工程特征包括建设项目特征信息和单项工程特征信息。

第三章　建设项目决策和设计阶段工程造价的预测

考纲要求

1. 决策阶段影响工程造价的主要因素；
2. 投资估算的编制；
3. 设计阶段影响工程造价的主要因素；
4. 设计概算的编制；
5. 施工图预算的编制。

第一节　投资估算的编制

考情分析

考点	2023 年		2022 年		2021 年		2020 年		2019 年		2018 年		2017 年		2016 年	
	单选	多选	单选	多选	单选	多选	单选	多选	单选	多选	单选	多选	单选	多选	单选	多选
项目决策阶段影响工程造价的主要因素			1		1		2		1		2		1	1	1	
投资估算的概念及其编制内容						1					1		2			
投资估算的编制	3	1	3	2	3		2		3	1	3	1	2		3	1

考点一 项目决策阶段影响工程造价的主要因素

1. 建设规模

（1）制约规模合理化的因素（图3-1）

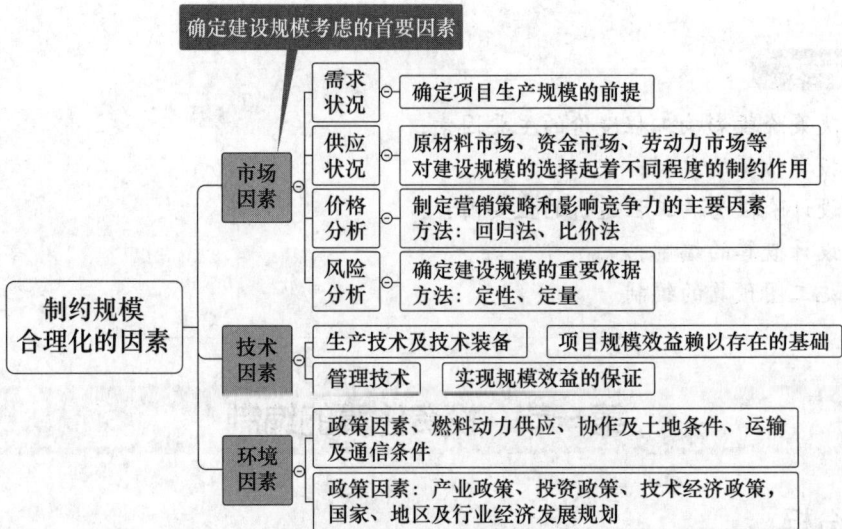

图3-1 制约规模合理化的因素

（2）不同行业、不同类型项目确定建设规模需考虑的因素（表3-1）

确定建设规模需考虑因素   表3-1

项目类型	考虑因素
煤炭、金属与非金属矿山、石油、天然气等矿产资源开发	充分考虑资源合理开发利用要求和资源**可采储量**、**赋存条件**等因素
水利水电	应充分考虑水的资源量、可开发利用量、地质条件、建设条件、库区生态影响、占用土地以及移民安置等因素
铁路、公路	充分考虑建设项目影响区域内一定时期运输量的需求预测，以及该项目在综合运输系统和本系统中的作用确定线路等级、线路长度和运输能力等因素
技术改造	应充分研究建设项目生产规模与企业现有生产规模的关系；新建生产规模属于外延型还是外延内涵复合型，以及利用现有场地、公用工程和辅助设施的可能性等因素

（3）合理规模的确定方法

1）盈亏平衡产量分析法

2）平均成本法

3）生产能力平衡法：技术改造项目中使用，又分为**最大**工序生产能力法和**最小公倍数法**

4）政府或行业规定

2. 建设地区及建设地点（厂址）

（1）建设地区的选择

原则一：**靠近**原料、燃料提供地和产品消费地的原则。

并不是意味着等距离范围内，而是根据项目的技术经济特点和要求具体对待。

原则二：工业项目**适当**聚集的原则（省钱、环保）。

（2）建设地点的选择

1）选择建设地点（厂址）的要求（图 3-2）

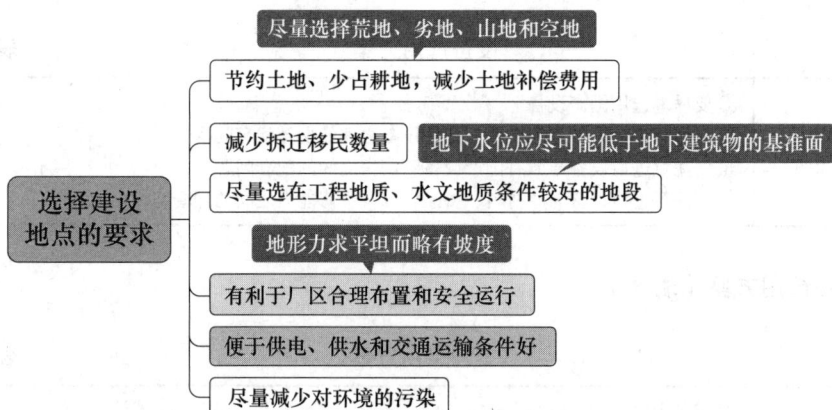

图 3-2　选择建设地点的要求

2）建设地点（厂址）选择时的费用分析（图 3-3）

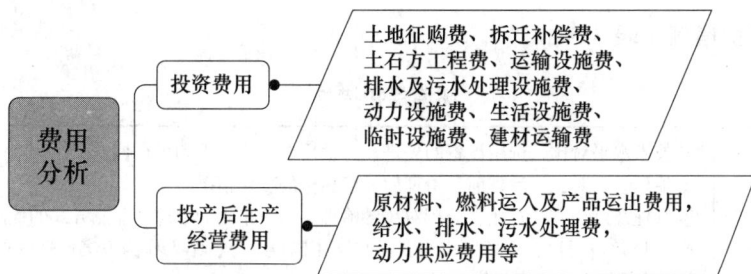

图 3-3　建设地点选择费用分析的分类及内容

3. 技术方案

（1）技术方案选择的基本原则：先进适用；安全可靠；经济合理。

（2）技术方案选择的内容包括：生产方法选择、工艺流程方案选择、技术方案的比选（表 3-2）。

生产方法选择及工艺流程选择的具体内容　　　　　　表 3-2

生产方法选择	①采用先进适用的生产方法 ②研究拟采用的生产方法是否与采用的原材料相适应 ③研究拟采用生产方法的技术来源的可得性，若采用引进技术或专利，应比较所需费用 ④研究拟采用生产方法是否符合节能和清洁的要求，尽量选择节能环保的方法

续表

工艺流程方案选择	① 研究工艺流程方案对产品质量的保证程度 ② 研究工艺流程各工序间的合理衔接，工艺流程应通畅、简捷 ③ 研究选择先进合理的物料消耗定额，提高收益 ④ 研究选择主要工艺参数 ⑤ 研究工艺流程的柔性安排（生产稳定性，产品有一定的灵活性）

4. 设备选用方案（表 3-3）

设备选用方案　　　　　　　　　　　　　　表 3-3

在设备选用中， 应处理的问题	① 要尽量选用国产设备 ② 要注意进口设备之间以及国内外设备之间的衔接配套问题 ③ 要注意进口设备与原有国产设备、厂房之间的配套问题 ④ 要注意进口设备与原材料、备品备件及维修能力之间的配套问题

5. 工程选用方案（表 3-4）

工程选用方案　　　　　　　　　　　　　　表 3-4

工程方案应满足的 基本要求	① 满足生产使用功能要求 ② 适应已选定的场址（线路走向），合理布置建筑物、构筑物，以及地上、地下管网的位置 ③ 符合工程标准规范要求 ④ 经济合理

6. 环境保护措施（表 3-5）

环境保护措施　　　　　　　　　　　　　　表 3-5

环境治理方案 比选内容	① 技术水平对比，选用设备的先进性、适用性，可靠性和可得性 ② 治理效果对比。治理前与治理后环境指标的变化情况 ③ 管理及监测方式对比，分析对比各治理方案所采用的管理和监测方式的优缺点 ④ 环境效益对比，治理费用与获得收益相比较，分析结果作为方案比选的重要依据，效益费用比值最大的方案为优

【例题 1】关于项目决策阶段工程方案选择应满足的基本要求，下列说法正确的是（　　）。（2022 年真题）

A. 技术对原材料的适应性要求

B. 工程布置对已选定场址的适应性要求

C. 技术对产品质量性能的保证要求

D. 工艺流程各工序间衔接合理性的要求

【答案】B

【解析】本题是 2022 年补考试题。选项 A、C、D 属于技术方案因素考虑的内容。

【例题 2】在项目决策阶段，环境治理方案比选中的技术水平对比，主要是比较（　　）。（2022 年真题）

A. 选用设备的先进性、可靠性　　　B. 环境治理效果

C. 管理与监测水平　　　　　　　　D. 环保费用与效益

【答案】A

【解析】选项 B、C、D 与题干考查的"技术水平对比"是并行关系，都属于环境治理方案比选的主要内容。

【例题 3】关于不同行业、不同类型的建设项目建设规模的确定基础，下列说法正确的是（　　　）。（2021 年真题）

A. 石油天然气项目，应依据资源储备量确定建设规模

B. 水利水电项目，应依据水资源量和可开发利用量确定建设规模

C. 铁路公路项目，应进行运量需求预测和考虑本线路在综合运输系统中的作用等

D. 技术改造项目，应依据产量缺口确定新增生产规模和对应的配套、辅助设施规模

【答案】C

【解析】选项 A 错误，应是可采储量、赋存条件。选项 B 错误，还需考虑地质条件、建设条件、库区生态影响、占用土地以及移民安置等因素。选项 D 错误，技术改造项目，应充分研究建设项目生产规模与企业现有生产规模的关系；新建生产规模属于外延型还是外延内涵复合型，以及利用现有场地、公用工程和辅助设施的可能性等因素。

【例题 4】建设项目投资决策阶段，在技术方案中选择生产方法时应重点关注（　　　）。（2016 年真题）

A. 是否选择了合理的物料消耗定额

B. 是否符合工艺流程的柔性安排

C. 是否使工艺流程中的工序合理衔接

D. 是否符合节能清洁要求

【答案】D

【解析】选项 A、B、C 属于工艺流程方案选择。

考点二　投资估算的概念及其编制内容

1. 作用

投资估算：投资决策阶段，对拟建项目总投资及其构成进行预测和估计。其作用如下：

（1）项目建议书阶段的，是项目主管部门**审批项目建议书的依据之一**，也是编制项目规划、确定建设规模的参考依据。

（2）项目可行性研究阶段的，**是项目投资决策的重要依据**，也是研究、分析、计算项目投资经济效果的重要条件。可研报告批准后，将作为设计任务书中下达的投资限额，即项目投资的最高限额，**不得随意突破**。

（3）设计阶段造价控制的依据。

（4）可作为项目**资金筹措及制定建设贷款计划的依据**。

（5）是核算建设项目固定资产投资需要额和编制固定资产投资计划的重要依据。

（6）是建设工程设计招标、优选设计单位和设计方案的重要依据。

2. 投资估算的阶段划分与精度要求（表 3-6）

投资估算的阶段划分与精度要求 　　　　　　　表 3-6

国外阶段划分	国内阶段划分	误差
投资设想		大于 ±30%
投资机会研究	建设项目规划和建议书	控制在 ±30% 内
初步可行性研究	预可行性研究	控制在 ±20% 内
详细可研	可研	控制在 ±10% 内
工程设计		控制在 ±5% 内

3. 投资估算分析的内容

（1）工程投资比例分析。

（2）各类费用构成占比分析。

（3）分析影响投资的主要因素。

（4）与类似工程项目的比较，对投资总额进行分析。

【例题 1】编制投资估算文件时，投资估算分析的内容应包括（　　）。（2021 年真题）

A．影响投资的主要因素分析　　　　B．工程投资比例分析

C．各类费用构成占比分析　　　　　D．盈亏平衡分析

E．与类似工程项目的比较分析

【答案】ABCE

【解析】不涉及盈亏平衡分析。

【例题 2】关于项目投资估算的作用，下列说法中正确的是（　　）。（2017 年真题）

A．项目建议书阶段的投资估算，是确定建设投资最高限额的依据

B．可行性研究阶段的投资估算，是项目投资决策的重要依据，不得突破

C．投资估算不能作为制定建设贷款计划的依据

D．投资估算是核算建设项目固定资产需要额的重要依据

【答案】D

【解析】选项 A 错误，项目建议书阶段的投资估算，是项目主管部门审批项目建议书的依据之一，也是编制项目规划、确定建设规模的参考依据。选项 B 错误，不得随意突破。选项 C 错误，可以作为制定建设贷款计划的依据。

考点三　投资估算的编制

1. 投资估算的编制要求

（1）采用合适的方法，并对主要技术经济指标进行分析。

（2）应做到工程内容和费用构成齐全，不重不漏，不提高或降低估算标准，计算合理。

（3）应充分考虑拟建项目设计的技术参数和投资估算所采用的估算系数、估算指标，在质和量方面所综合的内容，应遵循口径一致的原则。

（4）参考主管部门发布的投资估算指标或各类工程造价指标和指数等，依据**工程所在地市场价格水平**，结合项目实际情况及科学合理的建造工艺，全面反映建设项目建设前期和建设期的全部投资。

（5）应对影响造价变动的因素**进行敏感性分析**，充分估计物价上涨因素和市场供求情况对项目造价的影响。

（6）估算精度应能满足控制初步设计概算要求，并尽量减少估算的误差。

2. 投资估算的编制步骤

（1）投资估算静态部分：建筑工程费、安装工程费、设备及工器具购置费、工程建设其他费用、基本预备费

（2）投资估算动态部分：价差预备费、建设期利息

（3）流动资金估算

【例题】总投资估算中，属于动态部分的费用项目有（　　　）。（2022年）

A. 工程建设其他费用　　　　　　　B. 基本预备费

C. 价差预备费　　　　　　　　　　D. 建设期利息

E. 流动资金

【答案】CD

3. 静态投资部分的估算方法

（1）项目建议书阶段投资估算方法（表3-7）

投资估算方法　　　　　　　　　　　　　　　　　　表3-7

生产能力指数法	① 计算公式：$C_2 = C_1 \left(\dfrac{Q_2}{Q_1} \right)^x \cdot f$　　x——生产能力指数 $0 \leqslant x \leqslant 1$　　综合调整系数 式中：C_1——已建成类似项目的静态投资额； 　　　C_2——拟建项目静态投资额； 　　　Q_1——已建类似项目的生产能力； 　　　Q_2——拟建项目的生产能力。 ② 适用：设计定型并系列化。一般拟建项目与已建类似项目生产能力比值不宜大于50，以在10倍内效果较好，否则误差就会增大。误差可控制在±20%以内。 ③ 拟建规模／已建类似规模＝0.5～2，x 取值为1。 拟建规模／已建类似规模＝0.02～50，通过换设备改变生产规模，x 取值为0.6～0.7；通过改变设备数量改变生产规模，x 取值为0.8～0.9
系数估算法	① 分类：设备系数法、主体专业系数法、朗格系数法。 ② 设备系数法及主体专业系数法的计算公式： 系数＝$\dfrac{\text{其他辅助配套工程费}}{\text{主体工程费或设备购置费}} \times 100\%$ 拟建项目静态投资＝∑（拟建项目设备购置费或工艺设备投资×系数×价格差异调整值）＋拟建项目其他费用 ③ 适用：设计深度不足，拟建建设项目与类似建设项目的主体工程费或主要设备购置费比重较大，行业内相关系数等基础资料完备的情况

比例估算法	① 计算公式： 先求已建项目主要设备购置费占已建项目静态投资的比例 K 已知 $K = \dfrac{\text{已建项目主要设备购置费}}{\text{已建项目静态投资}}$ 估算拟建项目的静态投资 $= \dfrac{\text{拟建项目的主要设备购置费}}{K} \times 100\%$ ② 适用：主要应用于设计深度不足，拟建建设项目与类似建设项目的主要设备购置费比重较大，行业内相关系数等基础资料完备的情况
混合法	采用上述多种方法混合估算拟建项目静态投资的方法

【例题 1】某地 2023 年拟建一年产 30 万 t 工业产品项目，该地区 2020 年建成的年产 20 万 t 同类产品项目主要设备购置费为 6000 万元，建筑安装工程费占主要设备购置费的比例为 70%。若该地区 2020 年至 2023 年工程造价年均递增 4%，预计建设期两年内造价年均上涨率为 5%，则该项目的工程费用估（　　）万元（生产能力指数为 0.8）。（2023 年真题）

A. 13768　　　　　　　　　　　　B. 15554

C. 15870　　　　　　　　　　　　D. 17497

【答案】C

【解析】"预计建设期两年内造价年均上涨率为 5%"，为干扰项，只考虑 2020 年到 2023 年的价格上涨，该工程费用 $= 6000 \times (30/20)^{0.8} (1 + 4\%)^3 \times (1 + 70\%) = 15870$（万元）。

【例题 2】某地 2017 年拟建一座年产 20 万 t 的化工厂。该地区 2015 年建成的年产 15 万 t 相同产品的类似项目实际建设投资为 6000 万元。2015 年和 2017 年该地区的工程造价指数（定基指数）分别为 1.12 和 1.15，生产能力指数为 0.7，预计该项目建设期的两年内工程造价仍将年均上涨 5%。则该项目的静态投资为（　　）万元。（2018 年真题）

A. 7147.08　　　　　　　　　　　B. 7535.09

C. 7911.84　　　　　　　　　　　D. 8307.43

【答案】B

【解析】综合调整系数 $= 1.15/1.12$，"建设期的两年内工程造价仍将年均上涨 5%"，为干扰项。该项目的静态投资 $= 6000 \times (20/15)^{0.7} \times (1.15/1.12) = 7535.09$（万元）。

【例题 3】2006 年已建成年产 20 万 t 的某化工厂，2010 年拟建年产 100 万 t 相同产品的新项目，并采用增加相同规格设备数量的技术方案。若应用生产能力指数法估算拟建项目投资额，则生产能力指数取值的适宜范围是（　　）。（2012 年真题）

A. 0.4～0.5　　　　　　　　　　B. 0.6～0.7

C. 0.8～0.9　　　　　　　　　　D. 0.9～1

【答案】C

【解析】通过换设备改变生产规模，x 取值为 0.6～0.7；通过改变设备数量改变生产规模，x 取值为 0.8～0.9。

【例题 4】某地 2019 年拟建一座年产 40 万 t 某产品的化工厂。根据调查，该地区 2017 年已建年产 30 万 t 相同产品的项目的建筑工程费为 4000 万元，安装工程费为 2000 万元，设备购置费为 8000 万元。已知按 2019 年该地区价格计算的拟建项目设备购置费为 9500 万元，征地拆迁等其他费用为 1000 万元，且该地区 2017 年至 2019 年建筑安装工程费平均每年递增 4%，则该拟建项目的静态投资估算为（　　）万元。（2019 年真题）

A．16989.6 　　　　　　　　　　B．17910.0

C．18206.4 　　　　　　　　　　D．19152.8

【答案】C

【解析】此题设备购置费所占比重较大，采用系数估算法。先求系数。

已建工程：建筑工程费／设备购置费＝4000/8000＝0.5，

安装工程费／设备购置费＝2000/8000＝0.25，

拟建项目静态投资＝9500＋9500×（0.5＋0.25）×（1＋4%）²＋1000＝18206.4（万元）。

【例题 5】已建项目 A 主要设备投资占项目静态投资比例 60%，拟建项目 B 需甲设备 900 台，乙设备 600 套，价格分别为 5 万元／台和 6 万元／套，用比例估算法估算 B 项目静态投资为（　　）万元。

A．20250 　　　　　　　　　　　B．13500

C．8100 　　　　　　　　　　　　D．4860

【答案】B

【解析】拟建项目 B 的设备购置费＝900×5＋600×6＝8100（万元）；静态投资＝8100/60%＝13500（万元）。

（2）可行性研究阶段估算方法及步骤（表 3-8）

估算方法及步骤　　　　　　　　　　　　　　　表 3-8

方法	指标估算法				
步骤	建筑工程费	设备及工器具购置费	安装工程费	工程建设其他费	基本预备费

　　提示：重点掌握建筑工程费、安装工程费估算。

1）建筑工程费估算（表 3-9）

建筑工程费估算　　　　　　　　　　　　　　　表 3-9

计算方法	根据不同的专业工程选择不同的实物工程量计算； 建筑工程费＝单位实物工程量的建筑工程费×实物工程总量
不同专业工程实物工程量计算方法	工业与民用建筑物以"m²"或"m³"为单位； 构筑物以"延长米""m²""m³"或"座"为单位
	大型土方、总平面竖向布置、道路及场地铺砌、室外综合管网和线路、围墙大门等，分别以"m³""m²""延长米"或"座"为单位
	矿山井巷开拓、露天剥离工程、坝体堆砌等，分别以"m³""延长米"为单位
	公路、铁路、桥梁、隧道、涵洞设施等，分别以"km"（铁路、公路）、"100m² 桥面（桥梁）""100m² 断面（隧道）""道（涵洞）"为单位

2）安装工程费估算（表3-10）

安装工程费估算　　　　　　　　　　　　　　　表 3-10

估算单元	单项工程	
费用组成	① **主材费**，可以根据价格信息或市场询价估算。 ② **安装费**，根据设备专业属性估算，如下表： **提示：重点掌握不同专业设备的计量单位。**	
	工艺设备	安装工程费＝设备原价×设备安装费率 安装工程费＝设备吨重×单位重量（t）安装费指标
	工艺非标准件、金属结构、管道	安装工程费＝重量总量（t）×单位重量安装费指标
	工业炉窑砌筑和保温工程	安装工程费＝重量（t、m^3、m^2）总量×单位重量安装费指标
	电气设备及自控仪表	安装工程费＝设备工程量×单位工程量安装费指标 可根据设备台套数、变配电站容量、装机容量、桥架重量、电缆长度等工程量，采用相应单价指标估算

3）指标估算法注意事项

在应用指标估算法时，应根据不同地区、建设年代、条件等进行调整。调整方法可以以人工、主要材料消耗量或"工程量"为计算依据，也可以按不同的工程项目的"万元工料消耗定额"确定不同的系数。估算绝不能生搬硬套，必须对工艺流程、定额、价格及费用标准进行分析，经过实事求是的调整与换算后，才能提高其精确。

【例题6】关于投资决策阶段对工艺设备安装费的估算，下列说法正确的是（　　）。（2023年真题）

A. 以单位工程为估价单元进行估算

B. 不包括安装主材费

C. 可按设备原价为基数，乘以安装费费率进行估算

D. 以"m^3"或"m^2"为单位，套用投资估算指标进行估算

【答案】C

【解析】选项A错误，以单项工程为估算单元。选项B错误，包括主材费及安装费。选项D错误，以"t"为单位。

【例题7】下列估算方法中，不适用于可行性研究阶段投资估算的有（　　）。（2018年真题）

A. 生产能力指数　　　　　　　　B. 比例估算法

C. 系数估算法　　　　　　　　　D. 指标估算法

E. 混合法

【答案】ABCE

【解析】静态投资部分的估算方法总结见表3-11。

静态投资部分估算方法总结　　　　　　　　　　　　　　　　表 3-11

项目建议书阶段（精度低）	可行性研究阶段（精度高）
1. 生产能力指数法	指标估算法 ① 建筑工程： 单位实物工程量的建筑工程费×实物工程总量 ② 安装工程： 主材费，可以根据价格信息或市场询价估算。 安装费，根据设备专业属性估算
2. 系数估算法 ① 设备系数法 ② 主体专业系数法 ③ 朗格系数法	
3. 比例估算法	
4. 混合法	

【例题 8】关于利用指标估算法进行投资估算，下列说法正确的有（　　　）。（2023 年真题）

　　A. 应根据不同地区、建设年代、施工条件等进行价格调整

　　B. 可以以工程量为依据进行价格调整

　　C. 可以以人工、主要材料消耗量为依据进行价格调整

　　D. 应根据工艺流程、定额、价格等的分析结果进行指标调整与换算

　　E. 工程建设其他费的估算指标无须调整

【答案】ABCD

【解析】选项 E 错误，工程建设其他费的估算指标也应根据不同地区、建设年代、条件等进行调整。

【例题 9】关于建设期内投资估算编制要求，下列说法正确的是（　　　）。（2022 年真题）

　　A. 在可行性研究阶段应选用比例估算法估算

　　B. 应做到工程内容和费用构成齐全，不提高或降低估算标准

　　C. 需对主要经济指标进行分析

　　D. 应对影响造价的因素进行敏感性分析

　　E. 估算内容由静态部分和动态部分两个部分组成

【答案】BCD

【解析】在项目建议书阶段，投资估算的精度较低，可采取简单的匡算法，如生产能力指数法、系数估算法、比例估算法或混合法等，选项 A 错误。投资估算的编制一般包含静态投资部分、动态投资部分与流动资金估算三部分，选项 E 错误。

4. 动态投资部分的估算方法（表 3-12）

动态投资部分估算方法　　　　　　　　　　　　　　　　　表 3-12

价差预备费	如果是涉外项目，还应该计算汇率的影响。 ① 外币对人民币升值。所支付的外币金额不变，换算成人民币的金额增加； ② 外币对人民币贬值。所支付的外币金额不变，换算成人民币的金额减少
建设期利息	需掌握内容同第一章

【例题 10】若外币对人民币贬值，则关于该汇率变化对涉外项目投资额产生的影响，

下列说法正确的是（　　）。（2019 年真题）

A．从国外市场购买材料，所支付的外币金额减少

B．从国外市场购买材料，换算成人民币所支付的金额减少

C．从国外借款，本息所支付的外币金额增加

D．从国外借款，换算成人民币所支付的本息金额增加

【答案】B

【解析】外币支付，不受汇率变化的影响，所以选项 A、C 错误。外币对人民币贬值，换算为人民币支付的金额是减少的，所以选项 B 正确。

5. 流动资金的估算（表 3-13）

流动资金是在生产过程中不断周转，其**周转额的大小**与生产规模及周转速度**直接相关**。

流动资金估算 表 3-13

分项详细估算法	流动资金＝流动资产－流动负债 **流动资产＝应收账款＋预付账款＋存货＋库存现金** **流动负债＝应付账款＋预收账款** 流动资金本年增加额＝本年流动资金－上年流动资金 周转次数＝$\dfrac{360}{\text{流动资金最低周转天数}}$ 应收账款＝$\dfrac{\text{年经营成本}}{\text{应收账款周转次数}}$ 预付账款＝$\dfrac{\text{外购商品或服务年费用金额}}{\text{预付账款周转次数}}$ **存货＝外购原材料、燃料＋其他材料＋在产品＋产成品** 现金＝$\dfrac{\text{年工资及福利费＋年其他费用}}{\text{现金周转次数}}$ 产成品＝(年经营成本－年其他营业费用)／产成品周转次数 **在产品**＝$\dfrac{\text{年外购原材料、燃料＋年工资及福利费＋年修理费＋年其他制造费用}}{\text{在产品周转次数}}$ **应付账款**＝$\dfrac{\text{外购原材料、燃料动力费及其他材料年费用}}{\text{应付账款周转次数}}$ **预收账款**＝$\dfrac{\text{预收的营业收入年金额}}{\text{预收账款周转次数}}$
扩大指标估算法	扩大指标估算法简便易行，但准确度不高，适用于项目建议书阶段的估算。**个别情况或小型项目可采用。** 年流动资金额＝年费用基数×各类流动资金率
流动资金估算应注意的问题	① 长期性流动资产，包括长期负债和资本金（30%）。 ② 借款部分按**全年**计利息，流动资金利息应计入生产期间财务费用，项目计算期末收回全部流动资金（**不含利息**）。 ③ 流动资金估算应能够**在经营成本估算之后进行**。 ④ 在不同生产负荷下的流动资金，**应按不同生产负荷所需的各项费用金额**，根据上述公式分别估算，而不能直接按照 100% 生产负荷下的流动资金乘以生产负荷百分比求得。 ⑤ 在确定最低周转天数时应考虑储存天数、在途天数，并考虑适当的保险系数

【例题 11】 关于投资决策阶段对流动资金的估算，下列说法正确的是（　　）。（2023 年真题）

A. 在确定各类资产和负债的最低周转天数时应考虑适当的保险系数

B. 流动资金借款利息应计入建设期贷款利息

C. 在项目计算期末收回全部流动资金（含利息）

D. 用扩大指标估算法计算流动资金应在经营成本估算前进行

【答案】A

【解析】选项 B 错误，流动资金借款利息不计入建设期贷款利息。选项 C 错误，不含利息。选项 E 错误，应在经营成本估算后进行，因为流动资金的计算一般以营业收入、经营成本、总成本费用和建设投资为基数。

【例题 12】关于流动资金估算，下列说法正确的是（　　　）。（2021 年真题）

A. 流动资金的估算与产品存货无关

B. 扩大指标估算法仅用于可行性研究阶段的流动资金估算

C. 达产前应按不同生产负荷下的需要分别估算所需流动资金

D. 投产前筹措的流动资金贷款利息可计入建设总投资

【答案】C

【解析】选项 A 错误，流动资金＝流动资产－流动负债，存货属于流动资产。选项 B 错误，用于项目建议书阶段。选项 D 错误，计入生产期间财务费用。

【例题 13】关于流动资金的分项详细估算，下列计算公式正确的是（　　　）。（2022 年真题）

A. 流动资产＝预收账款＋存货＋库存现金

B. 预付账款＝年经营成本／预付账款周转次数

C. 流动负债＝应付账款＋预收账款

D. 现金＝年工资福利费／现金周转次数

【答案】C

【解析】选项 A 错误，流动资产＝应收账款＋预付账款＋存货＋库存现金。选项 B 错误，

$$预付账款＝\frac{外购商品或服务年费用金额}{预付账款周转次数}。选项 D 错误，现金＝\frac{年工资及福利费＋年其他费用}{现金周转次数}。$$

6. 建设投资估算表编制（表 3-14）

建设投资估算表编制　　　　　　　　　　　　　　　　　　　　　表 3-14

核算方法	构成
概算法	① 工程费用＝设备及工器具购置费＋建筑安装工程费。 ② 工程建设其他费用。 ③ 预备费＝基本预备费＋价差预备费
形成资产法	① 形成固定资产的费用：工程费用和工程建设其他费用中按规定将形成固定资产的费用，后者被称为固定资产其他费用，主要包括项目建设管理费、工程咨询服务费、场地准备及临时设施费、工程保险费、联合试运转费、特殊设备安全监督检验费和市政公用设施费等。 ② 形成无形资产的费用：主要是专利权、非专利技术、商标权、土地使用权和商誉等。 ③ 形成其他资产的费用：如生产准备费等。 ④ 预备费

【例题 14】根据《建设项目投资估算编审规程》CECA/GC 1—2015，关于投资估算文件的编制，下列说法正确的是（　　　）。（2022 年真题）

A. 按照概算法编制的建设投资估算表，由建筑工程费、设备及工器具购置费、工程建设其他费三部分组成

B. 按照形成资产法编制的建设投资估算表，由形成固定资产、无形资产、其他资产的费用三部分组成

C. 总投资估算表中的工程费用，应分解到主要单位工程

D. 建设期利息估算表中，期初借款余额等于上年期末借款余额

【答案】D

【解析】选项 A，缺少预备费。选项 B，缺少预备费。选项 C，分解到单项工程。选项 D 正确，该知识点在第一章建设期利息计算的知识点有讲解，建设期利息估算表主要包括建设期发生的各项借款及其债券等项目，期初借款余额等于上年借款本金和应计利息之和，即上年期末借款余额。

【例题 15】按照形成资产法编制建设投资估算表，生产准备费应列入（　　　）。（2021 年真题）

A. 固定资产费用　　　　　　　　　　B. 固定资产其他费用

C. 无形资产费用　　　　　　　　　　D. 其他资产费用

【答案】D

【解析】其他资产费是指建设投资中除形成固定资产和无形资产以外的部分，如生产准备费等。

第二节　设计概算的编制

考情分析

考点	2023 年		2022 年		2021 年		2020 年		2019 年		2018 年		2017 年		2016 年	
	单选	多选	单选	多选	单选	多选	单选	多选	单选	多选	单选	多选	单选	多选	单选	多选
设计阶段影响工程造价的主要因素	1		1			1	1		1		1	1	1		1	
设计概算的概念及其编制内容				1			1		1						1	1
设计概算的编制	2		3	1	4		2		2		2		1		2	

考点一　设计阶段影响工程造价的主要因素

1. 影响工业建设项目工程造价的主要因素

（1）总平面设计

是指总图运输设计和总平面布置。

影响工程造价主要因素：现场条件、占地面积、功能分区、运输方式。

（2）工艺设计

（3）建筑设计（表 3-15）

建筑设计影响工程造价的因素　　　　　　　　　　表 3-15

影响因素	对工程造价的影响
平面形状	● 建筑物平面形状越简单，**单位面积造价就越低** ● 评价指标：**建筑周长系数** ● 通常情况，**建筑周长系数越低，设计越经济** ● 圆形、正方形、矩形、T 形、L 形，建筑周长系数依次增大 ● 理论上，圆形设计最经济，但实际中，圆形施工复杂会增加费用
流通空间	● 在满足建筑物使用要求的前提下，应将流通空间减少到最小
空间组合	● 层高：在建筑**面积不变**的情况下，**建筑层高的增加会引起各项费用的增加** ● 层数：**不一定** ● 室内外高差：室内外高差过大，工程造价提高；高差过小，影响使用及卫生
建筑物体积 与面积	● **建筑物尺寸的增加，一般会引起单位面积造价的降低**
建筑结构	● 五层以下的建筑物一般选用砌体结构 ● 大中型工业厂房一般选用钢筋混凝土结构 ● **多层房屋**或**大跨度**建筑，选用钢结构明显优于钢筋混凝土结构 ● 高层或者超高层建筑，框架结构和剪力墙结构比较经济 ● **【口诀】五砌、厂混凝土、大跨钢、高框剪**
柱网布置	● 柱网的选择与厂房中有无吊车、吊车的类型及吨位、屋顶的承重结构以及厂房的高度等因素有关 ● **单跨厂房**，当柱间距不变时，**跨度越大单位面积造价越低** ● **多跨厂房**，当跨度不变时，**中跨数目越多越经济**，因为柱子和基础分摊在单位面积上的造价减少

（4）材料选用

在设计阶段应合理选择建筑材料，控制材料单价或工程量。

（5）设备选用

设备配置是否得当，直接影响建筑产品整个寿命周期的成本。应选择能满足生产工艺和生产能力要求的最适用的设备和机械。

【例题 1】关于建筑设计因素与工程造价的关系，下列说法正确的是（　　）。（2022年真题）

A. 建筑周长系数越高，设计越经济

B. 相同建筑面积下，圆形建筑的单方造价较矩形为小

C. 单跨厂房在柱距不变时，跨度越大单方造价越低

D. 流通空间面积越大，建筑物平面布置经济性越强

【答案】C

【解析】选项 A 错误，建筑周长系数越低，设计越经济。选项 B 错误，圆形建筑物施

工复杂，造价更高。选项 D 错误，在满足建筑物使用要求的前提下，应将流通空间减少到最小。

【例题2】在满足建筑物使用要求的前提下，关于设计阶段影响工程造价的因素，下列说法正确的有（   ）。（2020年真题）

A．流通空间越大，工业建筑物越经济

B．建筑层高越高，工程造价越高

C．对于单跨厂房，当柱间距不变时，跨度越大单位面积造价越低

D．对于多跨厂房，当跨度不变时，中跨数目越多单位面积造价越低

E．住宅层数越多，单位面积造价越低

【答案】CD

【解析】选项 A 错误，在满足建筑物使用要求的前提下，应将流通空间减少到最小，这是建筑物经济平面布置的主要目标之一。选项 B 错误，在建筑面积不变的情况下，建筑层高的增加会引起各项费用的增加。选项 E 错误，层数不同，则荷载不同，对基础的要求也不同，同时也影响占地面积和单位面积造价。如果增加一个楼层不影响建筑物的结构形式，单位建筑面积的造价可能会降低。但是当建筑物超过一定层数时，结构形式就要改变，单位造价通常会增加。

【例题3】总平面设计中，影响工程造价的主要因素包括（   ）。（2017年真题）

A．现场条件   B．占地面积

C．工艺设计   D．功能分区

E．柱网布置

【答案】ABD

【解析】C 选项与总平面设计并行关系。E 选项，属于建筑设计的影响因素。

2．影响民用建设项目工程造价的主要因素

住宅建筑是民用建筑中最大量、最主要的建筑形式。

（1）住宅小区建设规划中影响工程造价的主要因素

1）小区规划设计的核心问题是提高土地利用率。

2）集中公共设施，提高公共建筑的层数，合理布置道路，充分利用边角用地，有利于提高建筑密度，降低小区的总造价。

3）合理压缩建筑的间距、适当提高住宅层数或高低层搭配以及适当增加房屋长度等方式节约用地。

（2）民用住宅建筑设计中影响工程造价的主要因素（表3-16）

民用住宅建筑设计中影响工程造价的主要因素   表3-16

建筑物平面形状和周长系数	● 在矩形住宅建筑中，**长宽比2：1** 为佳 ● 一般住宅单元 **3～4 个**，**房屋长度 60～80m** 较为经济 ● 在满足住宅功能和质量的前提下，**适当加大住宅宽度**。宽度加大，墙体面积系数相应减少，有利于降低造价
住宅的层高和净高	● 住宅层高每降低 10cm，可降低造价 1.2%～1.5% ● 层高降低，可提高住宅区的建筑密度 ● 民用住宅层高一般不宜超过 2.8m

住宅的层数	● 不一定 ● 在民用建筑中，在一定幅度内，住宅层数的增加具有降低造价和使用费用以及节约用地的优点
住宅单元 组成、户型 和住户面积	● 衡量指标：结构面积系数，系数越小设计方案越经济 ● 结构面积系数 = $\dfrac{\text{住宅结构面积}}{\text{建筑面积}}$ ● 影响结构面积系数大小的因素：房屋结构、外形及长度和宽度、房间平均面积大小、户型组成
住宅建筑 结构的选择	● 因地制宜、就地取材、采用适合本地区经济合理的结构形式

【例题4】在满足住宅功能和质量前提下，下列设计思路中，可降低单位面积造价的是（　　）。（2023年真题）

A. 缩小住宅宽度

B. 降低结构面积系数

C. 增加楼层数

D. 扩大流通空间面积

【答案】B

【解析】选项A错误，应该加大住宅宽度。选项C错误，增加层数不一定降低单位面积造价。选项D错误，应该减少流通空间面积。

【例题5】关于多层民用住宅建筑设计与工程造价的关系，下列说法正确的是（　　）。（2022年真题）

A. 矩形住宅中，长：宽＝3：1最为经济

B. 住宅长度一般以60~80m较为经济

C. 住宅层高每降低10cm，可降低造价1.5%~2.0%

D. 在满足功能和质量要求前提下，适当缩小住宅宽度，有利于降低造价

【答案】B

【解析】一般都建造矩形和正方形住宅，既有利于施工，又能降低造价和使用方便。在矩形住宅建筑中，又以长：宽＝2：1为佳。一般住宅单元以3~4个住宅单元、房屋长度60~80m较为经济。住宅层高每降低10cm，可降低造价1.2%~1.5%。

【例题6】关于住宅建筑设计中的结构面积系数，下列说法中正确的是（　　）。（2016年真题）

A. 结构面积系数越大，设计方案越经济

B. 房间平均面积越大，结构面积系数越小

C. 结构面积系数与房间户型组成有关，与房屋长度、宽度无关

D. 结构面积系数与房屋结构有关，与房屋外形无关

【答案】B

【解析】选项A错误，结构面积系数越小，设计方案越经济。选项C、D错误，结构面积系数与房屋结构、外形及长度和宽度、房间平均面积大小、户型组成均有关。

考点二 设计概算的概念及其编制内容

1. 设计概算的含义及作用（表3-17）

设计概算的含义及作用 表3-17

概念	以**初步设计文件**为依据，按照规定的程序、方法和依据，对建设项目总投资及其构成进行概略计算
内容	两个层次： ① **静态投资**：评价和选择设计方案的**依据**。 ② **动态投资**：作为项目筹措、供应和控制资金使用的**限额**
调整	**政府投资**项目的设计概算经批准后，**一般不得调整**。 调整情形：因国家政策调整、价格上涨、地质条件发生**重大**变化等原因确需增加投资概算的，项目单位应当提出调整方案及资金来源，按照规定的程序报原初步设计审批部门或者投资概算核定部门核定。 概算调增幅度超过原批复概算10%的，概算核定部门原则上**先商请审计**机关进行审计，并依据审计结论进行概算调整。**一个工程只允许调整一次概算**
作用	① 是编制固定资产投资计划、确定和控制项目投资的依据。政府投资项目设计概算一经批准，将作为控制建设项目投资的最高限额。 ② 是控制施工图设计和施工图预算的依据。 ③ 是衡量设计方案技术经济合理性和选择最佳设计方案的依据。 ④ 设计概算是编制最高投标限价的依据。 ⑤ 是签订建设工程合同和贷款合同的依据。 ⑥ 是考核建设项目投资效果的依据

【例题1】关于设计概算的作用，下列说法正确的是（　　）。（2018年真题）

A. 设计概算是确定建设规模的依据

B. 设计概算是编制固定资产投资计划的依据

C. 政府投资项目设计概算经批准后，不得进行调整

D. 设计概算不应作为签订贷款合同的依据

【答案】B

【解析】选项A，投资决策阶段确定建设规模。选项C，政府投资项目设计概算经批准后，一般不得调整。选项D，银行贷款或各单项工程的拨款累计不能超过设计概算，所以设计概算作为签订贷款合同的依据。

2. 设计概算的编制内容

三级概算：① 单位工程概算；② 单项工程综合概算；③ 建设项目总概算（图3-4）。

当建设项目只有一个单项工程时，**编制二级概算**，包括单位工程概算、总概算两级（图3-5）。

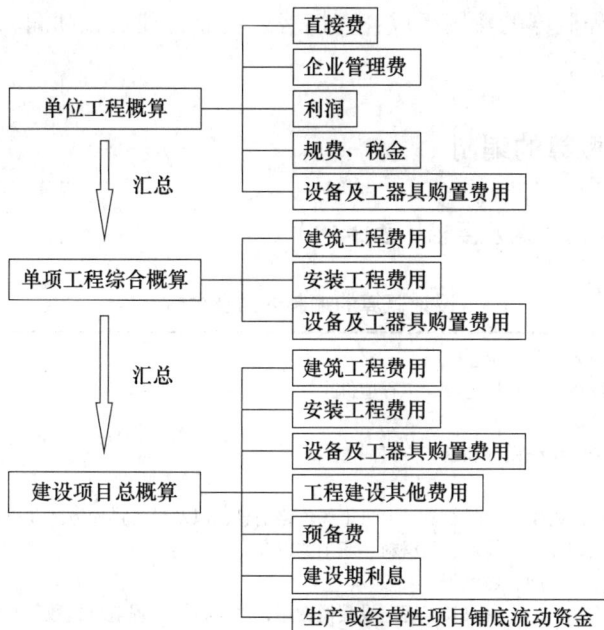

图 3-4　三级概算之间的关系

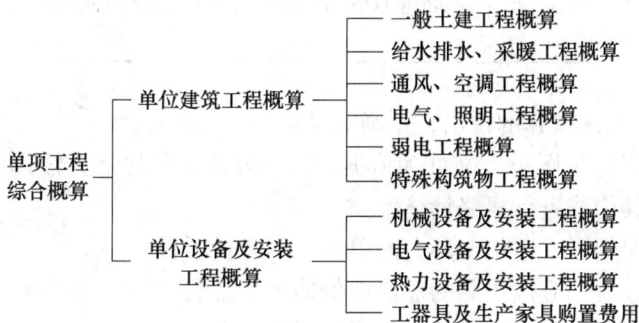

图 3-5　单项工程综合概算的组成内容

【例题 2】下列工程概算，属于单位设备及安装工程概算的是（　　　）。（2021 年真题）

A. 照明线路敷设工程概算　　　　　　B. 风机盘管安装工程概算

C. 电气设备及安装工程概算　　　　　D. 特殊构筑物工程概算

【答案】C

【解析】选项 A、D 属于建筑工程概算，选项 B 仅是安装工程概算，缺少设备。

【例题 3】关于单位工程概算的费用组成，下列表述中正确的是（　　　）。（2020 年真题）

A. 由直接费、企业管理费、利润、规费组成

B. 由直接费、企业管理费、利润、规费、税金组成

C. 由直接费、企业管理费、利润、规费、税金、设备及工器具购置费组成

D. 由直接费、企业管理费、利润、规费、税金、设备及工器具购置费、工程建设其
　　他费组成

【答案】C

129

【解析】单位工程概算的费用组成：直接费、企业管理费、利润、规费、税金、设备及工器具购置费组成。

考点三 设计概算的编制

1. 设计概算的编制依据及要求（表 3-18）

设计概算的编制依据及要求 表 3-18

依据	① 国家、行业和地方有关规定。 ② 概算定额、概算指标、费用定额、工程造价指标。 ③ 勘察与设计文件。 ④ 拟定或常规的施工组织设计和施工方案。 ⑤ 项目资金筹措方案。 ⑥ 工程所在地同期的人工、材料、机具台班市场价格信息，以及设备供应方式及供应价格信息。 ⑦ 项目的技术复杂程度，新技术、新材料、新工艺以及专利使用情况等。 ⑧ 项目的相关文件、合同、协议等。 ⑨ 价格指数、利率、汇率、税率及工程建设其他费用，以及各类工程造价指数等
要求	① 按编制时**项目所在地的价格水平**编制。 ② 应考虑建设项目施工条件等因素对投资的影响。 ③ 应按项目合理建设期限**预测建设期价格水平**，以及资产租赁和贷款的时间价值等动态因素对投资的影响。 （价差预备费、建设期利息）

【例题 1】关于设计概算的说法，正确的是（   ）。

A. 设计概算以施工图设计文件为依据，按照规定的程序、方法和依据，对建设项目总投资及其构成进行概略计算

B. 三级概算编制形式适用于单一的单项工程建设项目

C. 概算中工程费用应按预测的建设期价格水平编制

D. 概算应考虑贷款的时间价值对投资的影响

【答案】D

【解析】选项 A 错误，以初步设计为依据。选项 B 错误，二级概算编制形式适用于单一的单项工程建设项目。选项 C 错误，设计概算应按编制时项目所在地的价格水平编制。

2. 单位工程概算的编制

（1）单位建筑工程概算的编制（图 3-6）

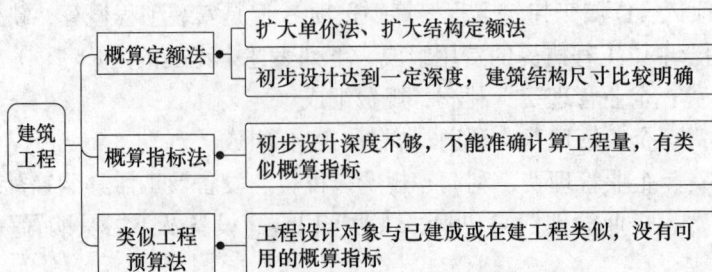

图 3-6 单位建筑工程概算编制方法的适用

1）概算定额法（表3-19）

概算定额法 表3-19

概算 定额法	建筑工程概算表的编制，按构成单位工程的**主要分部分项工程和措施项目编制**。 ① 收集基础资料、熟悉设计图纸和了解有关施工条件及施工方法。 ② 按照概算定额子目，列出分部分项工程项目名称并计算工程量。 ③ 确定各分部分项工程费，工程量×全费用综合单价。 综合单价的计算：**消耗量采用定额消耗量；人、材、机单价为报告编制期的市场价**。 ④ 计算措施项目费。 单价措施项目、总价措施项目（计算基础：分部分项工程费＋单价措施项目费）。 ⑤ 计算汇总单位工程概算造价： 单位工程概算造价＝分部分项工程费＋措施项目费 ⑥ 编写概算编制说明。（技巧：编制说明最后编，装订成册在最前）

【例题2】关于使用概算定额法编制建筑工程概算，在采用全费用综合单价的情况下，下列说法正确的是（ ）。（2022年真题）

A. 建筑工程概算应按工程量清单计算规范的要求列项并计算工程量

B. 建筑工程概算表应以单位工程为对象进行编制

C. 单位工程概算造价应为分部分项工程费和措施项目费之和

D. 综合计取的措施项目费应以分部分项工程费为基数计算

【答案】C

【解析】选项A错误，按照概算定额子目，列出单位工程中分部分项工程项目名称并计算工程量。选项B，以单项工程为对象编制。选项D，以分部分项工程费和单价措施项目费合计为基数。

【例题3】关于应用概算定额法编制单位建筑工程概算，下列说法正确的是（ ）。（2021年真题）

A. 确定各分部分项工程费和措施项目费后，才能生成综合单价分析表

B. 采用全费用综合单价时，单位工程概算造价只包括分部分项工程费、措施项目费和其他项目费

C. 综合单价分析表中应包括管理费的计算

D. 人材机和单价分析数据应采用定额数据

【答案】C

【解析】选项A错误，先编制综合单价分析表确定综合单价，再计算分部分项工程费和措施项目费。选项B错误，单位工程概算造价只包括分部分项工程费、措施项目费。选项D错误，综合单价的计算的消耗量采用定额消耗量；人、材、机单价为报告编制期的市场价。

【例题4】采用概算定额法编制设计概算的主要工作有：① 列出分部分项工程项目名称并计算工程量；② 搜集基础资料；③ 编写概算编制说明；④ 计算措施项目费；⑤ 确定各分部分项工程费；⑥ 汇总单位工程概算造价。下列工作排序正确的是（ ）。（2020年真题）

A. ②①⑤④⑥③　　　　　　　　　B. ②③①⑤④⑥

C. ③②①④⑤⑥   D. ②①③⑤④⑥

【答案】A

【解析】利用"概算说明最后编"的技巧，直接选择 A 选项。

2）概算指标法（表 3-20）

表 3-20

概算指标法

概算指标法	情况 1：拟建工程结构特征与概算指标相同时的计算。 直接套用，拟建工程与概算指标中的工程应符合以下条件： ① 建设地点相同；② 工程特征、结构特征基本相同；③ 建筑面积相差不大。 情况 2：拟建工程结构特征与概算指标有局部差异时的调整。 结构变化修正概算指标（元 /m²）＝原概算指标＋换入的（量×单价）－换出的（量×单价） 单位工程概算造价＝修正后的概算指标综合单价×拟建工程建筑面积（体积）

【例题 5】某学校拟新建宿舍楼工程，按概算指标和地区材料预算价格等算出每平方米建筑面积含税工程造价为 2100 元，但拟建宿舍楼设计资料与概算指标相比较，外墙涂料装饰变更为墙砖装饰，增加了热水系统，已知每平方米建筑面积外墙装饰的工程量为 0.5m²，涂料装饰和墙砖装饰税前综合单价分别为 90 元 /m²、150 元 /m²，每平方米建筑面积热水系统税前造价为 20 元，增值税率为 9%。该新建宿舍楼工程每平方米建筑面积的含税工程造价为（ ）元。（2023 年真题）

A. 2144   B. 2146

C. 2150   D. 2155

【答案】D

【解析】每平方米建筑面积的含税工程造价＝2100＋0.5×（150－90）×1.09＋20×1.09＝2155（元）。

【例题 6】某地新建一公寓工程，当地同期类似工程概算指标为 1820 元 /m²。新建工程和类似工程概算指标相比，现浇钢筋部分有所不同（表 3-21）。新建工程结构差异修正后的概算指标应为（ ）元 /m²。（2022 年真题）

表 3-21

工程项目	材料名称	含量（kg/m²）	带肋钢筋单价（元 /kg）	现浇构件带肋钢筋综合单价（元 /kg）
类似工程	带肋钢筋 （HRB400 综合）	62.0	3.82	5.20
新建工程	带肋钢筋 （HRB600 综合）	54.0	3.94	5.65

A. 1778.40   B. 1789.44

C. 1795.92   D. 1802.70

【答案】D

【解析】题目中带肋钢筋单价为干扰项。1820＋54×5.65－62×5.20＝1802.7（元 /m²）。

3）类似工程预算法（表 3-22）

类似工程预算法　　　　　　　　　　　　　　表 3-22

类似工程预算法	造价资料只有人、材、机费和企业管理费费用或费率时，对价格差异进行调整。 拟建工程成本单价＝类似工程成本单价×成本单价综合调整系数 K $$K = a\% \times K_1 + b\% \times K_2 + c\% \times K_3 + d\% \times K_4$$ $a\%$、$b\%$、$c\%$、$d\%$——类似工程预算的人工费、材料费、施工机具使用费、企业管理费占预算成本的比重，如：$a\%$＝类似工程人工费／类似工程预算成本×100%； K_1、K_2、K_3、K_4——拟建工程地区与类似工程预算造价在人工费、材料费、施工机具使用费、企业管理费之间的差异系数，如：K_1＝拟建工程概算的人工费／类似工程预算人工费。 **注意：K 调整的对象是"成本单价"，非"综合单价"**

【例题 7】采用类似工程预算法编制设计概算时，关于调整公式 $D = A \cdot K$ 的应用，下列说法正确的是（　　　）。（2023 年）

A. 如 A 为工料单价，则 K 取工料机费的综合调整系数

B. 如 A 为全费用单价，则 K 取工料机费和企业管理费的综合调整系数

C. 各费用项目的调整系数＝类似工程成本中该费用项目单价（或费率）／拟建地区该费用项目单价（或费率）

D. 费用项目的调整权重＝类似工程成本中该费用项目金额／类似工程总预算

【答案】A

【解析】选项 B 错误，如果 A 为成本单价，则 K 取工料机费和企业管理费的综合调整系数。选项 C 错误，各费用项目的调整系数＝拟建地区该费用项目单价（或费率）／类似工程成本中该费用项目单价（或费率）。选项 D 错误，费用项目的调整权重＝类似工程成本中该费用项目金额／类似工程成本。

【例题 8】某地拟建硬质景观工程，已知其类似已完工程造价指标为 400 元 $/\text{m}^2$，其中人材机费分别为 15%、55%、10%，拟建工程与类似工程地区的人材机差异系数分别为 1.15、1.05、0.95，假定拟建工程综合取费以人材机费之和为基数，费率为 25%，则该拟建工程的造价指标为（　　　）元 $/\text{m}^2$。（2022 年）

A. 402.0　　　　　　　　　　　　　B. 405.6

C. 418.0　　　　　　　　　　　　　D. 422.5

【答案】D

【解析】拟建工程工料单价＝400×15%×1.15＋400×55%×1.05＋400×10%×0.95＝338（元 $/\text{m}^2$）。拟建工程造价指标＝338×（1＋25%）＝422.5（元 $/\text{m}^2$）。

【例题 9】某地拟建一幢建筑面积为 2500m^2 办公楼。已知建筑面积为 2700m^2 的类似工程预算成本为 216 万元，其人、材、机、企业管理费占预算成本的比重分别为 20%、50%、10%、20%。拟建工程和类似工程地区的人工费、材料费、施工机具使用费、企业管理费之间的差异系数分别是 1.1、1.2、1.3、1.15，综合费率为 4%，则利用类似工程预算法编制该拟建工程概算造价为（　　　）万元。

A. 245.44　　　　　　　　　　　　B. 252.2

C. 287.4　　　　　　　　　　　　　D. 302.8

【答案】A

【解析】综合调整系数＝20%×1.1＋50%×1.2＋10%×1.3＋20%×1.15＝1.18；拟建工程概算造价＝2160000/2700×1.18×（1＋4%）×2500＝245.44（万元）。

（2）单位设备及安装工程概算编制方法

1）设备及工器具购置费概算（同第一章）

2）设备安装工程费概算的编制方法（表3-23）

设备安装工程费概算的编制方法　　　　　　　　　　　　表 3-23

方法	适用
预算单价法	**初步设计较深**，有详细设备清单时适用
扩大单价法	**当初步设计深度不够、设备清单不完备时**，有主体设备或仅有成套设备重量时，采用主体设备或成套设备的综合扩大安装单价
设备价值百分比法	初步设计深度不够，**只有设备出厂价，无规格、重量**。 常用于价格波动不大的定型产品和通用设备产品。 计算公式：设备原价×安装费率（%）
综合吨位指标法	初步设计提供的设备清单有规格和设备重量时； **常用于设备价格波动较大的非标准设备和引进设备**。 计算公式：设备吨重×每吨设备安装费指标（元/t）

【例题10】当初步设计深度不够，但能提供的设备清单有规格和设备重量时，编制设备安装工程概算应选用的方法是（　　　）。（2022年真题）

A. 预算单价法　　　　　　　　　　B. 扩大单价法

C. 设备价值百分比法　　　　　　　D. 综合吨位指标法

【答案】D

【例题11】某单位建筑工程的初步设计采用的技术比较成熟，但由于设计深度不够，不能准确计算出工程量，若急需该单位建筑工程概算时，可采用的概算编制方法有（　　　）。（2019年真题）

A. 预算单价法　　　　　　　　　　B. 概算定额法

C. 概算指标法　　　　　　　　　　D. 类似工程预算法

E. 扩大单价法

【答案】CD

【解析】选项A、E属于安装工程概算编制的方法。选项B适用于初步设计达到一定深度。

3. 单项工程综合概算的编制

按照规定的**统一表格**进行编制。

综合概算一般应包括建筑工程费、安装工程费、设备及工器具购置费。

4. 建设项目总概算的编制

① 从筹建到竣工交付使用所花费的全部费用文件。按照主管部门规定的**统一表格**进行编制。

② 主要建筑安装材料汇总表。针对**每一个单项工程**列出钢筋、型钢、水泥、木材等主要建筑安装材料的消耗量。

【例题 12】关于建筑工程设计概算的编制工作，下列说法正确的有（   ）。（2023 年真题）

A. 设计概算的编制内容包括静态投资、动态投资和铺底流动资金三个层次

B. 根据设计深度的不同，合理选择概算编制方法

C. 通过项目特征合理匹配工程造价指标，并结合项目情况进行调整后编制

D. 针对基础性建材和劳务用工，充分利用市场化询价信息编制

E. 充分利用数智化技术进行编制

【答案】BCDE

【解析】选项 A 错误，"静态投资、动态投资和铺底流动资金三个层次"是投资估算的编制内容。设计概算是三级编制：① 单位工程概算；② 单项工程综合概算；③ 建设项目总概算。选项 C、D、E 是概算编制的市场化发展趋势涉及的内容，通过本题直接记忆三个选项即可。

【例题 13】关于建设项目设计概算，下列说法正确的有（   ）。（2022 年真题）

A. 建设项目资金筹措方案是概算的编制依据之一

B. 应合理预测建设期价格水平并考虑动态因素的影响

C. 初步设计较深且有详细设备清单时，可采用预算单价法编制设备安装工程概算

D. 汇总各单项工程综合概算即为建设项目总概算

E. 总概算文件中不包括主要建筑安装材料汇总表

【答案】ABC

【解析】选项 D 错误，建设项目总概算由各单项工程综合概算、工程建设其他费用、建设期利息、预备费和经营性项目的铺底流动资金概算所组成。选项 E 错误，包含主要建筑安装材料汇总表。

【例题 14】关于建设项目总概算的编制，下列说法中正确的是（   ）。（2013 年真题）

A. 项目总概算应按照建设单位规定的统一表格进行编制

B. 对工程建设其他费的各组成项目应分别列项计算

C. 主要建筑安装材料汇总表只需列出建设项目的钢筋、水泥等主要材料各自的总消耗量

D. 总概算编制说明应装订于总概算文件最后

【答案】B

【解析】选项 A 错误，应按照主管部门规定的统一表格进行编制。选项 C 错误，主要材料汇总表，针对每一个单项工程列出钢筋、水泥、木材等主要建筑安装材料的消耗量。选项 D 错误，总概算编制说明应装订在总概算文件的最前面。

第三节　施工图预算的编制

📤 考情分析

考点	2023 年		2022 年		2021 年		2020 年		2019 年		2018 年		2017 年		2016 年	
	单选	多选	单选	多选	单选	多选	单选	多选	单选	多选	单选	多选	单选	多选	单选	多选
施工图预算的概念及其编制内容	1		1		1		1	1	1						1	1
施工图预算的编制	1		1		1		1		1		2	1	2	1	2	

考点一　施工图预算的概念及其编制内容

1. 施工图预算的含义及作用

（1）施工图预算的含义及分类（表 3-24）

施工图预算的含义及分类　　　　　　　　　　表 3-24

含义	以施工图设计文件为依据，对工程项目的投资进行的预测与计算，形成施工图预算书，简称施工图预算
分类	① **计划或预期价格**：工程招标投标前或招标投标时，基于施工图纸，按照预算定额、取费标准、各类工程计价信息等计算得到的。 ② **实际预算价格**：中标后施工企业根据自身的企业定额、资源市场价格以及市场供求及竞争状况计算得到的

（2）施工图预算的作用（表 3-25）

施工图预算的作用　　　　　　　　　　表 3-25

投资方	施工企业
① 设计阶段控制工程造价的重要环节，是控制施工图设计不突破设计概算的重要措施。 ② 控制造价及资金合理使用的依据。筹集建设资金，合理安排建设资金计划，保证资金有效使用。 ③ 确定最高投标限价的依据。 ④ 可以作为确定合同价款、拨付工程进度款及办理工程结算的基础	① 建筑施工企业投标报价的基础。 ② 建筑工程预算包干的依据和签订施工合同的主要内容。 ③ 施工企业安排调配施工力量、组织材料供应的依据。 ④ 施工企业控制工程成本的依据

【例题 1】关于施工图预算对投资方的作用，下列说法正确的是（　　）。（2022 年真题）

A．确定固定资产投资计划的依据

B．控制施工图设计不突破设计概算的重要措施

C．施工合同的主要组成内容

D．安排调配施工力量的依据

【答案】B

【解析】选项 A 是投资估算、设计概算的作用。选项 C 错误，施工图预算不是施工合同的主要组成内容。选项 D 是施工图预算对施工企业的作用。

2. 施工图预算的编制内容

（1）形式

三级预算：当建设项目有多个单项工程时，采用三级预算编制形式。

二级预算：**当建设项目只有一个单项工程时，单位工程预算、总预算两级预算编制形式。**

（2）三级预算的内容（表 3-26）

三级预算的内容　　　　　　　　　　　　　　表 3-26

建设项目总预算	● 反映施工图设计阶段建设项目投资总额的造价文件，预算文件的主要组成部分。 ● 组成：建筑安装工程费、设备及工器具购置费、工程建设其他费用、预备费、建设期利息及铺底流动资金
单项工程综合预算	● 反映施工图设计阶段一个单项工程（设计单元）造价的文件。 ● 组成：建筑安装工程费、设备及工器具购置费总和
单位工程预算	● 依据施工图设计文件、现行预算定额以及人、材、施工机具台班价格等编制的工程造价文件。 ● 组成：单位**建筑**工程预算和单位**设备及安装**工程预算

【例题 2】关于施工图预算文件的编制形式，下列说法正确的是（　　）。（2021 年真题）

A. 二级预算编制形式下的单项工程综合预算是指建筑工程和安装工程预算

B. 当建设项目有多个单项工程时，应采用二级预算编制形式

C. 二级预算编制形式由单项工程综合预算和单位工程预算组成

D. 采用三级预算编制形式的工程预算文件应包括综合预算表

【答案】D

【解析】选项 A 错误，安装工程预算修改为设备及安装工程预算。选项 B 错误，应采用三级形式。选项 C 错误，二级预算由单位工程预算、总预算两级。

【例题 3】关于各级施工图预算的构成内容，下列说法中正确的是（　　）。（2015 年真题）

A. 建设项目总预算反映施工图设计阶段建设项目的预算总投资

B. 建设项目总预算由组成该项目的各个单项工程综合预算费用相加而成

C. 单项工程综合预算由单项工程的建筑工程费和设备及工器具购置费组成

D. 单位工程预算由单位建筑工程预算和单位安装工程预算费用组成

【答案】A

【解析】选项 B，建设项目总预算由组成该建设项目的各个单项工程综合预算和相关费用组成。选项 C，单项工程综合预算由单项工程的建筑安装工程费和设备及工器具购置费组成。选项 D，单位工程预算由单位建筑工程预算和单位设备及安装工程预算费用组成。

考点二 施工图预算的编制

1. 单位工程施工图预算的编制

（1）建筑安装工程费计算

编制方法：实物量法、单价法（工料单价、全费用综合单价）

工料单价法与实物量法首尾部分的步骤基本相同，不同的主要是中间两个步骤（图 3-7、图 3-8、表 3-27）。

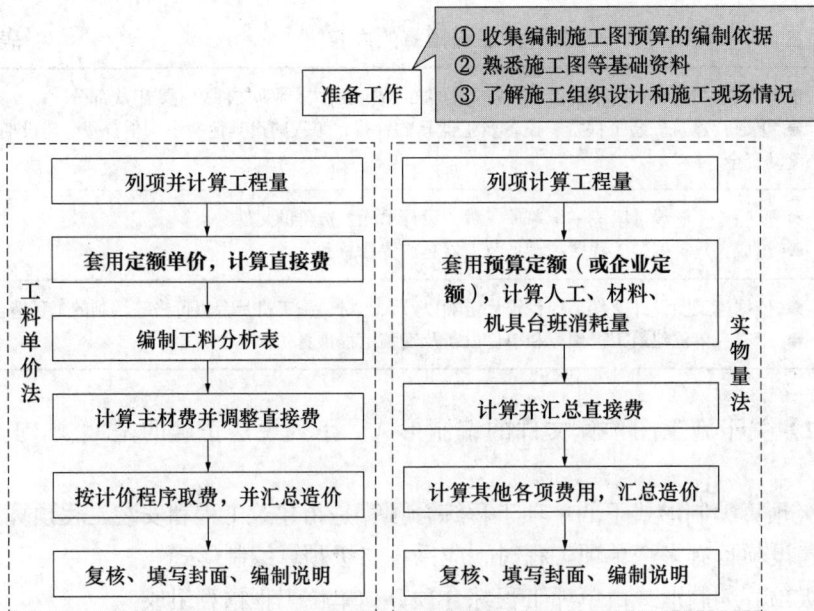

准备工作
① 收集编制施工图预算的编制依据
② 熟悉施工图等基础资料
③ 了解施工组织设计和施工现场情况

工料单价法
列项并计算工程量 → 套用定额单价，计算直接费 → 编制工料分析表 → 计算主材费并调整直接费 → 按计价程序取费，并汇总造价 → 复核、填写封面、编制说明

实物量法
列项计算工程量 → 套用预算定额（或企业定额），计算人工、材料、机具台班消耗量 → 计算并汇总直接费 → 计算其他各项费用，汇总造价 → 复核、填写封面、编制说明

图 3-7 工料单价法和实物量法编制步骤

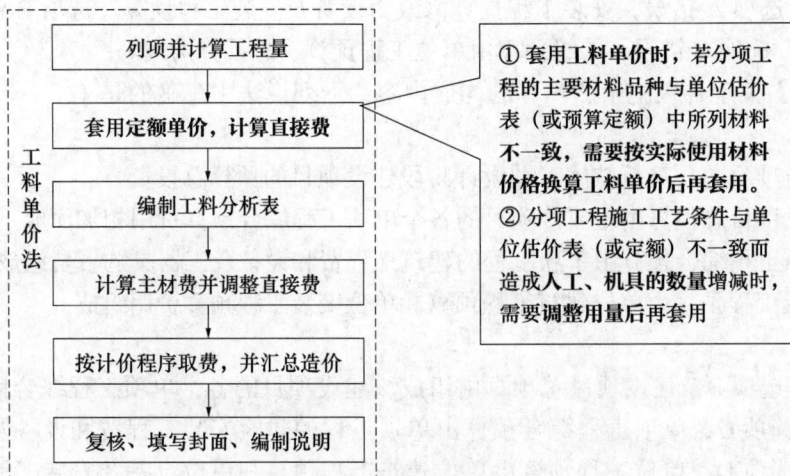

工料单价法
列项并计算工程量 → 套用定额单价，计算直接费 → 编制工料分析表 → 计算主材费并调整直接费 → 按计价程序取费，并汇总造价 → 复核、填写封面、编制说明

① 套用工料单价时，若分项工程的主要材料品种与单位估价表（或预算定额）中所列材料不一致，需要按实际使用材料价格换算工料单价后再套用。
② 分项工程施工工艺条件与单位估价表（或定额）不一致而造成人工、机具的数量增减时，需要调整用量后再套用

图 3-8 工料单价法编制施工图预算的步骤说明（一）

工
料
单
价
法

列项并计算工程量

↓

套用定额单价，计算直接费

↓

编制工料分析表 →
人工消耗量＝某工种定额用工量×某分项工程工程量
材料消耗量＝某种材料定额用量×某分项工程工程量

↓

计算主材费并调整直接费 →
许多定额项目基价为**不完全价格**，应单独计算出主材费用，并入人材机费用合计。**主材费按当时当地的市场价格计取**

↓
→
由于工料单价法采用的是事先编制好的单位估价表，其价格水平不能代表预算编制时的价格水平，一般需采用调价系数或指数进行调价，将价差并入直接费费用合计

按计价程序取费，并汇总造价

↓

复核、填写封面、编制说明

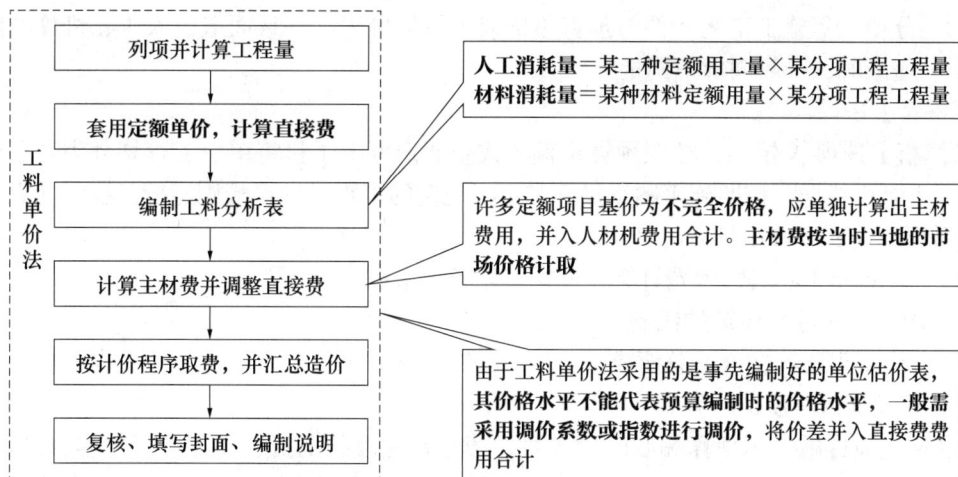

图 3-8　工料单价法编制施工图预算的步骤说明（二）

工料单价法与实物量法的不同点　　　　　　　　表 3-27

工料单价法	实物量法
① 套用的是单位估价表工料单价或定额基价。② 采用的单位估价表或定额编制时期的各类人工工日、材料、施工机具台班单价，需要用调价系数或指数进行调整	① 套用的是预算定额（或企业定额）人工工日、材料、施工机具台班消耗量。② 采用的是当时当地的各类人工工日、材料、施工机具台班的实际单价

【例题1】施工图预算编制时可能发生的主要工作有：① 列项计量；② 预算定额计算人、材、机消耗量；③ 套预算定额单价；④ 计算并汇总直接费；⑤ 编制工料分析表；⑥ 计算主材费并调整直接费；⑦ 计算其他费用，并汇总造价。采用工料单价法编制施工图预算时，发生的主要工作及其顺序是（　　）。（2023年）

A. ①②④⑦
B. ①③④⑤⑥⑦
C. ①②⑤④⑥⑦
D. ①③④⑦

【答案】B

【解析】本题考查工料单价法，第②条属于实物量法的工作内容，排除A、C选项。

【例题2】下列施工图预算编制的工作中，属于工料单价法但不属于实物量法的工作步骤是（　　）。（2022年）

A. 列项计量
B. 套用定额，计算人工、材料消耗量
C. 计算主材费并调整价差
D. 计算管理费、利润

【答案】C

【解析】实物量法采用的是当时当地的各类人工工日、材料、施工机具台班的实际单价，不涉及调整价差。

【例题3】采用工料单价法编制施工图预算时，下列做法正确的是（　　）。

A. 单位工程划分为若干分项工程，按照工程量清单规则划分项目

B. 主材费用的依据是当时当地的市场价格

C. 工程量应严格按照图纸尺寸和清单工程量计算规则进行计算

　　D. 分项工程施工工艺条件与预算单价或单位估价表不一致而造成人工、机具的数量增减时，一般调价不调量

【答案】B

【解析】选项 A 错误，按照预算定额（或企业定额）子目将单位工程划分为若干分项工程。选项 C 错误，按照施工图纸尺寸和定额规定的工程量计算规则进行工程量计算；选项 D 错误，需要调整用量后再套用。

（2）设备及工器具购置费计算（同第一章第二节）

2. 单项工程综合预算的编制

各单位工程预算造价汇总而成。单项工程综合预算书主要由综合预算表构成。

3. 建设项目总预算的编制

以建设项目施工图预算编制时为界线，若工程建设其他费、预备费等内容**已经发生，按合理发生金额计算**，如果还**未发生**，按照**原概算内容和本阶段的计费原则**计算。

【例题 4】关于施工图预算编制，下列说法正确的有（　　　）。（2022 年）

A. 应保证编制依据的时效性

B. 企业定额也可作为预算的编制依据

C. 列项计量前，需要充分了解施工组织设计和施工方案

D. 单位工程预算书由建筑工程预算表和建筑工程取费表构成

E. 二级预算的编制内容是指建筑安装工程费和设备及工器具购置费

【答案】ABC

【解析】选项 D 错误，单位工程施工图预算由单位建筑工程预算书和单位设备及安装工程预算书组成。选项 E 错误，二级预算的编制内容指单位工程预算、建设项目总预算。

【例题 5】关于施工图预算的编制，下列说法正确的有（　　　）。（2020 年）

A. 施工图总预算应控制在已批准的设计总概算范围内

B. 施工图预算采用的价格水平应与设计概算编制时期的保持一致

C. 只有一个单项工程的建设项目应采用三级预算编制形式

D. 单项工程综合预算由组成该单项工程的各个单位工程预算汇总而成

E. 施工图预算编制时已发生的工程建设其他费按合理发生金额列计

【答案】ADE

【解析】选项 B 错误，施工图预算的编制原则，坚持结合拟建工程的实际，反映工程所在地当时价格水平的原则。选项 C 错误，当建设项目有多个单项工程时，应采用三级预算编制形式，当建设项目只有一个单项工程时，应采用二级预算编制形式。

━━━━━ 本章精选习题 ━━━━━

一、单项选择题

1. 关于项目建设规模合理化的制约因素描述中，正确的是（　　　）。

　　A. 建设规模确定中首要考虑的因素是产品的市场需求情况

　　B. 市场风险分析是制定营销策略和影响竞争力的主要因素

  C. 先进适用的生产技术及技术装备是实现规模效益的保障

  D. 项目规模确定中主要考虑的环境因素包括政策因素、燃料动力供应、协作及土地条件和运输及通信条件

2. 关于生产技术方案选择的基本原则，下列说法中错误的是（ ）。

  A. 先进适用
       B. 节约土地

  C. 安全可靠
       D. 经济合理

3. 决策阶段进行建设地区选择时，下列项目中应尽可能靠近原料产地的项目是（ ）。

  A. 矿产品项目
      B. 铝厂项目

  C. 电石厂项目
      D. 技术密集型建设项目

4. 建设项目的建设地区选择应遵循工业项目适当聚集的原则，其原因是（ ）。

  A. 有利于原材料和产品的运输，缩短流通时间

  B. 有利于集中用水，开辟新水源，远距离引水

  C. 能为不同类型的劳动者提供多种就业机会

  D. 生产排泄物集中排放，降低环境污染

5. 建设地点选择时需进行费用分析，下列费用中应列入项目生产经营费用比较的是（ ）。

  A. 土石方工程费
      B. 燃料运入费

  C. 动力设施费
      D. 建材运输费

6. 项目决策阶段对环境治理方案进行技术经济比较时，不作为比较内容的是（ ）。

  A. 技术水平对比
      B. 管理及监测方式对比

  C. 安全生产条件对比
    D. 环境效益对比

7. 在项目决策阶段，环境治理方案比选中的治理效果对比，主要是比较（ ）。

  A. 选用设备的先进性、可靠性
  B. 满足环境保护法律要求

  C. 管理与监测水平
     D. 环保费用与效益

8. 我国预可行性研究阶段投资估算的精确度的要求为：误差控制在 ±（ ）% 以内。

  A. 5
         B. 10

  C. 15
        D. 20

9. 某地拟于 2023 年新建一年产 60 万 t 产品的生产线，该地区 2021 年建成的年产 50 万 t 相同产品的生产线的建设投资额为 5000 万元。生产能力指数 0.8，假定 2021 年至 2023 年该地区工程造价年均递增 5%，则该生产线的建设投资为（ ）万元。

  A. 6000
       B. 6300

  C. 6378
       D. 6615

10. 某地 2022 年拟建一年产 40 万 t 的化工产品项目，设备购置费估算为 6000 万元，该地区 2019 年已建 20 万 t 相同产品项目的建安工程费为 6000 万元。该地区 2019 年至 2022 年设备购置费、建安工程费年均分别递增 3%、4%。若生产能力指数为 0.6，则该拟建项目的工程费用投资估算应为（ ）万元。

  A. 16229.85
      B. 16786.21

  C. 20167.44
      D. 20459.70

11. 某地 2023 年拟建一座年产 50 万 t 的某产品的化工厂。根据调查，该地区 2021

年已建年产 40 万 t 相同产品的项目的建筑工程费为 4000 万元，安装工程费为 3000 万元，设备购置费为 12000 万元。已知按 2023 年该地区价格计算的拟建项目设备购置费为 15000 万元，征地拆迁等其他费用为 2000 万元，2021 年和 2023 年该地区的建安工程造价指数（定基指数）分别为 1.12 和 1.14，则该拟建项目的静态投资估算为（   ）万元。

    A. 20989.6
    B. 25329.9

    C. 25901.16
    D. 23459.9

12. 2019 年已建成年产 20 万 t 的某化工厂，2023 年拟建年产 100 万 t 相同产品的新项目，并采用仅增大设备规模来扩大生产规模的技术方案。若应用生产能力指数法估算拟建项目投资额，则生产能力指数取值的适宜范围是（   ）。

    A. 0.4～0.5
    B. 0.6～0.7

    C. 0.8～0.9
    D. 0.9～1

13. 某地 2023 年拟建一座年产 50 万 t 的某产品的化工厂。根据调查，该地区 2020 年已建年产 50 万 t 相同产品的项目的静态投资为 18000 万元，设备购置费为 12000 万元。已知按 2023 年该地区价格计算的拟建项目设备购置费为 15000 万元，用比例估算法估算拟建项目的静态投资估算为（   ）万元。

    A. 22500
    B. 24000

    C. 23000
    D. 27000

14. 采用单位实物工程量的投资乘以实物工程总量估算建筑工程费的方法属于（   ）。

    A. 单位生产能力估算法
    B. 指标估算法

    C. 生产能力指数法
    D. 比例估算法

15. 在单位建筑工程投资估算中，（   ）通常以立方米和平方米为单位，套用规模相当、结构形式和建筑标准相适应的投资估算指标或类似工程造价资料进行估算。

    A. 工业与民用建筑物
    B. 桥梁

    C. 坝体堆砌
    D. 总平面竖向布置

16. 下列单位安装工程中，采用设备原价为基数乘以设备安装费率来编制安装工程费估算的是（   ）。

    A. 工业炉窑砌筑安装工程
    B. 金属结构安装工程

    C. 工艺非标准件安装工程
    D. 工艺设备安装工程

17. 关于可行性研究阶段投资估算的方法，下列说法正确的是（   ）。

    A. 建筑工程费的估算原则上应采用概算指标法

    B. 工业建筑的建筑工程费应按实物工程量和主要措施项目分别列项估算

    C. 安装工程费的估算应包括安装主材费和安装费

    D. 工艺设备安装工程费应按设备工程量乘以单位工程量安装费指标进行估算

18. 若外币对人民币升值，则关于该汇率变化对涉外项目投资额产生的影响，下列说法正确的是（   ）。

    A. 从国外市场购买材料，所支付的外币金额减少

    B. 从国外市场购买材料，换算成人民币所支付的金额减少

    C. 从国外借款，本息所支付的外币金额增加

D. 从国外借款，换算成人民币所支付的本息金额增加

19. 下列流动资金分项详细估算的计算式中，正确的是（　　　）。

    A. 应收账款＝年营业收入／应收账款周转次数

    B. 预收账款＝年经营成本／预收账款周转次数

    C. 产成品＝（年经营成本－年其他营业费用）／产成品周转次数

    D. 预付账款＝存货／预付账款周转次数

20. 已知某建设项目各项预测数据如下：应收账款 1000 万元，应付账款 600 万元，预付账款 200 万元，预收账款 150 万元，存货 1500 万元，库存现金 100 万元，在运营期的第三年达到预计的生产规模，若运营期第二年末累计投入的流动资金为 1500 万元，则第三年投入的流动资金为（　　　）万元。

    A. 1600   B. 2850

    C. 550   D. 2050

21. 某建设项目投产后，应付账款的最低周转天数为 15d，预计年营业收入为 12000 万元，年经营成本 9000 万元，其中外购原材料、燃料及其他材料费为 7200 万元，则该项目的应付账款估算额为（　　　）万元。

    A. 500   B. 375

    C. 300   D. 125

22. 编制建设投资估算表时，若按照形成资产法分类，预备费通常应（　　　）。

    A. 单独列项   B. 形成固定资产费用

    C. 形成其他资产费用   D. 形成无形资产费用

23. 工业项目总平面设计中，影响工程造价的主要因素包括（　　　）。

    A. 现场条件、占地面积、功能分区、运输方式

    B. 现场条件、产品方案、运输方式、柱网布置

    C. 占地面积、功能分区、空间组合、建筑材料

    D. 功能分区、空间组合、设备选型、厂址方案

24. 下列有关建筑结构选择的说法不正确的是（　　　）。

    A. 对于五层以下的建筑物一般选用砌体结构

    B. 对于大中型工业厂房一般选用钢筋混凝土结构

    C. 对于多层房屋或大跨度结构，框架结构更优

    D. 对于高层或者超高层结构，框架结构和剪力墙结构比较经济

25. 下列对于 $K_周$ 从低到高排序正确的是（　　　）。

    A. 圆形、长方形、L 形、T 形   B. 圆形、正方形、长方形、L 形

    C. 长方形、正方形、T 形、L 形   D. 正方形、长方形、L 形、T 形

26. 在住宅小区规划设计中，其核心问题是（　　　）。

    A. 小区环境优美   B. 经济适用

    C. 提高土地利用率   D. 户型设计

27. 在满足住宅功能和质量的前提下，下列设计手法中，可降低单位建筑面积造价的是（　　　）。

    A. 增加住宅层高   B. 分散布置公共设施

C. 增大墙体面积系数   D. 减少结构面积系数

28. 关于多层民用住宅建筑设计与工程造价的关系，下列说法正确的是（　　）。

    A. 矩形住宅中，长：宽＝3：1 最为经济

    B. 住宅长度一般以 60～80m 较为经济

    C. 住宅层高每降低 10cm，可降低造价 1.5%～2.0%

    D. 在满足功能和质量要求前提下，适当缩小住宅宽度，有利于降低造价

29. 设计概算的编制内容包括静态投资和动态投资两个层次，动态投资的主要作用是（　　）。

    A. 评价设计方案的依据

    B. 选择设计方案的依据

    C. 项目筹措、供应和控制资金使用的限额

    D. 考核建设项目投资效果的依据

30. 当初步设计达到一定深度，建筑结构比较明确、能结合图纸计算工程量时，编制单位建筑工程概算宜采用（　　）。

    A. 扩大单价法   B. 概算指标法

    C. 类似工程预算法   D. 综合单价法

31. 概算定额法编制设计概算的步骤包括：① 搜集基础资料、熟悉设计图纸；② 确定各分部分项工程费；③ 列出项目名称并计算工程量；④ 计算措施项目费；⑤ 汇总单位工程概算造价；⑥ 编写概算编制说明。正确的顺序为（　　）。

    A. ⑥①②③④⑤   B. ①③②④⑤⑥

    C. ②①④③⑤⑥   D. ⑥②①③④⑤

32. 关于应用概算定额法编制单位建筑工程概算，下列说法正确的是（　　）。

    A. 确定各分部分项工程费和措施项目费后，才能生成综合单价分析表

    B. 采用全费用综合单价时，单位工程概算造价只包括分部分项工程费、措施项目费和其他项目费

    C. 建筑工程概算表应以单项工程为对象进行

    D. 人材机和单价分析数据应采用定额数据

33. 某地拟建一办公楼，当地类似工程的单位工程概算指标综合单价为 3600 元 /m²。概算指标为瓷砖地面，拟建工程为复合木地板，每 100m² 该类建筑中铺贴地面面积为 50m²。当地预算定额中瓷砖地面和复合木地板的预算单价分别为 128 元 /m²、190 元 /m²。假定以人、材、机费用之和为基数取费，综合费率为 25%。则用概算指标法计算的拟建工程造价指标为（　　）元 /m²。

    A. 2918.75   B. 3413.75

    C. 3631.00   D. 3638.75

34. 已知概算指标中每 100m² 建筑面积中分摊的人工消耗量为 200 工日，拟建工程与概算指标相比，仅楼地面做法不同，概算指标为瓷砖地面，拟建工程为花岗石地面。查预算定额得到铺瓷砖和花岗石的人工消耗量分别为 37 工日 /100m² 和 24 工日 /100m²。拟建工程楼地面面积占建筑面积的 65%，求拟建工程人工消耗量为（　　）工日 /100m²。

    A. 163.00   B. 191.55

C．208.45

D．224.00

35．当初步设计深度不够，只有设备出厂价而无详细规格、重量时，可采用（　　）编制单位设备安装工程概算。

A．预算单价法

B．扩大单价法

C．设备价值百分比法

D．综合吨位指标法

36．某地拟建某市政道路工程，已知与其类似的已完工程造价指标为 600 元 $/m^2$，其中人工、材料、施工机具使用费分别占工程造价的 10%、50%、20%，拟建工程地区与类似工程地区人工、材料、施工机具使用费差异系数分别为 1.10、1.05、1.05。假定以人工、材料、施工机具使用费之和为基数取费，综合费率为 25%，则拟建工程的综合单价为（　　）元 $/m^2$。

A．507.00

B．608.40

C．633.75

D．657.00

37．关于建设项目总概算的编制，下列说法中正确的是（　　）。

A．项目总概算应按照建设单位自行制定表格进行编制

B．对工程建设其他费的各组成项目应分别列项计算

C．主要建筑安装材料汇总表只需列出建设项目的钢筋、水泥等主要材料各自的总消耗量

D．总概算编制说明应装订于总概算文件最后

38．关于单项工程概算的费用组成，下列表述中正确的是（　　）。

A．由直接费、企业管理费、利润、规费组成

B．由直接费、企业管理费、利润、规费、税金组成

C．由直接费、企业管理费、利润、规费、税金、设备及工器具购置费组成

D．建筑工程费、安装工程费、设备及工器具购置费

39．关于施工图预算的含义，下列说法中不正确的是（　　）。

A．是初步设计阶段对工程建设所需资金的预测和计算

B．其成果文件称施工图预算书

C．可以由施工企业根据企业定额考虑自身实力计算

D．施工图预算可以是工程招标投标前或招标投标时，基于施工图纸，按照预算定额、取费标准、各类工程计价信息等计算得到的计划或预期价格

40．下列内容中，属于三级预算的工程预算文件，但不属于二级预算的是（　　）。

A．总预算

B．综合预算

C．单位工程预算表

D．附件

41．关于各级施工图预算的构成内容，下列说法中正确的是（　　）。

A．列项计量前，需要充分了解施工组织设计和施工方案

B．建设项目总预算由组成该项目的各个单项工程综合预算费用相加而成

C．单项工程综合预算由单项工程的建筑工程费和设备及工器具购置费组成

D．二级预算的编制内容是指建筑安装工程费和设备及工器具购置费

42．关于施工图预算的说法，正确的是（　　）。

A．采用工料单价法编制施工图预算时，需要套用相应的材料、人工和机具台班

145

定额用量

B. 采用实物量法编制施工图预算时，不直接套用预算定额单价

C. 单价法与实物量法的根本区别在于计算工程量的方法不同

D. 单价法与实物量法的根本区别在于计算企业管理费和利税的方法不同

43. 某土建分项工程工程量为 10m²，预算定额人工、材料、机械台班单位用量分别为 2 工日、3m² 和 0.6 台班，其他材料费 5 元。当时当地人工、材料、机械台班单价分别为 40 元 / 工日、50 元 /m² 和 100 元 / 台班。用实物量法编制的该分项工程人、材、机费用合计为（　　）元。

A. 290
B. 295
C. 2905
D. 2950

44. 施工图预算编制的主要工作有：① 列项计量；② 了解施工现场情况；③ 套预算定额计算人、材、机消耗量；④ 计算直接费；⑤ 计算价差；⑥ 计算其他费用。采用实物量法编制时，正确的编制步骤及顺序是（　　）。

A. ②①④③⑤⑥
B. ①②③④⑤
C. ②①③④⑥
D. ②①④③⑥⑤

45. 采用工料单价法编制施工图预算时，下列做法正确的是（　　）。

A. 若分项工程主要材料品种与预算单价规定材料不一致，需要按实际使用材料价格换算预算单价

B. 因施工工艺条件与预算单价的不一致而致工人、机械的数量增加，只调价不调量

C. 因施工工艺条件与预算单价的不一致而致工人、机械的数量减少，既调价也调量

D. 对于定额项目计价中未包括的主材费用，应按造价管理机构发布的造价信息价补充进定额基价

46. 采用实物量法编制施工图预算造价时，以下工作内容不属于列项并计算工程量阶段的有（　　）。

A. 按照预算定额（或企业定额）子目将单位工程划分为若干分项工程，按照施工图纸尺寸和定额规定的工程量计算规则计算工程量

B. 熟悉施工图等基础资料

C. 通过建模的方式由软件系统自动计算工程量，点选适合的定额，计量单位应与定额中相应的分项工程的计量单位保持一致

D. 输入系统的原始数据应以施工图纸上的设计尺寸及有关数据为准

47. 与实物量法编制施工图预算相比，工料单价法编制施工图预算时，在准备工作阶段需要完成的不同工作是（　　）。

A. 收集适用的单位估价表
B. 收集编制施工图预算的编制依据

C. 熟悉施工图等基础资料
D. 了解施工组织设计和施工现场情况

二、多项选择题

1. 关于项目决策和工程造价的关系，下列说法中正确的有（　　）。

A. 项目决策的正确性是工程造价合理性的前提

    B. 工程造价的内容是决定项目决策的基础

    C. 项目决策的深度影响投资估算的精确度

    D. 工程造价的数额影响项目决策的结果

    E. 正确的项目投资决策来源于正确的项目投资行动

2. 建设规模是影响工程造价的主要因素之一，在确定项目建设规模时，通常采用的比选方法包括（   ）。

    A. 最小成本法
        B. 生产能力平衡法

    C. 盈亏平衡产量分析法
    D. 平均成本法

    E. 生产能力指数法

3. 在选择建设地点（厂址）时，应尽量满足下列需求（   ）。

    A. 减少对环境的污染，排放有害气体的项目，不能建在城市的上风口

    B. 建设地点（厂址）的地下水位应尽可能高于地下建筑物的基准面

    C. 尽量选择人口相对稀疏的地区，减少拆迁移民数量

    D. 尽量选择在工程地质、水文地质较好的地段

    E. 建设地点（厂址）应远离供电、供热厂

4. 项目决策阶段进行设备选用时，应处理好的问题包括（   ）。

    A. 进口设备与国产设备费用的比例关系问题

    B. 进口设备的备件供应与维修能力问题

    C. 设备间的衔接配套问题

    D. 设备与原有厂房之间的配套问题

    E. 进口设备与原材料之间的配套问题

5. 选择工艺流程方案，需研究的问题有（   ）。

    A. 工艺流程方案对产品质量的保证程度

    B. 工艺流程各工序间衔接的合理性

    C. 拟采用生产方法的技术来源的可得性

    D. 工艺流程的主要参数

    E. 是否有利于厂区合理布置

6. 在进行工程方案的选择时，应满足的基本要求包括（   ）。

    A. 满足生产使用功能要求
    B. 适应已选定的场址

    C. 符合工程标准规范要求
    D. 经济合理

    E. 力求环境效益与经济效益相统一

7. 对于工业建设项目厂址选择时，需要进行技术经济论证，下列内容中属于建设厂址比较的主要内容有（   ）。

    A. 建设条件比较
    B. 建设费用比较

    C. 治理效果比较
    D. 技术水平比较

    E. 环境影响比较

8. 关于项目投资估算的作用，下列说法中正确的有（   ）。

    A. 项目建议书阶段的投资估算，是项目主管部门审批项目建议书的依据之一

    B. 可行性研究阶段的投资估算，是项目投资决策的重要依据，不得突破

C. 投资估算不能作为制定建设贷款计划的依据

D. 投资估算是核算建设项目固定资产需要额的重要依据

E. 投资估算是编制最高投标限价的重要依据

9. 投资估算分析应包括的内容有（　　）。

A. 分析影响投资的主要因素

B. 与类似工程项目的比较，对投资总额进行分析

C. 各类费用构成占比分析

D. 分析主要技术经济指标

E. 分析估算编制方法

10. 关于建设项目投资估算的编制，下列说法正确的有（　　）。

A. 投资估算编制精确度最高的方法是生产能力指数法

B. 应做到费用构成齐全，并适当降低估算标准，节省投资

C. 项目建议书阶段的投资估算精度误差应控制在 ±30% 以内

D. 应对影响造价变动的因素进行敏感性分析

E. 投资估算应依据工程所在地市场价格水平，全面反映建设项目建设前期和建设
期的全部投资

11. 关于生产能力指数法，下列说法正确的有（　　）。

A. 经常用于承包商进行总承包报价

B. 生产能力指数法要求设计定型并系列化

C. 生产能力指数法适用于设计方案已确定

D. 一般拟建项目与已建类似项目生产能力比值不大于 50 倍

E. 生产能力指数法主要应用于设计深度不足的情况

12. 下列科目中，属于资产负债表中的流动资产的有（　　）。

A. 库存现金　　　　　　　　　B. 应收账款

C. 预付账款　　　　　　　　　D. 存货

E. 预收账款

13. 估算建设投资后须编制建设投资估算表，为后期的融资决策提供依据。按概算法
分类，建设投资可分为（　　）。

A. 工程费用　　　　　　　　　B. 工程建设其他费用

C. 固定资产费用　　　　　　　D. 无形资产费用

E. 预备费

14. 下列形成固定资产，但属于固定资产其他费用的有（　　）。

A. 工器具购置费　　　　　　　B. 项目建设管理费

C. 勘察设计费　　　　　　　　D. 工程项目咨询费

E. 生产准备费

15. 下列关于总平面设计中影响工程造价的主要因素描述，正确的有（　　）。

A. 地质、水文、气象条件影响基础形式及埋深

B. 地形地貌影响平面布置和建筑层数

C. 场地大小、邻近建筑物地上附着物影响基础形式及埋深

    D．占地面积大小影响征地费用的高低及项目运输成本

    E．合理的功能分区有利于降低工程造价和运营成本

16．关于建筑设计对工业项目工程造价的影响，下列说法正确的有（　　　）。

    A．柱网布置与厂房的高度无关

    B．适当扩大柱距和跨度能使厂房有更大的灵活性

    C．建筑物面积或体积的增加，一般会引起单位面积造价的增加

    D．超高层建筑采用框架结构和剪力墙结构比较经济

    E．圆形建筑较正方形建筑造价更低

17．关于建筑设计对工业项目工程造价的影响，下列说法正确的有（　　　）。

    A．建筑周长系数越高，单位面积造价越低

    B．单跨厂房柱间距不变，跨度越大，单位面积造价越低

    C．多跨厂房跨度不变，中跨数目越多，单位面积造价越高

    D．超高层建筑采用框架结构和剪力墙结构比较经济

    E．大中型工业厂房一般选用砌体结构来降低工程造价

18．关于工程设计对造价的影响，下列说法中正确的有（　　　）。

    A．周长与建筑面积比越大，单位造价越高

    B．流通空间的减少，可相应地降低造价

    C．层数越多，则单位造价越低

    D．房屋长度越大，则单位造价越低

    E．结构面积系数越小，设计方案越经济

19．民用住宅建筑设计中影响工程造价的主要因素包括（　　　）。

    A．建筑物平面形状和周长系数　　　B．占地面积

    C．住宅的层高和净高　　　　　　　D．住宅的层数

    E．建筑群体的布置形式

20．下列关于民用住宅建筑设计中影响工程造价的主要因素的表述中，正确的有
（　　　）。

    A．在矩形民用住宅建筑中长宽比以 4：3 最佳

    B．住宅层高降低，可降低工程造价和提高建筑密度

    C．在满足住宅功能和质量的前提下，适当加大住宅宽度，有利于降低工程造价

    D．随着住宅层数的增加，单方造价系数逐渐降低，而边际造价系数逐渐增加

    E．衡量单元组合、户型设计的指标是结构面积系数

21．下列关于设计概算的作用，下列说法正确的有（　　　）。

    A．设计概算一经批准，将作为控制投资的最高限额

    B．设计概算是控制施工图设计和施工图预算的依据

    C．设计概算是控制投资估算的依据

    D．设计概算是衡量设计方案技术经济合理性的依据

    E．设计概算是工程造价在设计阶段的表现形式，用于衡量建设投资是否超过估算
      并控制下一阶段费用支出

22．设计概算编制方法中，电气工程概算的编制方法包括（　　　）。

A. 概算定额法　　　　　　　　B. 预算单价法

C. 概算指标法　　　　　　　　D. 综合吨位指标法

E. 类似工程预算法

23. 单位工程概算按其工程性质可分为单位建筑工程概算和单位设备及安装工程概算两类，下列属于单位设备及安装工程概算的是（　　）。

A. 通风、空调工程概算　　　　B. 工器具及生产家具购置费概算

C. 电气照明工程概算　　　　　D. 弱电工程概算

E. 电气设备及安装工程概算

24. 采用概算指标法编制建筑工程设计概算，直接套用概算指标时，拟建工程符合的条件有（　　）。

A. 拟建工程和概算指标中工程建设地区相同

B. 拟建工程和概算指标中工程建设地点相同

C. 拟建工程和概算指标中工程的工程特征、结构特征基本相同

D. 拟建工程和概算指标中工程的建筑体积相差不大

E. 拟建工程和概算指标中工程的建筑面积相差不大

25. 下列关于施工图预算对施工企业的作用，表述正确的有（　　）。

A. 施工企业安排调配施工力量、组织材料供应的依据

B. 施工图预算是建筑工程预算包干的依据

C. 施工图预算是控制造价及资金合理使用的依据

D. 施工图预算是确定工程最高投标限价的依据

E. 施工图预算是施工图设计不突破设计概算的重要措施

26. 下列费用项目中，属于单项工程施工图预算编制范围之内的是（　　）。

A. 特殊构筑物的土建工程费　　B. 采暖工程的安装工程费

C. 厂房贷款的建设期利息费用　D. 工器具和生产家具购置费

E. 空调工程的调试工程费

27. 在设计阶段编制施工图预算，建筑安装工程费的主要编制方法包括（　　）。

A. 工料单价法　　　　　　　　B. 清单综合单价法

C. 类似工程预算法　　　　　　D. 全费用综合单价法

E. 实物量法

28. 编制施工图预算的过程中，包括在工料单价法中，但不包括在实物量法中的工作内容有（　　）。

A. 套用预算定额　　　　　　　B. 汇总造价

C. 计算未计价材料费　　　　　D. 计算材料价差

E. 计算工程量

29. 关于施工图预算的编制，下列说法正确的有（　　）。

A. 施工图总预算应控制在已批准的设计总概算范围内

B. 施工图预算采用的价格水平应与设计概算编制时期的保持一致

C. 施工图预算编制时还未发生的工程建设其他费，按照原概算内容和预算编制阶段的计费原则计列

D．单项工程综合预算由组成该单项工程的各个单位工程预算汇总而成

E．施工图预算编制时已发生的工程建设其他费按合理发生金额列计

30．关于施工图预算编制，下列说法正确的有（ ）。

A．应保证编制依据的时效性

B．企业定额也可作为预算的编制依据

C．列项计量前，需要充分了解施工组织设计和施工方案

D．单位工程预算书由建筑工程预算表和建筑工程取费表构成

E．施工图预算编制时已发生的工程建设其他费按原批复估算金额计列

精选习题答案及解析

一、单项选择题

1．【答案】D

【解析】项目规模确定中主要考虑的环境因素包括政策因素、燃料动力供应、协作及土地条件和运输及通信条件。选项 A 错误，首要因素是市场因素。选项 B 的"市场风险分析"错误，应为"价格分析"。选项 C 错误，应为管理技术是实现规模效益的保障。

2．【答案】B

【解析】技术方案选择的基本原则：先进适用；安全可靠；经济合理。

3．【答案】A

【解析】对农产品、矿产品的初步加工项目，由于大量消耗原料，应尽可能靠近原料产地。

4．【答案】C

【解析】工业项目适当聚集的原则，通常是利于发挥"聚集效益"，对各种资源和生产要素充分利用，便于形成综合生产能力，便于统一建设比较齐全的基础结构设施，避免重复建设，节约投资。此外，还能为不同类型的劳动者提供多种就业机会。

5．【答案】B

【解析】项目生产经营费用包括原材料、燃料运入及产品运出费用，给水、排水、污水处理费用，动力供应费用。选项 A、C、D 属于投资费用。

6．【答案】C

【解析】环境治理方案比选的主要内容：技术水平对比、治理效果对比、管理及监测方式对比、环境效益对比。

7．【答案】B

【解析】环境治理方案比选的主要内容：① 技术水平对比，选用设备的先进性、适用性、可靠性和可得性。② 治理效果对比。治理前及治理后环境指标的变化情况，以及能否满足环境保护法律法规的要求。③ 管理及监测方式对比，分析对比各治理方案所采用的管理和监测方式的优缺点。④ 环境效益对比，费用与收益相比较，分析结果作为方案比选的重要依据，效益费用比值最大的方案为优。

8. 【答案】D

【解析】预可行性研究阶段投资估算的精确度要求是误差控制在 ±20% 以内。

9. 【答案】C

【解析】该生产线的建设投资 = $5000 \times (60/50)^{0.8}(1 + 5\%)^2 = 6378$（万元）。

10. 【答案】A

【解析】本题利用公式：$C_2 = C_1 \left(\dfrac{Q_2}{Q_1} \right)^x \cdot f$

拟建工程投资估算 = $6000 \times (40/20)^{0.6} \times (1 + 4\%)^3 + 6000 = 16229.85$（万元）。

11. 【答案】C

【解析】此题设备购置费所占比重较大，采用系数估算法

已建工程建筑工程费 / 设备购置费 = $4000/12000 = 0.333$，

安装工程费 / 设备购置费 = $3000/12000 = 0.25$

静态投资 = $15000 + 15000 \times (0.333 + 0.25) \times 1.14/1.12 + 2000 = 25901.16$（万元）

12. 【答案】B

【解析】本题考查的是生产能力指数法：通过换设备改变生产规模，x 取值为 $0.6 \sim 0.7$；通过改变设备数量改变生产规模，x 取值为 $0.8 \sim 0.9$。

13. 【答案】A

【解析】比例估算法：$K = 12000/18000 = 66.667\%$

拟建项目静态投资 = $15000/66.667\% = 22500$ 万元。

14. 【答案】B

【解析】指标估算法是指依据投资估算指标，对各单位工程或单项工程费用进行估算，进而估算建设项目总投资的方法。建筑工程费 = 单位实物工程量的建筑工程费 × 实物工程总量。

15. 【答案】A

【解析】选项 B，桥梁以 $100m^2$ 桥面为单位。选项 C，坝体堆砌以立方米、延长米为单位。选项 D，总平面竖向布置以平方米为单位。

16. 【答案】D

【解析】选项 A，工业炉窑砌筑安装工程 = 重量（体积、面积）总量 × 单位重量（m^3、m^2）安装费指标。选项 B、C，计算公式为：重量总量 × 单位重量安装费用指标。选项 D，安装工程费 = 设备原价 × 设备安装费率（%）或安装工程费 = 设备吨重 × 单位重量（t）安装费指标。

17. 【答案】C

【解析】选项 A 错误，建筑工程费的估算原则上应采用指标估算法。选项 B 错误，建筑工程估算通常应根据不同的专业工程选择不同的实物工程量计算方法。选项 D 错误，工艺设备安装工程费计算有两种方法：安装工程费 = 设备原价 × 设备安装费率（%）或安装工程费 = 设备吨重 × 单位重量（t）安装费指标。

18. 【答案】D

【解析】外币对人民币升值，换算为人民币就增加，反之就减少。外币本身支付不受汇率影响。

19. 【答案】C

【解析】选项 A 错误，应收账款＝年经营成本／应收账款周转次数；选项 B 错误，预收账款＝预收的营业收入年金额／预收账款周转次数；选项 D 错误，预付账款＝外购商品或服务年费用金额／预付账款周转次数。

20. 【答案】C

【解析】流动资产＝应收账款＋预付账款＋存款＋库存现金＝1000＋200＋1500＋100＝2800（万元），流动负债＝应付账款＋预收账款＝600＋150＝750（万元），流动资金＝流动资产－流动负债＝2050 万元，第三年投入＝2050－1500＝550（万元）。

21. 【答案】C

【解析】周转次数＝360／流动资金最低周转天数＝360/15＝24（次），应付账款＝外购原材料、燃料动力及其他材料年费用／应付账款周转次数＝7200/24＝300（万元）。

22. 【答案】A

【解析】建设投资由形成固定资产的费用、形成无形资产的费用、形成其他资产的费用和预备费四部分组成。预备费通常应单独列项。

23. 【答案】A

【解析】总平面设计中影响工程造价的主要因素包括：现场条件、占地面积、功能分区、运输方式。

24. 【答案】C

【解析】选项 C 错误，对于多层房屋或大跨度结构，选用钢结构明显优于钢筋混凝土结构。

25. 【答案】B

【解析】单位建筑面积所占外墙的长度，该值越小，设计越经济。圆形、正方形、矩形、T 形、L 形，建筑周长系数依次增大。

26. 【答案】C

【解析】小区规划设计的核心问题是提高土地利用率。

27. 【答案】D

【解析】选项 A 错误，降低住宅层高；选项 B 错误，集中布置公共设施可以降低造价；选项 C 错误，减小墙体面积系数可以降低造价。

28. 【答案】B

【解析】因此，一般都建造矩形和正方形住宅，既有利于施工，又能降低造价和使用方便。在矩形住宅建筑中，又以长∶宽＝2∶1 为佳。一般住宅单元以 3～4 个住宅单元、房屋长度 60～80m 较为经济。住宅层高每降低 10cm，可降低造价 1.2%～1.5%。层高降低，可提高住宅区的建筑密度。普通民用住宅层高一般不宜超过 2.8m。在满足功能和质量要求前提下，适当加大住宅宽度，有利于降低造价。

29. 【答案】C

【解析】动态投资作为项目筹措、供应和控制资金使用的限额。选项 A、B 属于静态投资的作用。选项 D 是设计概算的作用。

30.【答案】A

【解析】概算定额法又称扩大单价法或扩大结构定额法,是套用概算定额编制建筑工程概算的方法。运用概算定额法,要求初步设计必须达到一定深度,建筑结构尺寸比较明确,能按照初步设计的平面图、立面图、剖面图纸计算出楼地面、墙身、门窗和屋面等扩大分项工程(或扩大结构构件)项目的工程量时,方可采用。

31.【答案】B

【解析】编制顺序为:(1)搜集基础资料、熟悉图纸;(2)列出项目名称并计算工程量;(3)确定各分部分项工程费;(4)计算措施项目费;(5)汇总单位工程概算造价;(6)编写概算编制说明。

32.【答案】C

【解析】选项 A,先确定综合单价分析表,再计算各分部分项工程费和措施项目费。选项 B,采用全费用综合单价时,单位工程概算造价只包括分部分项工程费和措施项目费。选项 D,人材机消耗量采用定额消耗量,单价为报告编制期的市场价。

33.【答案】D

【解析】结构变化修正概算指标(元 /m²)=原概算指标+换入的(量×单价)-换出的(量×单价)

拟建工程造价指标 $= 3600 + 50/100 \times (190 - 128) \times (1 + 25\%) = 3638.75$(元 /m²)。

34.【答案】B

【解析】$200 + 24 \times 65\% - 37 \times 65\% = 191.55$(工日 /100m²)。本题采用的公式为:

结构变化修正概算指标的工、料、机数量=原概算指标的人、材、机数量+换入结构件工程量×相应定额人、材、机消耗量-换出结构件工程量×相应定额人、材、机消耗量

35.【答案】C

【解析】当初步设计深度不够,只有设备出厂价而无详细规格、重量时,可采用设备价值百分比法编制单位设备安装工程概算。

36.【答案】C

【解析】拟建工程的综合单价 $= (600 \times 10\% \times 1.1 + 600 \times 50\% \times 1.05 + 600 \times 20\% \times 1.05) \times (1 + 25\%) = 633.75$(元 /m²)。

37.【答案】B

【解析】选项 A 错误,应按照主管部门规定的统一表格进行编制。选项 C 错误,主要材料汇总表,针对每一个单项工程列出钢筋、水泥、木材等主要建筑安装材料的消耗量。选项 D 错误,总概算编制说明应装订在总概算文件的最前面。

38.【答案】D

【解析】单位工程概算=直接费+企业管理费+利润+规费+税金+设备及工器具购置费

单项工程综合概算=建筑工程费+安装工程费+设备及工器具购置费

39.【答案】A

【解析】选项 A,施工图预算是以施工图设计文件为依据,在工程施工前对工程项目的投资进行的预测与计算。

40.【答案】B

【解析】当建设项目只有一个单项工程时，应采用二级预算编制形式，二级预算编制形式由建设项目总预算和单位工程预算组成。技巧：二级无综合概算表

41.【答案】A

【解析】选项B，建设项目总预算由组成该建设项目的各个单项工程综合预算和相关费用组成。选项C，单项工程综合预算由单项工程的建筑安装工程费和设备及工器具购置费组成。选项D，单位工程预算由单位建筑工程预算和单位设备安装工程预算费用组成。

42.【答案】B

【解析】选项A，工料单价法无须套用定额消耗量；选项C、D，单价法与实物量法的根本区别在于直接费的计算。

43.【答案】D

【解析】（40×2＋50×3＋100×0.6＋5）×10＝2950（元）。

44.【答案】C

【解析】实物量法编制步骤：（1）准备资料、熟悉施工图纸。（2）列项并计算工程量。（3）套用预算定额（或企业定额），计算人工、料、机具台班消耗量。（4）计算并汇总直接费。（5）计算其他各项费用，汇总造价。（6）复核、填写封面、编制说明。

45.【答案】A

【解析】分项工程的主要材料品种与预算单价或单位估价表中规定材料不一致时，不能够直接套用预算单价，需要按实际使用材料价格换算预算单价。选项B、C错误，分项工程施工工艺条件与预算单价或单位估价表不一致而造成人工、机具的数量增减时，需要调整用量后再套用。选项D错误，许多定额项目基价为不完全价格，即未包括主材费用在内，因此还应单独计算出主材费，计算完成后将主材费的价差加入直接费。主材费计算的依据是当时当地的市场价格。

46.【答案】B

【解析】列项并计算工程量：按照预算定额（或企业定额）子目将单位工程划分为若干分项工程，按照施工图纸尺寸和定额规定的工程量计算规则进行工程量计算。一般借助工程计价软件，通过建模的方式由软件系统自动计算工程量，点选适合的定额，以确保软件系统对工程的计量是按预算定额中规定的工程量计算规则进行；计量单位应与定额中相应的分项工程的计量单位保持一致；输入系统的原始数据应以施工图纸上的设计尺寸及有关数据为准，注意分项子目不能重复列项计算，也不能漏项少算。

47.【答案】A

【解析】准备工作中，与实物量法基本相同，不同的是需要收集适用的单位估价表，定额中已含有定额基价的则无须单位估价表。

二、多项选择题

1.【答案】ACD

【解析】项目决策与工程造价的关系：① 项目决策的正确性是工程造价合理性的

前提；② 项目决策的内容是决定工程造价的基础；③ 项目决策的深度影响投资估算的精确度；④ 工程造价的数额影响项目决策的结果。项目投资决策是投资行动的准则，正确的项目投资行动来源于正确的项目投资决策，正确的决策是正确估算和有效控制工程造价的前提。

2.【答案】BCD

【解析】项目合理建设规模的确定方法包括：盈亏平衡产量分析法、平均成本法、生产能力平衡法、政府或行业规定。

3.【答案】ACD

【解析】选项 B 错误，建设地点（厂址）的地下水位应尽可能低于地下建筑物的基准面。选项 E 错误，建设地点（厂址）应设在供电、供热和其他协作条件便于取得的地方，有利于施工条件的满足和项目运营期间的正常运作。

4.【答案】BCDE

【解析】在设备选用中，应注意处理好以下问题：（1）要尽量选用国产设备。（2）要注意进口设备之间以及国内外设备之间的衔接配套问题。（3）要注意进口设备与原有国产设备、厂房之间的配套问题。（4）要注意进口设备与原材料、备品备件及维修能力之间的配套问题。

5.【答案】ABD

【解析】选择工艺流程方案的具体内容包括以下几个方面：（1）研究工艺流程方案对产品质量的保证程度；（2）研究工艺流程各工序间的合理衔接，工艺流程应通畅、简捷；（3）研究选择先进合理的物料消耗定额，提高效益；（4）研究选择主要工艺参数；（5）研究工艺流程的柔性安排，既能保证主要工序生产的稳定性，又能根据市场需求变化，使生产的产品在品种规格上保持一定的灵活性。

6.【答案】ABCD

【解析】工程方案选择应满足的基本要求包括：（1）满足生产使用功能要求。（2）适应已选定的场址（线路走向）。（3）符合工程标准规范要求。（4）经济合理。

7.【答案】ABE

【解析】建设地点（厂址）比较的主要内容有：建设条件比较、建设费用比较、经营费用比较、运输费用比较、环境影响比较和安全条件比较。选项 C、D 属于环境治理比选的内容。

8.【答案】AD

【解析】选项 B 错误，可研报告批准后，将作为设计任务书中下达的投资限额，即项目投资的最高限额，不得随意突破。选项 C 错误，可作为项目资金筹措及制定建设贷款计划的依据。选项 E 错误，设计概算或施工图预算是编制最高投标限价的依据。

9.【答案】ABC

【解析】投资估算分析包括：（1）工程投资比例分析；（2）各类费用构成占比分析；（3）分析影响投资的主要因素；（4）与类似工程项目的比较，对投资总额进行分析。

10.【答案】CDE

【解析】选项 A 错误，投资估算编制中，静态投资部分精度最高的方法为指标估算法，流动资金估算方法精度高的为分项详细估算法。选项 B 错误，应该按照适当的标准估算，降低标准错误。

11. 【答案】ABDE

【解析】选项 C，如果设计方案已确定，那就可以采用依据图纸算量的方式，就不采用生产能力指数法了。

12. 【答案】ABCD

【解析】流动资产＝应收账款＋预付账款＋存货＋库存现金；流动负债＝应付账款＋预收账款。

13. 【答案】ABE

【解析】按照概算法分类，建设投资由工程费用、工程建设其他费用和预备费三部分构成。

14. 【答案】BCD

【解析】选项 A，属于固定资产费用。选项 E；属于其他资产费用。

15. 【答案】ACDE

【解析】地质、水文、气象条件等影响基础形式的选择、基础的埋深（持力层、冻土线）；地形地貌影响平面及室外标高的确定；场地大小、邻近建筑物地上附着物等影响平面布置、建筑层数、基础形式及埋深。

16. 【答案】BD

【解析】选项 A，柱网的选择与厂房中有无吊车、吊车的类型及吨位、屋顶的承重结构以及厂房的高度等因素有关。选项 C，建筑物尺寸的增加，一般会引起单位面积造价的降低。选项 E，圆形建筑较正方形建筑造价更高。

17. 【答案】BD

【解析】选项 A 错误，通常情况下建筑周长系数越低，设计越经济。选项 C 错误，对于多跨厂房，当跨度不变时，中跨数目越多越经济，这是因为柱子和基础分摊在单位面积上的造价减少。选项 E 错误，对于大中型工业厂房一般选用钢筋混凝土结构。

18. 【答案】ABE

【解析】C 选项错误，层数对造价的影响"不一定"。D 选项，适当加大宽度，建筑周长系数降低，单位造价降低。

19. 【答案】ACD

【解析】民用住宅建筑设计中影响工程造价的主要因素：建筑物平面形状和周长系数；住宅的层高和净高；住宅的层数；住宅单元组成、户型和住户面积；住宅建筑结构的选择。选项 B、E 属于建筑规划中影响工程造价的主要因素。

20. 【答案】BCE

【解析】在矩形民用住宅建筑中长宽比以 2：1 最佳。在一定限度内，随着住宅层数的增加，单方造价系数在逐渐降低，即层数越多越经济。但是边际造价系数也在逐渐减小，说明随着层数的增加，单方造价系数下降幅度减缓。

21. 【答案】BDE

【解析】选项 A，政府投资项目设计概算一经批准，将作为控制建设项目投资的最高限额。选项 C，设计概算是控制施工图预算的依据。

22.【答案】ACE

【解析】电气工程概算属于单位建筑工程概算，建筑工程概算常用的编制方法有：概算定额法、概算指标法、类似工程预算法等。选项 B、D 是安装工程概算编制的方法。

23.【答案】BE

【解析】选项 A、C、D 属于单位建筑工程概算。

24.【答案】BCE

【解析】拟建工程结构特征与概算指标相同时的计算。

在直接套用概算指标时，拟建工程应符合以下条件：① 拟建工程的建设地点与概算指标中的工程建设地点相同；② 拟建工程的工程特征和结构特征与概算指标中的工程特征、结构特征基本相同；③ 拟建工程的建筑面积与概算指标中工程的建筑面积相差不大。

25.【答案】AB

【解析】选项 C、D、E 属于施工图预算对投资方的作用。

26.【答案】ABDE

【解析】建设期利息属于建设项目总预算。

27.【答案】ADE

【解析】建筑安装工程费常用计算方法有实物量法和单价法，其中单价法分为工料单价法和全费用综合单价法。

28.【答案】CD

【解析】选项 C、D 属于工料单价法的内容。

29.【答案】ACDE

【解析】选项 B 错误，施工图预算的编制原则，坚持结合拟建工程的实际，反映工程所在地当时价格水平的原则。

30.【答案】ABC

【解析】选项 A，施工图预算的编制应保证编制依据的适用性和时效性。选项 B，施工图预算的编制依据包括预算定额或企业定额、单位估价表等。选项 C，实物量法中准备资料、熟悉施工图纸包括收集编制施工图预算的编制依据；熟悉施工图等基础资料；了解施工组织设计和施工现场情况。选项 D 错误，单位工程预算书由建筑工程预算表和设备及安装工程预算表组成。选项 E 错误，已发生的工程建设其他费按合理发生金额计列。

第四章　建设项目发承包阶段合同价款的约定

考纲要求

1. 招标工程量清单的编制；
2. 最高投标限价的编制；
3. 投标报价的编制；
4. 评标及中标价确定；
5. 施工合同价款的约定；
6. 总承包合同价款的约定；
7. 国际工程合同价款的约定。

第一节　招标工程量清单与最高投标限价的编制

考情分析

考点	2023 年		2022 年		2021 年		2020 年		2019 年		2018 年		2017 年		2016 年	
	单选	多选	单选	多选	单选	多选	单选	多选	单选	多选	单选	多选	单选	多选	单选	多选
招标文件的组成内容及其编制要求	1				1	1	1				1		1		1	1
招标工程量清单的编制	1	1	2	2	1		2	1	2	1	2		2	1	2	1
最高投标限价的编制	1		2		2		1		2		1	1	2		3	

考点一　招标文件的组成内容及其编制要求

1. 施工招标文件的编制内容

（1）招标文件和投标文件的组成（表 4-1）

招标文件和投标文件的组成　　　　　　　　　　表 4-1

招标文件	投标文件
（1）招标公告（或投标邀请书） （2）投标人须知（10 条） （3）评标办法	（1）投标函及投标函附录 （2）法定代表人身份证明或附有法定代表人身份证明的授权委托书 （3）联合体协议书（如工程允许采用联合体投标）

招标文件	投标文件
（4）合同条款及格式 （5）工程量清单 （6）图纸 （7）技术标准和要求 （8）投标文件格式 （9）规定的其他材料	（4）投标保证金 （5）已标价工程量清单 （6）施工组织设计 （7）项目管理机构 （8）拟分包项目情况表 （9）资格审查资料 （10）招标文件要求提供的其他材料

（2）招标公告（或投标邀请书）

1）**未进行**资格预审，招标文件包括**招标公告**；

2）**进行**资格预审，招标文件包括**投标邀请书**。

招标公告包括招标文件的获取、投标文件的递交。

（3）投标人须知（表4-2）

投标人须知   表4-2

总则	项目概况、资金来源和落实情况、招标范围、计划工期和质量要求的描述，投标人资格要求，对费用承担、保密、语言文字、计量单位等内容的约定，对踏勘现场、投标预备会的要求，以及对分包和偏离问题的处理
招标文件	招标文件的构成以及澄清和修改的规定
投标文件	投标文件的组成，投标报价编制的要求，投标有效期和投标保证金的规定，需要提交的资格审查资料，是否允许提交备选投标方案，以及投标文件编制所应遵循的标准格式要求
投标	投标文件的密封和标识、递交、修改及撤回的各项要求。 明确投标准备时间，即自招标文件开始发出之日起至投标人提交投标文件截止之日止，**最短不得少于20天**。采用电子招标投标在线提交投标文件的，最短不少于10日
开标	开标的时间、地点和程序
评标	评标委员会的组建方法，评标原则和采取的评标办法（不包括评标委员会名单）
合同授予	拟采用的定标方式，中标通知书的发出时间，要求承包人提交的履约担保和合同的签订时限
重新招标和不再招标	重新招标和不再招标的条件
纪律和监督	对招标过程各参与方的纪律要求

（4）工程量清单（最高投标限价）：按规定应编制最高投标限价的，应在**招标时一并公布**。

【例题1】最高投标报价公布时间，正确的是（   ）。（2023年真题）

A．应在发布招标文件时一并公布   B．开标时公布

C．评标时公布   D．与公示中标通知人时一并公布

【答案】A

【例题2】根据《标准施工招标文件》对于未进行资格预审的招标项目，其施工招标文件的组成内容包括（   ）等。（2021年真题）

A．招标公告　　　　　　　　B．投标邀请书

C．投标人须知前附表　　　　D．评标办法

E．拟分包项目情况表

【答案】ACD

【解析】题干明确"未进行资格预审"，招标文件包含招标公告，所以 B 选项错误。选项 E 是投标文件的组成。

【例题 3】关于施工招标文件，下列说法中正确的有（　　　）。（2013 年真题）

A．招标文件应包括拟签合同的主要条款

B．当进行资格预审时，招标文件中应包括投标邀请书

C．自招标文件开始发出之日起至投标截止之日最短不得少于 15 天

D．招标文件不得说明评标委员会的组建方法

E．招标文件应明确评标方法

【答案】ABE

【解析】选项 C 错误，投标准备时间，自招标文件开始发出之日起至投标人提交投标文件截止之日止，最短不得少于 20 天。选项 D 错误，投标人须知中应说明评标委员会的组建方法，评标原则和采取的评标办法。

2. 招标文件的澄清和修改（表 4-3）

招标文件的澄清和修改　　　　　　　　　　　　　　　表 4-3

澄清	① 投标人如发现有问题，及时向招标人提出。 ② 应在规定的时间前以"书面形式"要求招标人对招标文件澄清。 ③ 发给**所有**购买的投标人。 ④ 确认方式和时间：投标人收到澄清后，应在规定时间（**绝对或相对**）内以书面形式通知招标人
修改	① 澄清或修改通知，应在投标截止 **15 日前**发出。 ② 如通知发出时间距投标截止时间**不足 15 天，相应推后投标截止时间**

【例题 4】关于招标文件的澄清和修改，下列说法正确的是（　　　）。（2021 年真题）

A．招标文件的澄清仅应发给提出疑问的投标人

B．招标文件的澄清中应指明澄清问题的来源

C．招标文件的澄清影响到投标截止时间不足的，应相应推后

D．发出的招标文件只可澄清不可修改

【答案】C

【解析】选项 A、B 错误，招标文件的澄清应发给所有购买的投标人，不指明澄清问题来源。

【例题 5】关于施工招标文件的疑问和澄清，下列说法正确的是（　　　）。（2018 年真题）

A．投标人可以口头方式提出疑问

B．投标人不得在投标截止前的 15 天内提出疑问

C．投标人收到澄清后的确认时间应按绝对时间设置

D．招标文件的书面澄清应发给所有投标人

【答案】D

【解析】选项 A 错误，投标人如有疑问，应在规定的时间前以书面形式，要求招标人对招标文件予以澄清。选项 B 错误，投标人在规定的时间内就可以提出疑问。选项 C 错误，投标人收到澄清后的确认时间可以是相对的时间，也可以是绝对时间。

考点二 招标工程量清单的编制

1. 招标工程量清单编制依据及准备工作

（1）招标工程量清单编制依据（表 4-4）

招标工程量清单编制依据   表 4-4

招标工程量清单	最高投标限价	投标报价
清单计价规范；国家或省级、行业主管部门颁发的计价依据、标准和办法		
设计文件；工程有关的标准、规范、技术资料		
		企业定额
拟定的招标文件	拟定的招标文件、招标工程量清单	招标文件、工程量清单及补充通知、答疑纪要
施工现场情况、地勘水文资料、工程特点及常规施工方案	施工现场情况、工程特点、**常规**施工方案	施工现场情况、工程特点、投标时**拟定的**施工组织设计或施工方案
	工程造价信息，无时参照市场价	市场价格信息或工程造价信息

（2）招标工程量清单编制的准备工作（表 4-5）

招标工程量清单编制的准备工作   表 4-5

初步研究		熟悉清单计价与计算规范、设计文件、招标文件、招标图纸，**确定清单编审范围及需设定的暂估价**；收集相关市场价格信息，为暂估价的确定提供依据
现场踏勘		内容：① 自然地理条件（水文、地质）、② 施工条件（周围环境、道路、市政管网等）。目的：选用合理的施工组织设计和施工技术方案
拟订常规施工组织设计		注意以下问题。
	估算整体工程量	根据概算指标或类似工程，**仅对**主要项目估算，如土石方、混凝土等
	拟定施工总方案	仅对重大问题和关键工艺作原则性规定，**不需考虑施工步骤。** 包括：施工方法；施工机械设备的选择；科学的施工组织；合理的施工进度；现场的平面布置及各种技术措施
	编制施工进度计划	满足合同对工期的要求，不增加资源的前提下尽量提前，避免施工顺序颠倒或工种冲突
	计算人、材、机资源需要量	工日：根据工程量、计价依据、拟定的施工总方案、方法、工期等确定，还考虑节假日、气候影响；材料：工程量、选用的材料消耗定额；机具：机具方案及种类的匹配，根据工程量和机械时间定额计算
	施工平面的布置	根据施工方案、进度要求，对施工现场道路交通、材料仓库、临时设施等做出合理规划

【例题 1】关于招标人编制招标工程量清单的准备工作，下列说法正确的有（　　）。（2023 年真题）

A．应认真研究设计文件，发现问题及时提出

B．应进行现场踏勘

C．应拟定考虑施工步骤的施工总方案

D．应拟定常规的施工组织设计

E．应调查了解当地政府对施工现场管理的要求

【答案】ABDE

【解析】选项 C 错误，拟定施工总方案，仅对重大问题和关键工艺作原则性规定，不需考虑施工步骤。

【例题 2】招标工程量清单编制的准备工作包括：① 拟定施工组织设计；② 现场踏勘；③ 计算工程量；④ 审查复核；⑤ 其他项目清单列项。正确的排列顺序是（　　）。（2022 年真题）

A．②①③⑤④　　　　　　　B．①②③④⑤

C．②③①④⑤　　　　　　　D．①②③⑤④

【答案】A

【解析】招标工程量清单的编制顺序：初步研究—现场踏勘—拟定常规施工组织设计—分部分项工程项目清单编制（计算工程量）—措施项目清单编制—其他项目清单的编制—规费税金项目清单编制—工程量清单总说明—招标工程量清单汇总（审查复核）。

【例题 3】为编制招标工程量清单，在拟定常规的施工组织设计时，正确的做法是（　　）。（2017 年真题）

A．根据概算指标和类似工程估算整体工程量时，仅对主要项目加以估算

B．拟定施工总方案时需要考虑施工步骤

C．在满足工期要求的前提下，施工进度计划应尽量推后以降低风险

D．在计算工、料、机资源需要量时，不必考虑节假日、气候的影响

【答案】A

【解析】选项 B 错误，施工总方案只需对重大问题和关键工艺作原则性的规定，不需考虑施工步骤。选项 C 错误，施工进度计划要满足合同对工期的要求，在不增加资源的前提下尽量提前。选项 D 错误，计算人、材、机资源需要量，人工工日数量根据估算的工程量、选用的定额、拟定的施工总方案、施工方法及要求的工期来确定，并考虑节假日、气候等的影响。

2. 招标工程量清单的编制内容

（1）分部分项工程项目清单编制（表 4-6）

分部分项工程项目清单编制　　　　　表 4-6

项目编码	① 五级十二位编码 ② 同一招标工程的项目编码**不得有重码**
项目名称	按计算规范附录的项目名称结合拟建工程的实际确定。注意如下内容： ① 图纸中有体现，计算规范附录中有对应项目，根据附录列项，计算工程量，确定项目编码

项目名称	② 图纸中有体现，但计算规范附录中没有，并且在附录项目的"项目特征"或"工程内容"中也没有提示，必须补充项目，在清单中单独列项并在编制说明中注明，计算规范代码＋B00×
项目特征	确定综合单价不可缺少的重要依据，需准确、全面描述。遵循原则： ① 按附录中规定结合拟建工程实际，满足综合单价的需要。 ② 若采用标准图集或施工图纸能够全部或部分满足项目特征描述的要求，项目特征描述可直接采用详见××图集或××图号的方式。 ③ 对不能满足项目特征描述要求的部分，仍应用文字描述
计量单位	① 计量单位与有效位数遵守计价规范的规定 ② 如果有两个或两个以上计量单位的，选定一个（最适宜表现项目特征并方便计量）
工程量的计算	原则： ① 计算口径一致（施工图列出的项目应与清单项目一致） ② 按工程量计算规则计算 ③ 按图纸计算 ④ 按一定顺序计算（避免重算漏算） ⑤补充的计算规则必须符合的2项原则：计算规则要具有可计算性且计算结果要具有唯一性

【例题4】关于分部分项工程项目清单的编制，下列说法正确的是（　　）。（2023年真题）

A. 同一标段工程的项目编码不得有重码

B. 常规工程的项目特征无须描述

C. 项目特征描述不得直接采用"详见××图号"的方式

D. 工程量应在实体工程量基础上增加施工损耗量

【答案】A

【解析】选项B错误，在编制清单时，项目特征必须准确、全面地描述。选项C错误，若采用标准图集或施工图纸能够全部或部分满足项目特征描述的要求，项目特征描述可直接采用详见××图集或××图号的方式。选项D错误，工程量应以实体工程量为准，为完成后的净值。施工中的各种损耗考虑在综合单价中。

【例题5】关于招标工程量清单中分部分项工程量清单的编制，下列说法正确的是（　　）。（2019年真题）

A. 所列项目应该是施工过程中以其本身构成工程实体的分项工程或可以精确计量的措施分项项目

B. 拟建施工图纸有体现，但专业工程量计算规范附录中没有对应项目的，则必须编制这些分项工程的补充项目

C. 补充项目的工程量计算规则，应符合"计算规则要具有可计算性"且"计算结果要具有唯一性"的原则

D. 采用标准图集的分项工程，其特征描述应直接采用"详见××图集"方式

【答案】C

【解析】选项A，在分部分项工程项目清单中所列出的项目，应是在单位工程的施工过程中以其本身构成该单位工程实体的分项工程。选项B，当在拟建工程的施工图纸中有

体现，但在专业工程量计算规范附录中没有相对应的项目，并且在附录项目的"项目特征"或"工程内容"中也没有提示时，则必须编制针对这些分项工程的补充项目。选项 D，若采用标准图集或施工图纸能够全部或部分满足项目特征描述的要求，项目特征描述可直接采用"详见××图集"或"××图号"的方式。

3. 措施项目清单编制

若出现计价规范中**未列的项目，可**根据工程实际情况**补充**。

4. 其他项目清单的编制

应**招标人的特殊**要求而发生的与拟建工程有关的其他费用项目和相应数量的清单。

（1）暂列金额（表 4-7）

暂列金额

表 4-7

概念	① 招标人暂定包括在合同中的一笔款项，用于合同签订时尚未确定或者不可预见的所需材料、工程设备、服务的采购，施工中可能发生的工程变更、合同约定调整因素出现时的合同价款调整以及发生的索赔、现场签证确认等的费用 ②应根据施工图纸的深度、**暂估价设定的水平**、合同价款约定调整的因素以及工程实际情况合理确定
特点	① 招标人填写**项目名称、计量单位、暂定金额等** ② **不能详列的，也可只列总额** ③ 由招标人支配，实际发生才支付
金额	① **可按分部分项工程费的 10%～15%** ② 不同专业分别列项

（2）暂估价（表 4-8）

暂估价

表 4-8

概念	招标人支付**必然要发生**但暂时不能确定价格的材料、工程设备单价及专业工程的金额
分类	① 材料、工程设备的暂估单价（纳入分部分项工程量项目综合单价） ② 专业工程的金额（综合暂估价，含管理费、利润） ③ **分不同的专业列明细表**

（3）计日工（表 4-9）

计日工

表 4-9

概念	①解决现场发生的工程合同范围以外的零星工种或项目计价而设立的 ②列出**项目名称、计量单位和暂估数量**
特点	① 为额外工作的计价提供一个方便快捷的途径 ② 招标人提供暂定的数量 ③ 投标人报计日工单价，单价是综合单价（不含规费和税金）
计算	①最高投标限价：暂定的数量×计日工单价（招标人根据信息价计算） ②投标报价：暂定的数量×计日工单价（已标价清单中的） ③计日工结算：实际签证确认的量×计日工单价（已标价清单中的）

（4）总承包服务费（表4-10）

总承包服务费　　　　　　　　　　　　表 4-10

概念	① 要求总承包人对发包的专业工程提供协调和配合服务 ② 对发包人供应的材料、设备提供收、发和保管服务 ③ 对施工现场进行统一管理 ④ 对竣工资料进行统一汇总整理等
特点	承包商自主报价
计算	招标人按照投标人的报价支付该项费用

【例题 6】 关于招标工程量清单中的暂列金额，下列说法正确的是（　　）。（2022 年真题）

A. 由招标人支配，不包括在合同中

B. 应包含规费和税金

C. 一般应按分部分项工程项目费的 5% 确定

D. 不同专业预留的暂列金额应分别列项

【答案】 D

【解析】 选项 A 错误，暂列金额是指招标人暂定并包括在合同中的一笔款项。选项 B 错误，暂列金额不包含规费和税金。选项 C 错误，一般可按分部分项工程项目清单的 10%～15% 确定，不同专业分别列项。

【例题 7】 编制招标工程量清单时，应根据施工图纸的深度、暂估价的设定的水平、合同价款约定调整因素以及工程实际情况合理确定的清单项目是（　　）。（2019 年真题）

A. 措施项目清单　　　　　　　　　B. 暂列金额

C. 专业工程暂估价　　　　　　　　D. 计日工

【答案】 B

【解析】 确定暂列金额时应根据施工图纸的深度、暂估价设定的水平、合同价款约定调整的因素以及工程实际情况合理确定。

5. 规费税金项目清单的编制

规费、税金的计算基础和费率均应按国家或地方相关部门的规定执行。

6. 工程量清单总说明的编制（表 4-11）

工程量清单总说明的编制　　　　　　　表 4-11

工程概况	建设规模是指建筑面积
	工程特征应说明基础及结构类型、建筑层数、高度、门窗类型及各部位装饰、装修做法
	计划工期是根据工程**实际需要**而安排的施工天数
	施工现场实际情况是指施工场地的**地表状况**
	自然地理条件是指建筑场地所处地理位置的气候及交通运输条件
	环境保护要求是针对施工噪声及材料运输可能对周围环境造成的影响和污染所提出的防护要求

工程招标及分包范围	招标范围是指单位工程的招标范围，如建筑工程招标范围为"全部建筑工程"。工程分包是指特殊工程项目的分包，如招标人自行采购安装"铝合金门窗"等
工程量清单编制依据	建设工程工程量清单计价规范、设计文件、招标文件、施工现场情况、工程特点及常规施工方案等
工程质量、材料、施工等的特殊要求	工程质量的要求，是指招标人要求拟建工程的质量应达到合格或优良标准。对材料的要求，是指招标人根据工程的重要性、使用功能及装饰装修标准提出，诸如对水泥的品牌、钢材的生产厂家、花岗石产地、品牌等的要求。施工要求，一般是指建设项目中对单项工程的施工顺序等的要求

【例题 8】关于招标工程量清单的编制，正确的有（　　）。（2022 年真题）

A．应在预算定额和工程量清单计算规范中选择工程量计算规则

B．措施项目清单应根据拟建工程实际列项

C．专业工程暂估价应计入其他项目费

D．计日工应列出计量单位、暂定数量、暂定金额

E．总承包服务费的项目名称和服务内容应由招标人填写

【答案】BCE

【解析】A 选项，工程量清单编制依据中不包含预算定额。D 选项，列出项目名称、计量单位和暂估数量。

【例题 9】在招标工程量清单的编制内容中，应对招标工程作出合理说明的内容有（　　）。（2022 年真题）

A．基础及结构类型　　　　　　　　B．施工场地的地表情况

C．施工平面布置　　　　　　　　　D．工程分包范围

E．工程质量要求

【答案】ABDE

【解析】选项 C 属于施工方案包含的内容，不在编制说明中。

【例题 10】关于建设工程工程量清单的编制，下列说法正确的是（　　）。（2020 年真题）

A．招标文件必须由专业咨询机构编制，由招标人发布

B．材料的品牌档次应在设计文件中体现，在工程量清单编制说明中不再说明

C．专业工程暂估价中包括企业管理费和利润

D．税金、规费是政府规定的，在清单编制中可不列项

【答案】C

【解析】选项 A 错误，建设项目招标文件由招标人（或其委托的咨询机构）编制。选项 B 错误，清单编制说明中包含对材料的要求。材料要求是指招标人根据工程的重要性、使用功能及装饰装修标准提出，诸如对水泥的品牌、钢材的生产厂家、花岗石产地、品牌等的要求。选项 D 错误，规费、税金项目清单应按照规定的内容列项，清单中需编制。

考点三 最高投标限价的编制

1. 最高投标限价的编制规定与依据（图4-1）

标底：招标人自行决定编制，若编制，**只编制一个标底，开标前须保密**。

最高投标限价的，招标文件中应明确最高投标限价或其计算方法，**不得规定最低投标限价**。

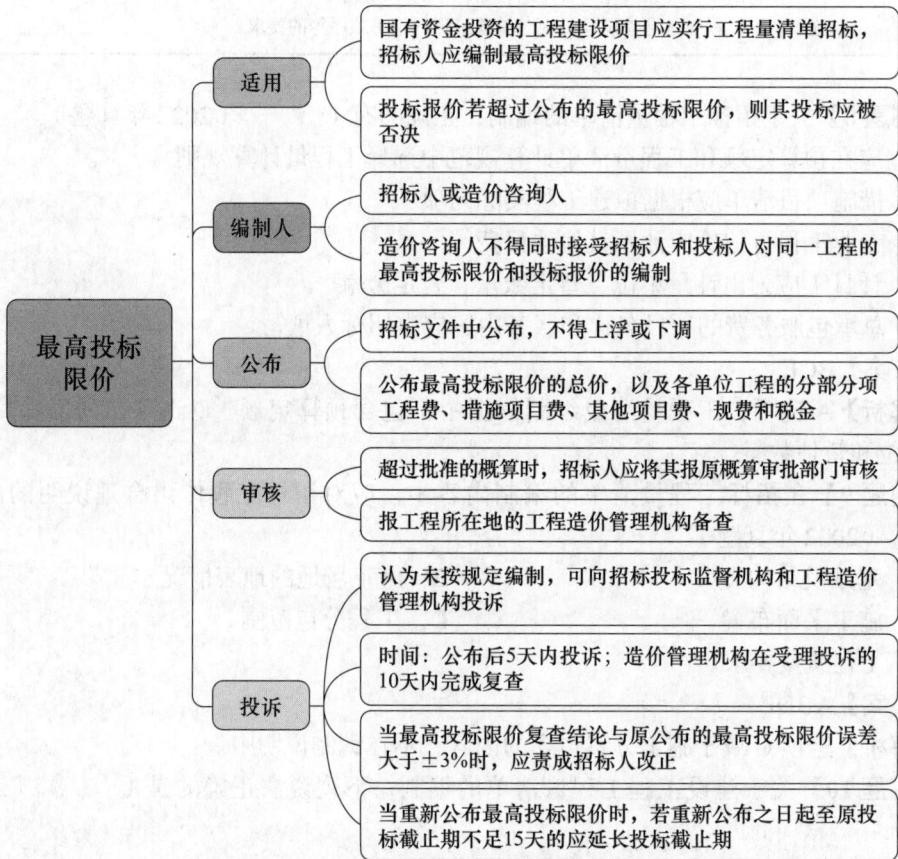

图4-1 最高投标限价编制规定

【例题1】根据现行工程量清单计价规范，关于最高投标限价的管理规定，下列说法正确的是（　　）。（2022年真题）

A. 实施工程量清单招标的项目，应编制最高投标限价

B. 最高投标限价可以设立合理的上浮或下调比例

C. 投标人认为最高投标限价不符合规范的，应在其公布后7天内向工程造价管理机构投诉

D. 工程造价管理机构复查结论与原公布的最高投标限价误差大于 ±3% 时，应责成招标人改正

【答案】D

【解析】选项 A 错误，国有资金投资的工程建设项目应实行工程量清单招标，招标人应编制最高投标限价。选项 B 错误，最高投标限价不得进行上浮或下调。选项 C 错误，投标人经复核认为招标人公布的最高投标限价未按照的规范规定进行编制的，应在最高投标限价公布后 5 天内向招标投标监督机构和工程造价管理机构投诉。

【例题 2】根据《建设工程工程量清单计价规范》GB 50500—2013 中对最高投标限价的有关规定，下列说法正确的是（　　　）。（2018 年真题）

A. 最高投标限价公布后根据需要可以上浮或下调

B. 招标人可以只公布最高投标限价总价，也可以只公布单价

C. 最高投标限价可以在招标文件中公布，也可以在开标时公布

D. 高于最高投标限价的投标报价应被拒绝

【答案】D

【解析】最高投标限价应在招标文件中公布，对所编制的最高投标限价不得进行上浮或下调。招标人应当在招标时公布最高投标限价的总价，以及各单位工程的分部分项工程费、措施项目费、其他项目费、规费和税金。

【例题 3】关于最高投标限价的相关规定，下列说法中正确的是（　　　）。（2016 年真题）

A. 国有资金投资的工程建设项目，应编制最高投标限价

B. 最高投标限价应在招标文件中公布，仅需公布总价

C. 最高投标限价超过批准概算 3% 以内时，招标人不必将其报原概算审批部门审核

D. 当最高投标限价复查结论超过原公布的最高投标限价 3% 以内时，应责成招标人改正

【答案】A

【解析】选项 B 错误，在公布最高投标限价时，除公布最高投标限价的总价外，还应公布各单位工程的分部分项工程费、措施项自费、其他项目费、规费和税金。选项 C 错误，最高投标限价超过批准的概算时，招标人应将其报原概算审批部门审核。选项 D 错误，当最高投标限价复查结论与原公布的最高投标限价误差大于 ±3% 时，应责成招标人改正。

2. 最高投标限价的编制内容（反映的是单位工程费用）

（1）综合单价的计算（表 4-12）

综合单价的计算　　　　　　　　　　　　　　　　　　表 4-12

| 组价过程 | 工程所在地的计价依据和标准或工程造价指标进行组价确定　　包括暂估单价的材料费

工程量清单综合单价 = (清单组价子项合价 + 未计价材料) / 工程量清单项目工程量

清单组价子项合价 = 清单组价子项工程量 × [∑（人工消耗量 × 人工单价）+ ∑（材料消耗量 × 材料单价）+ ∑（机具台班消耗量 × 机具台班单价）+ 管理费和利润]

依据提供的工程量清单和施工图纸，确定清单计量单位所组价的子项目名称，计算工程量 |

组价过程	① 首先，依据提供的工程量清单和施工图纸，确定清单计量单位所组价的子项目名称，并计算出相应的工程量； ② 其次，确定组价子目的人工、材料、机具台班单价（依据造价政策或信息价确定）； ③ 考虑风险因素、管理费率、利润率，计算组价子目合价； ④ 合价（考虑未计价材料）／清单工程量，得到综合单价。 **【记忆技巧】**先"量"后"价"
风险因素	① 技术难度较大和管理复杂的项目，可考虑一定的风险费用纳入到综合单价中； ② 工程设备、材料价格的市场风险，考虑一定率值的风险费用，纳入到综合单价中； ③ 税金、规费等法律、法规、规章和政策变化风险和人工单价等风险费用，不应纳入综合单价

（2）总承包服务费的计算

最高投标限价中，总承包服务费的计算如下：

1）施工总承包单位仅对分包工程照管和协调，按分包专业工程估算造价的1.5%计算；

2）在第1）条基础上，招标人还要求配合其他服务时，按分包专业工程估算造价的3%～5%计算；

3）对甲供材的照管，按招标人供应材料价值的1%计算。

【例题4】根据《建设工程工程量清单计价规范》GB 50500—2013，招标人在编制最高投标限价时，下列风险因素，应考虑纳入综合单价的是（   ）。（2023年真题）

A. 人工单价波动风险　　　　　　　　B. 技术复杂项目的管理风险

C. 法律法规变化风险　　　　　　　　D. 税率变化风险

【答案】B

【解析】纳入综合单价的风险由投标人承担，选项A、C、D的风险由招标人承担。

【例题5】在编制最高投标限价时，对于招标人自行采购材料的，其总承包服务费按招标人提供材料价值（   ）计算。（2022年）

A. 1%　　　　　　　　　　　　　　B. 1.5%

C. 3%　　　　　　　　　　　　　　D. 5%

【答案】A

【解析】招标人自行供应材料的，按招标人供应材料价值的1%计算。

【例题6】关于最高投标限价的编制，下列说法正确的是（   ）。（2021年真题）

A. 不得依据各级建设行政管理部门发布的定额编制

B. 暂估单价的材料费应计入其他项目工程费

C. 采用费率计算措施项目费应包含规费和税金

D. 综合单价中应考虑一定的材料价格波动风险

【答案】D

【解析】选项A，依据各级建设行政管理部门发布的定额编制。选项B，计入分部分项工程费。选项C，不包含规费、税金。

【例题7】根据《建设工程工程量清单计价规范》GB 50500—2013，最高投标限价的综合单价组价工作包括：① 确定工、料、机单价；② 确定所组价子目项目名称；③ 计算组价子目项目的合价；④ 除以工程量清单项目工程量；⑤ 计算组价子目项目工程量，下列工作排序正确的是（　　　）。（2019 年真题）

A. ②⑤①③④　　　　　　　B. ①②⑤④③

C. ②③①⑤④　　　　　　　D. ①②③⑤④

【答案】A

3. 编制最高投标限价应注意的问题

（1）应该正确、全面地选用行业和地方的计价依据、标准、办法和市场化的工程造价信息。**采用的材料价格优先选用**工程造价信息**平台发布的材料价格，工程造价信息未发布的材料价格应通过市场调查确定**。如招标人未采用发布的工程造价信息时，须对最高投标限价采用的与造价信息不一致的市场价格予以说明。

（2）施工机械设备的选型，应根据工程项目特点和施工条件，本着**经济适用**的原则确定。

（3）不可竞争的措施项目和规费、税金等费用的计算，按国家有关规定计算。

（4）对于**竞争性的措施费用**的确定，招标人应首先编制**常规的施工组织设计或施工方案**，然后经科学论证后再进行合理确定措施项目与费用。

【例题8】关于编制最高投标限价时应注意的问题，下列说法正确的是（　　　）。（2022 年真题）

A. 材料价格必须采用工程造价信息平台发布的价格

B. 总价措施项目费应按造价主管部门规定的取费标准取费

C. 施工机械应选择同类机械租赁市场价格最高的机械

D. 竞争性措施项目应在常规的施工组织设计或施工方案基础上编制

【答案】D

【解析】选项 A 错误，未采用发布的工程造价信息时，招标人须在招标文件或答疑补充文件中对最高投标限价采用的与造价信息不一致的市场价格予以说明。选项 B 错误，对于竞争性措施费用，招标人可以自主报价。选项 C 错误，施工机械设备的选型应根据工程项目特点和施工条件，本着经济适用的原则确定。

第二节　投标报价的编制

考情分析

考点	2023 年		2022 年		2021 年		2020 年		2019 年		2018 年		2017 年		2016 年	
	单选	多选	单选	多选	单选	多选	单选	多选	单选	多选	单选	多选	单选	多选	单选	多选
投标报价前期工作、询价与工程量复核	1				1	1	2		1	1	3			1	2	
投标报价的编制方法和内容	1		3		2		1	1	2		1	1	3		2	
编制投标文件	1	1		1			1					1	1	1		1

考点一 投标报价的前期工作、询价与工程量复核

1. 投标报价编制流程（表 4-13）

投标报价编制流程　　　　　　　　　　　　　　　　　表 4-13

前期工作 ↓ 调查询价 ↓ 报价编制	取得招标信息→确定参加投标，准备资料→通过资格预审，获取招标文件→组建投标报价班子→研究招标文件、准备与投标有关的所有资料→工程现场调查
	收集投标信息、复核工程量、各种询价→制定项目管理规划
	确定基础标价→选择报价策略调整标价→最终确定投标报价→编制投标文件

2. 研究招标文件

（1）投标人须知特别要注意：项目的资金来源、投标书的编制和递交、投标保证金、是否允许递交备选方案、评标方法等，重点在于防止投标被否决。

（2）合同分析（表 4-14）

合同分析　　　　　　　　　　　　　　　　　　　　表 4-14

背景分析	与拟承包内容有关的合同背景、监理方式、法律依据等，为报价和合同实施及索赔提供依据
形式分析	主要分析承包方式（分项、施工、总承包、管理承包等）、计价方式（单价、总价等）
条款分析	承包人的任务、工作范围和责任；变更及价款调整；付款方式和时间；施工工期；业主责任

（3）技术标准和要求分析

工程技术标准：对设备、材料、施工和安装方法等所规定的技术要求、对工程质量进行检验、试验和验收所规定的方法和要求。

与工程量清单中各子项工作密不可分，任何忽视技术标准的报价都是不完整、不可靠的，有时可能导致工程承包重大失误和亏损。

（4）图纸分析

3. 调查工程现场（表 4-15）

调查工程现场　　　　　　　　　　　　　　　　　　表 4-15

自然条件	水文、气象、地质等
施工条件	现场的三通一平情况；临近建筑物；市政给水及污水、雨水排放管线位置、高程等；有无特殊交通限制等
其他条件	构件、半成品及商品混凝土的供应能力和价格、现场附近的生活设施等

【例题 1】投标人在研究招标文件时，通过投标人须知可以了解的信息有（　　）。（2022 年真题）

A. 项目资金来源　　　　　　　　　　B. 付款方式

C. 投标保证金要求   D. 评标方法

E. 投标文件的递交要求

【答案】ACDE

【解析】选项 B 属于合同条款的内容。

【例题 2】投标人编制投标报价前需仔细研究招标文件，因下列做法而可能直接影响报价完整性的是（   ）。（2021 年真题）

A. 忽视对监理方式的了解

B. 忽视对工程变更合同条款的分析

C. 忽视合同条款中有无工期奖罚的规定

D. 忽视技术标准的要求

【答案】D

【例题 3】投标人在进行建设工程投标报价时，下列事项应重点关注的是（   ）。（2020 年真题）

A. 施工现场市政设施条件   B. 商业经理的业务能力

C. 投标人的组织架构   D. 暂列金额的准确性

【答案】A

【解析】投标人对一般区域调查重点注意以下几个方面：自然条件调查、施工条件调查、其他条件调查。

4. 询价（表 4-16）

询价的渠道、要素，分包询价的内容   表 4-16

询价渠道	生产厂家、销售商、咨询工程师询价，市场调查。其中咨询公司询价资料比较可靠
询价要素	① 材料询价：对比材料价格、供应方式、运输方式、保险和有效期、支付方式等 ② 施工机具询价：外地施工，当地租赁或采购可能更有利 ③ 劳务询价有两种情况：一种是劳务分包，承包人的管理强度低但费用较高；另一种是招募零散劳动力，劳务价格低廉但承包人的管理工作较繁重
分包询价	分包询价应注意 5 点： ① 分包标函是否完整； ② 分包工程单价所包含的内容； ③ 分包人的工程质量、信誉及可信赖程度； ④ 质量保证措施； ⑤ 分包报价

【例题 4】投标报价的分包询价，投标人应注意的问题有（   ）。（2019 年真题）

A. 分包标函是否完整

B. 分包单价所包含的内容

C. 分包人是否有专用施工机具

D. 分包人可信赖程度

E. 分包人的质量保证措施

【答案】ABDE

5. 复核工程量（表 4-17）

复核工程量的目的和注意事项 表 4-17

目的	① 得到与招标工程量之间的差距，考虑投标策略，决定报价裕度 ② 根据工程量的大小采取合适的施工方法，选择适用、经济的施工机具设备、劳动力的数量 ③ 确定订货及采购物资的数量，防止超量或少购
注意	① 按一定的顺序计算**主要清单工程量**，避免漏算或重算，项目划分须与清单计价规范一致 ② 复核发现错误，可以向招标人提出修改意见。**不得修改清单**，如果修改清单，投标文件会被否决 ③ 是否向招标人提出修改意见取决于投标策略，可以运用一些报价技巧，争取中标后能获得更大的收益

【例题 5】关于投标人在投标报价前对招标工程量清单中工程量的复核，下列说法正确的是（   ）。（2023 年真题）

A. 工程量的复核结果影响投标策略

B. 复核工程量的目的是修改工程量清单

C. 发现工程量有错误应立即向招标人提出修改意见

D. 应重点复核计日工数量

【答案】A

【解析】选项 B 错误，不能修改清单。选项 C 错误，发现错误，可以向招标人提出，也可以不提。选项 D 错误，复核主要清单工程量。

【例题 6】投标人对招标工程量清单中工程量复核的目的在于（   ）。（2021 年真题）

A. 据此选择投标策略

B. 据此修改招标工程量清单

C. 据此采取合适的施工方法

D. 据此确定采购物资的数量

E. 据此确定基础标价

【答案】ACD

【解析】选项 B，不可以修改清单。

考点二　投标报价的编制方法和内容

1. 分部分项工程和单价措施项目清单与计价表的编制

（1）确定综合单价时的注意事项

1）以项目特征描述为依据（表 4-18）

项目特征的选择 表 4-18

阶段	项目特征的选择
招投标阶段	招标工程量清单特征与设计图纸不符时，以**工程量清单的项目特征**为准
施工阶段	施工图纸或设计变更与招标工程量清单项目特征不一致，以**实际施工项目特征**为准

2）材料、工程设备暂估价的单价计入清单项目的综合单价。

3）考虑合理的风险。**投标人**承担的风险费用纳入综合单价。

工程施工阶段的风险宜采用表 4-19 中的分摊原则。

风险分摊原则　　　　　　　　　　　　　　　表 4-19

风险	特点	方法
双方分摊	市场定价	市场价格波动导致的价格风险，承包人承担： 5% 以内：材料、工程设备价格风险 10% 以内：施工机具使用费风险
承包人 不承担	政策、政府 定价	对于法律、法规、规章或有关政策导致税金、规费、人工费发生变化，造价管理部门由此发布的政策性调整，以及由政府定价或政府指导价管理的原材料等价格调整
承包人 全部承担	自身决定	对于承包人根据自身技术水平、管理、经营状况能够自主控制的风险，如承包人的管理费、利润的风险

【例题 1】某项目拟采用工程量清单招标签订单价合同，关于该工程投标综合单价的编制，下列说法正确的是（　　　）。（2022 年真题）

A．应以招标工程量清单特征描述为准，即使其与图纸不符

B．不应计入已列出暂估价的材料价格

C．一般不考虑工程设备的价格风险

D．应考虑 ±10% 以内的材料价格、施工机具使用费风险

【答案】A

【解析】选项 B 错误，材料、工程设备暂估价的单价计入清单项目的综合单价。选项 C、D 错误，5% 以内材料、工程设备价格风险，10% 以内施工机具使用费风险。

【例题 2】投标人在确定综合单价时需要注意的事项有（　　　）。（2020 年真题）

A．清单项目特征描述　　　　　　　B．清单项目的编码顺序

C．材料暂估价的处理　　　　　　　D．材料、设备市场价格的变化风险

E．税金、规费的变化风险

【答案】ACD

【解析】选项 B，编码顺序是确定的，与单价无关。选项 E，投标人不承担对于法律、法规、规章或有关政策导致税金、规费、人工费发生变化的风险。

（2）综合单价确定的步骤和方法。

① 确定计算基础。计算综合单价采用的**定额**及生产要素**单价**。

② 分析每一清单项目的工程内容。

③ 计算工程内容的工程数量与清单单位的含量。

$$清单单位含量 = \frac{某工程内容的企业定额工程量}{清单工程量}$$

每一项工程内容都应根据企业定额的工程量计算规则计算其工程数量，当企业定额的工程量计算规则与清单的工程量计算规则相一致时，可直接以工程量清单中的工程量作为工程内容的工程数量。

④ 分部分项工程人工、材料、施工机具使用费的计算。

⑤ 计算综合单价，确定管理费和利润。

【例题 3】关于投标报价与最高投标限价编制的相同之处，下列说法正确的是（　　　）。（2022 年真题）

A．采用相同的工料机消耗量　　　　B．采用相同的规费和利润标准

C．考虑相同的风险因素　　　　　　D．基于相同的施工方案

【答案】C

【解析】选项 A 错误，投标报价依据投标人的企业定额。选项 B，利润由投标人自主报价。选项 D，最高投标限价采用常规的施工组织设计和方案，投标报价采用拟定的施工组织设计和方案。

【例题 4】当企业定额的工程量计算规则与清单的工程量计算规则相一致时，则投标人确定综合单价不可或缺的工作是（　　）。（2018 年真题）

A．计算工程内容的工程数量　　　　B．计算工程内容的清单单位含量

C．计算措施项目的费用　　　　　　D．计算管理费、利润和风险费用

【答案】D

【解析】当企业定额的工程量计算规则与清单的工程量计算规则相一致时，投标人综合单价的计算步骤，仅涉及上述步骤中的①、④、⑤条。

2. 总价措施项目清单与计价表的编制

应遵循以下原则：

（1）内容应依据**招标人提供的措施项目清单和投标人投标时拟定的施工组织设计或施工方案确定**；

（2）投标人自主确定，但其中**安全文明施工费不得作为竞争性费用**。

3. 其他项目清单与计价表的编制（表 4-20）

其他项目清单与计价表的编制　　　　　　　　　　　表 4-20

暂列金额	按招标人提供的金额填写，**不得变动**	
暂估价	材料、工程设备暂估价	**必须按照招标人提供的单价计入清单项目综合单价**
	专业工程暂估价	**必须按照招标人提供的金额填写**
计日工	量：**招标人提供暂估数量** 价：**自主确定的综合单价**（不包括规费和税金）	
总承包服务费	按照**招标人的要求自主确定**	

4. 规费、税金项目计价表的编制

不得作为竞争性费用。

5. 投标报价的汇总

总价与各部分合计金额应一致，**不能进行投标总价的优惠**，投标人对投标报价的任何优惠均应反映在相应清单项目的综合单价中。

【例题 5】下列关于招标工程量清单中的事项，投标人在工程投标报价时应重点关注的是（　　）。（2023 年真题）

A．暂列金额的合理性　　　　　　　B．材料暂估价与市场价的差异

C．计日工暂估数量的合理性　　　　D．总承包服务费的服务内容

【答案】D

【解析】选项 A、B、C 的暂列金额、暂估价的金额、计日工数量都由招标人提供，投

标人按照招标人给的金额报价。只有总承包服务费投标人自主报价，所以应重点关注总承包服务费的内容。

【例题6】某分项工程招标工程量清单数量为1000m³，该分项工程的主要材料是X材料，X材料在招标人提供的其他项目清单中的暂估价为100元/m²。已知投标人的企业定额中，每100m³分项工程的X材料消耗量为102m²。投标人调查的X材料市场价为110元/m²，则投标人用企业定额编制的该分项工程的工程量清单综合单价分析表中，计列的X材料暂估合价为（   ）。（2021年真题）

A. 100元
B. 102元
C. 10.2万元
D. 11.22万元

【答案】C

【解析】暂估价中的材料、工程设备暂估价必须按照招标人提供的暂估单价计入清单项目的综合单价。此题中投标人调查的材料市场价110元/m²为干扰项。每100m³分项工程的X材料消耗量为102m²，每1m³需要材料1.02m²，材料的总用量为1000×1.02m²，X材料的暂估合价=1000×1.02×100=10.2（万元）。

【例题7】根据《建设工程工程量清单计价规范》GB 50500—2013，关于投标文件措施项目计价表的编制，下列说法正确的有（   ）。（2018年真题）

A. 单价措施项目计价表应采用综合单价方式计价
B. 总价措施项目计价表应包含规费和建筑业增值税
C. 不能精确计量的措施项目应编制总价措施项目计价表
D. 总价措施项目的内容确定与招标人拟定的措施清单无关
E. 总价措施项目的内容确定与投标人投标时拟定的施工组织设计无关

【答案】AC

【解析】选项B，规费和增值税是单独计算的。选项D、E，措施项目的内容应依据招标人提供的措施项目清单和投标人投标时拟定的施工组织设计或施工方案确定。

考点三 编制投标文件

1. 投标文件编制时应遵循的规定（图4-2）

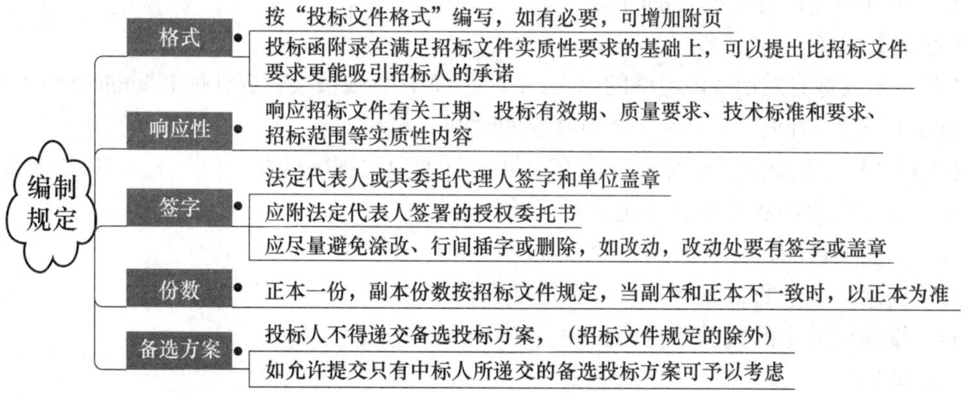

图4-2 投标文件编制规定

2. 投标文件的递交（图 4-3）

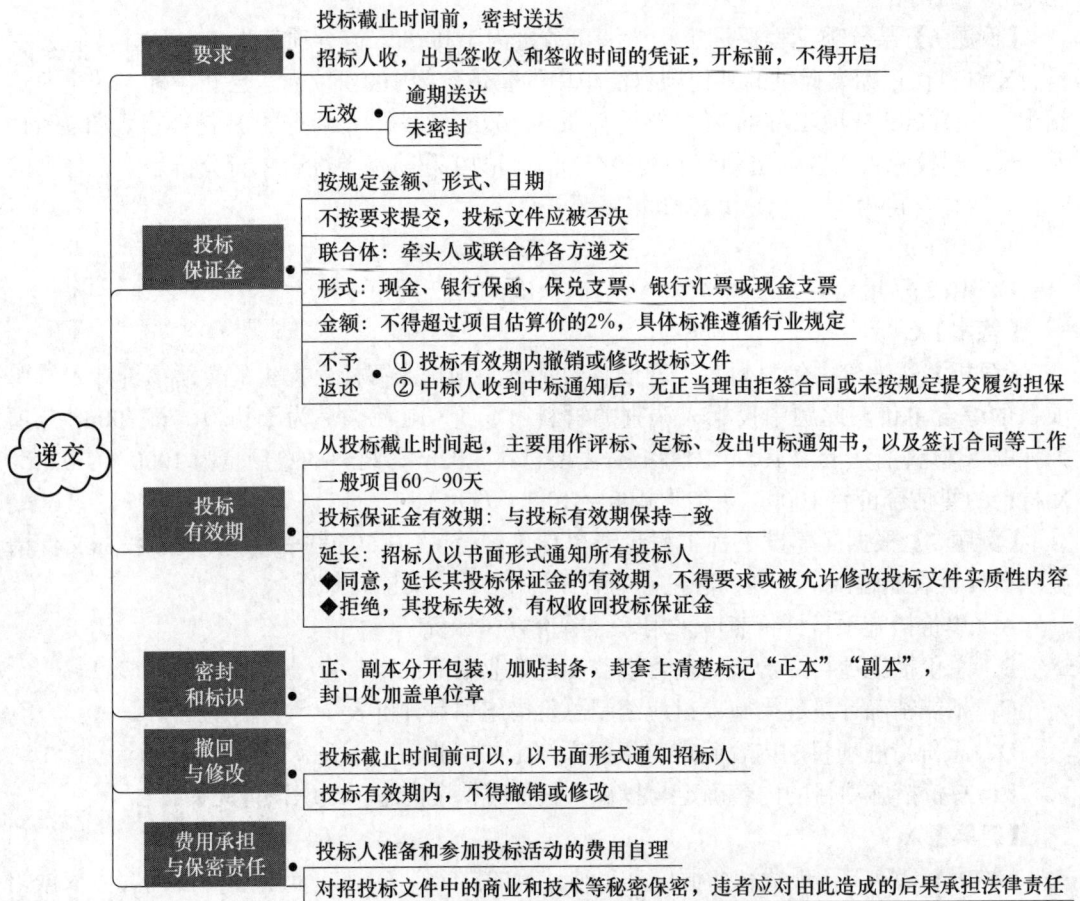

图 4-3　投标文件的递交

【**例题 1**】关于投标有效期的确定，下列说法正确的有（　　　）。（2023 年真题）

A．从招标文件开始发出之日起算　　　B．应考虑资格预审的时间

C．应考虑评标需要的时间　　　　　　D．应考虑确定中标人需要的时间

E．应考虑签订合同需要的时间

【**答案**】CDE

【**解析**】投标有效期一般考虑的因素：（1）组织评标委员会完成评标需要的时间；（2）确定中标人需要的时间；（3）签订合同需要的时间。

【**例题 2**】关于投标保证金和投标有效期，下列说法正确的是（　　　）。（2022 年真题）

A．投标有效期从投标文件送达后开始计算

B．一般项目的投标有效期为 30～60 天

C．投标保证金的有效期与投标有效期保持一致

D．投标保证金的数额不得超过项目估算价的 1.5%

【**答案**】C

【**解析**】选项 A 错误，投标保证金的有效期与投标有效期保持一致，从投标截止日起

算。选项 B 错误，投标有效期一般为 60～90 天。选项 D 错误，投标保证金的数额不得超过项目估算价的 2%。

【例题3】投标人在递交投标文件后，其投标保证金按规定不予退还的情形有（　　）。（2018 年真题）

A．投标人在投标有效期内撤销投标文件的

B．投标人拒绝延长投标有效期的

C．投标人在投标截止日前修改投标文件的

D．中标后无故拒签合同协议书的

E．中标后未按招标文件规定提交履约担保的

【答案】ADE

【解析】选项 B、C，投标保证金予以退回。

【例题4】关于投标文件的编制与递交，下列说法中正确的有（　　）。（2013 年真题）

A．投标函附录中可以提出比招标文件要求更能吸引招标人的承诺

B．当投标文件的正本与副本不一致时以正本为准

C．允许递交备选投标方案时，所有投标人的备选方案应同等对待

D．在要求提交投标文件的截止时间后送达的投标文件为无效的投标文件

E．境内投标人以现金形式提交的投标保证金应当出自投标人的基本账户

【答案】BDE

【解析】选项 A，在"投标函附录在满足招标文件实质性要求的基础上"，可以提出比招标文件要求更能吸引招标人的承诺。选项 C 错误，允许投标人递交备选投标方案的，只有中标人递交的备选方案可予以考虑。

3. 对投标行为的限制性规定

（1）联合体投标

联合体投标需遵循以下规定：

① 联合体各方应签订联合体协议书，**指定牵头人**，并应当向招标人提交由所有联合体成员法定代表人签署的授权书。

② 联合体各方签订共同投标协议后，**不得再以自己名义单独投标，也不得组成新的联合体**或参加其他联合体在同一项目中投标。如出现上述情况，相关投标均无效。

③ 招标人接受联合体投标并进行资格预审的，联合体应当在提交资格预审申请文件前组成。**资格预审后联合体增减、更换成员的，其投标无效。**

④ 由同一专业的单位组成的联合体，按照资质等级**较低的单位确定资质等级**。

⑤ 联合体投标的，应当以联合体各方或者联合体中牵头人的名义提交投标保证金。**以联合体中牵头人名义提交的投标保证金，对联合体各成员具有约束力。**

【例题5】关于联合体投标需遵循的规定，下列说法中正确的是（　　）。（2017 年）

A．联合体各方签订共同投标协议后，可再以自己名义单独投标

B．资格预审后联合体增减、更换成员的，其投标有效性待定

C．由同一专业的单位组成的联合体，按其中较高资质确定联合体资质等级

D．联合体投标的，可以联合体牵头人的名义提交投标保证金

【答案】D

【解析】联合体投标的，其投标保证金由牵头人或联合体各方递交，并应符合规定。

（2）串通投标

1）投标人之间的串通投标（表4-21）

投标人之间的串通投标   表4-21

属于	视为
1）投标人之间协商投标报价等投标文件的实质性内容； 2）投标人之间约定中标人； 3）投标人之间约定部分投标人放弃投标或者中标； 4）属于同一集团、协会、商会等组织成员的投标人按照该组织要求协同投标； 5）投标人之间为谋取中标或者排斥特定投标人而采取的其他联合行动 【记忆】暗中确定中标人、行为	1）不同投标人的投标文件由同一单位或者个人编制； 2）不同投标人委托同一单位或者个人办理投标事宜； 3）不同投标人的投标文件载明的项目管理成员为同一人； 4）不同投标人的投标文件异常一致或者投标报价呈规律性差异； 5）不同投标人的投标文件相互混装； 6）不同投标人的投标保证金从同一单位或者个人的账户转出 【记忆】好比雷同卷、结果有一致性

2）有下列情形之一的，属于招标人与投标人串通投标：

① 招标人在开标前开启投标文件并将有关信息泄露给其他投标人；

② 招标人直接或者间接向投标人泄露标底、评标委员会成员等信息；

③ 招标人明示或者暗示投标人压低或者抬高投标报价；

④ 招标人授意投标人撤换、修改投标文件；

⑤ 招标人明示或者暗示投标人为特定投标人中标提供方便；

⑥ 招标人与投标人为谋求特定投标人中标而采取的其他串通行为。

【例题6】下列投标人的行为，属于投标人相互串通投标的有（　　　）。（2022年真题）

A．不同投标人之间约定中标人

B．不同投标人的投标文件相互混装

C．投标人之间约定部分投标人放弃投标

D．不同投标人委托同一单位办理投标事宜

E．不同投标人的投标文件异常一致

【答案】AC

【解析】选项B、D、E视为投标人之间的串标。

第三节　中标价及合同价款的约定

考情分析

考点	2023年		2022年		2021年		2020年		2019年		2018年		2017年		2016年	
	单选	多选	单选	多选	单选	多选	单选	多选	单选	多选	单选	多选	单选	多选	单选	多选
评标程序及评审标准	1	1	1	1	1		2		2		2		3		3	
中标人的确定			1			1					1					1
合同价款的约定					1			1		1			1			

考点一　评标程序及评审标准

1. 清标（表 4-22）

清标　　　　　　　　　　　　　　表 4-22

时间	开标后且评标前
内容	（1）对招标文件的实质性响应； （2）错漏项分析； （3）分部分项工程项目清单项目综合单价的合理性分析； （4）措施项目清单的完整性和合理性分析，以及其中不可竞争性费用的正确分析； （5）其他项目清单完整性和合理性分析； （6）不平衡报价分析； （7）暂列金额、暂估价正确性复核； （8）总价与合价的算术性复核及修正建议； （9）其他应分析和澄清的问题

2. 初步评审及标准

（1）初步评审标准（表 4-23）

初步评审标准　　　　　　　　　　表 4-23

评审标准	评审内容
形式	投标人名称与营业执照、资质证书、安全生产许可证一致；投标函有法定代表人或代理人签字并盖章；格式符合要求；提交联合体协议书并明确牵头人；报价唯一（**总结：名称、签字盖章、报价——开头与结尾等格式**）
资格	① 未进行资格预审，具备**有效**的营业执照、安全生产许可证，资质、财务、业绩、信誉等符合规定； ② 已进行资格预审，按照详细审查标准进行
响应性	投标报价校核；审查报价的正确性，分析报价构成的合理性，与最高投标限价对比分析，工期、质量、投标有效期、投标保证金等均应符合招标文件的有关要求。 即响应招标文件的条款和条件，无显著的差异或保留
施工组织设计和项目管理机构	施工方案与技术措施、质量管理体系与措施、安全管理体系与措施、环境保护管理体系与措施、工程进度计划与措施、资源配备计划、技术负责人等，符合有关标准

（2）投标文件的澄清和说明

1）澄清、说明和补正（表 4-24）

澄清、说明和补正　　　　　　　　表 4-24

内容	含义不明确、对同类问题表述不一致或者有明显文字和计算错误的内容
处理	① 评标委员会可以书面方式要求投标人对含义不明确的内容作必要的澄清、说明或补正，不得超出范围或者改变实质性内容。 ② 评标委员会**不接受投标人主动提出的澄清、说明或补正**。 ③ 对投标人提交的澄清、说明或补正有疑问的，可要求投标人进一步澄清，直至满足要求

2）报价有算术错误的修正（表 4-25）

报价有算术错误的修正

表 4-25

内容	① 大写金额与小写金额不一致的，以**大写金额为准**。 ② 总价金额与依据单价计算出的结果不一致的，以**单价金额为准**修正总价，但单价金额小数点有明显错误的除外。 ③ 如对不同文字文本投标文件的解释发生异议的，**以中文文本为准**
处理	① 评标委员会对投标报价进行修正，修正的价格经**投标人**书面确认后具有约束力。 ② 投标人**不接受**修正价格的，其投标被**否决**

3）初审后否决投标的情形

① 投标文件未经投标单位盖章**和**单位负责人签字；

② 投标联合体没有提交共同投标协议；

③ 投标人不符合国家或者招标文件规定的资格条件；

④ 同一投标人提交两个以上不同的投标文件或者投标报价，但招标文件允许提交备选投标的除外；

⑤ 投标报价低于成本或者高于招标文件设定的最高投标限价；

⑥ 投标文件没有对招标文件的实质性要求和条件做出响应；

⑦ 投标人有串通投标、弄虚作假、行贿等违法行为。

【例题 1】下列评标中遇到的情形，评标委员会可直接否决其投标的有（　　）。（2023年真题）

A. 投标文件中的大、小写金额不一致

B. 投标文件未经投标单位盖章

C. 投标文件中存在不平衡报价

D. 投标报价高于最高投标限价

E. 投标人不接受评标委员会的算术修正

【答案】DE

【解析】选项 A 是可以修正的情形。选项 B，需盖章和签字都没有才被否决。选项 C，允许投标人采用不平衡报价。

【例题 2】下列对投标文件进行评审的工作中，属于初步评审工作的有（　　）。（2022年真题）

A. 进行不平衡报价分析　　　　　　B. 审查类似项目业绩

C. 分析报价构成的合理性　　　　　D. 修正有算术错误的报价

E. 评审工期提前效益，修正报价

【答案】BCD

【解析】选项 A 属于清标，选项 E 属于详细评审。

【例题 3】根据《建设工程造价咨询规范》GB/T 51095—2015，下列投标文件的评审内容，属于清标工作的是（　　）。（2019年真题）

A. 营业执照的有效性

B. 营业执照、资质证书、安全生产许可证的一致性

C. 投标函上签字与盖章的合法性

D. 投标文件是否实质性响应招标文件

【答案】D

【解析】选项 A、B、C 属于初步评审的内容。

3. 详细评审标准与方法（表 4-26）

详细评审标准与方法　　　　　　　　　　　　　　　　　　表 4-26

评审方法	适用范围	评审标准	评审结果
经评审的最低投标价法	**具有通用技术、性能标准或者招标人对其技术、性能没有特殊要求的招标项目**	① 根据招标文件规定的量化因素和标准进行价格折算，对报价以及商务部分作价格调整。 ② 世界银行贷款项目，考虑的量化因素和标准包括：一定条件下的优惠（借款国国内投标人有 7.5% 的评标优惠）、工期提前的效益和多个标段的评标修正。 ③ 对同时投多个标段的评标修正，一般的做法是，如果投标人的某一个标段已被确定为中标，则在其他标段的评标中按照招标文件规定的百分比（通常为 4%）乘以报价额后，在评标价中扣减此值	① 按经评审的投标价由低到高的顺序推荐中标候选人；经评审的投标价相等，**报价低优先，投标报价也相等的，优先条件由招标人事先在招标文件中确定**。 ② 评标委员会拟定"**价格比较一览表**"，载明投标报价、对商务偏差的价格调整以及已评审的最终投标价
综合评估法（100分制）	**不宜采用经评审的最低投标价法的招标项目**	① 分值构成：施工组织设计；项目管理机构；投标报价；其他评分因素。 ② 偏差率＝（投标人报价－评标基准价）/评标基准价×100%。 ③ 评标基准价的计算方法应在投标人须知前附表中予以明确。招标人可依据招标**项目的特点、行业管理规定**给出评标基准价的计算方法，确定时也可适当考虑投标人的投标报价	① 按评分标准进行打分，得分由高到低推荐中标候选人。综合评分相等，报价低优先；报价也相等，优先条件由招标人事先在招标文件中确定。 ② 评标委员会拟定"**综合评估比较表**"，载明投标报价、所作的任何修改、商务偏差的调整、技术偏差的调整、对各评审因素的评估以及对每一投标的最终评审结果

【例题 4】某项目采用综合评估法评标，其中投标报价部分总分值为 35 分，评标基准价为投标人报价的算数平均值，偏差率＝（投标人报价－评标基准价）/评标基准价×100%。当投标报价＞评标基准价时，投标报价得分＝35－偏差率×100×2，当投标报价≤评标基准价时，投标报价得分＝35＋偏差率×100×1。本项目有甲、乙、丙、丁四个通过初评的投标人，投标报价分别为 7000 万元、7300 万元、7200 万元、6900 万元。该项目投标报价得分最高的投标人是（　　）。（2023 年真题）

A. 甲　　　　　　　　　　　　B. 乙

C. 丙　　　　　　　　　　　　D. 丁

【答案】A

【解析】评标基准价＝（7000＋7300＋7200＋6900）/4＝7100（万元）

投标人甲得分＝35＋（7000－7100）/7100×100×1＝33.592

投标人乙得分＝35－（7300－7100）/7100×100×2＝29.366

投标人丙得分＝35－（7200－7100）/7100×100×2＝32.183

投标人丁得分＝35＋（6900－7100）/7100×100×1＝32.183

甲投标人得分最高。

【例题5】我国某世界银行贷款项目采用经评审的最低投标价法评标，招标文件规定借款国国内投标人有 7.5% 的评标优惠，若投标工期提前，则按每月 25 万美元进行报价修正，现国内甲投标人报价 5000 万美元，承诺较投标要求工期提前 2 个月，则甲投标人评标价为（   ）万美元。（2017 年真题）

A. 5000

B. 4625

C. 4600

D. 4575

【答案】D

【解析】世界银行贷款项目，考虑的量化因素和标准包括：一定条件下的优惠（借款国国内投标人有 7.5% 的评标优惠）、工期提前的效益和多个标段的评标修正。5000×（1－7.5%）－2×25＝4575（万美元）

【例题6】对于综合评估法中的评标基准价的确定，下列说法正确的是（   ）。（2020 年真题）

A. 按所有有效投标人中的最低投标价确定

B. 按所有有效投标人的平均投标价确定

C. 按所有有效投标人的平均投标价乘以事先约定的浮动系数确定

D. 按项目特点、行业管理规定自行确定

【答案】D

【解析】评标基准价的计算方法应在投标人须知前附表中予以明确。招标人可依据招标项目的特点、行业管理规定给出评标基准价的计算方法，确定时也可适当考虑投标人的投标报价。

考点二　中标人的确定

1. 公示中标候选人（表 4-27）

公示中标候选人　　　　　　　　　　　　　表 4-27

时间	招标人收到评标报告起 3 日内公示；公示期不得少于 3 日；有异议者公示期间提出；招标人收到异议 3 日内答复；答复前暂停招投标活动
要求	① 必须招标的项目，必须公示，其他项目自主决定。 ② 对象：**全部中标候选人**。 ③ 媒介：确定中标人之前，**在交易场所和指定媒体上公示**。 ④ 内容：全部名单及排名，对有业绩信誉条件的项目，还包括资格条件或业绩信誉情况，一并公示，**但不含投标人的各评分要素的得分情况**。 依法必须招标项目的中标候选人公示应当载明以下内容： a. 中标候选人排序、名称、投标报价、质量、工期（交货期）以及评标情况； b. 中标候选人按照招标文件要求承诺的项目负责人姓名及其相关证书名称和编号； c. 中标候选人响应招标文件要求的资格能力条件； d. 提出异议的渠道和方式； e. 招标文件规定公示的其他内容

2. 确定中标人（表 4-28）

确定中标人　　　　　　　　　　　　　　　　表 4-28

中标人的条件 及确定原则	评标委员会提交中标候选人的人数应符合招标文件的要求，应当**不超过 3 人**，并标明排列顺序。招标人据此确定中标人；招标人也可授权评标委员会直接确定中标人
"评定分离"方 法的推行	① 定标委员会由招标人负责组建和管理，**成员为 5 人以上单数**，本单位在编人员不得**少于成员总数的三分之二**，成员名单在中标结果确定前应当保密。 ② 定标方法：**价格竞争定标法、票决定标法、集体议事法等**

3. 中标通知及履约担保（表 4-29）

中标通知及履约担保　　　　　　　　　　　　表 4-29

发出 中标 通知书	① 中标通知书对招标人和中标人具有法律效力。发出后，招标人改变中标结果，中标人放弃中标项目，承担法律责任。 ② 招标人自行招标的，招标人应当自确定中标人之日起 **15 日内**，向有关部门提交招投标情况的书面报告
履约 担保	① 时间：签合同前，中标人应按招标文件规定的金额、担保形式和时间提交。不提交，视为放弃中标，没收投标保证金。 ② 金额：履约保证金额不超过中标合同金额的 **10%**。 ③ 形式：现金、支票、汇票、银行保函和履约担保书等。 ④ 有效期：自合同生效之日起至合同约定的中标人主要义务履行完毕止。发包人颁发接收证书前一直有效。在工程接收证书颁发后 **28 天内**把履约保证金退还给承包人。 ⑤ 义务对等：招标人要求中标人提供履约保证金或其他形式履约担保的，招标人应同时向中标人提供工**程款支付担保**

【**例题 1**】关于履约担保的说法正确的是（　　）。（2022 年真题）

A．中标人提供履约担保的，招标人应同时向中标人提供工程款支付担保

B．履约担保金额最高不超过中标价的 5%

C．履约担保的有效期自提交之日起到合同约定中标人主要义务履行完毕为止

D．发包人应在缺陷责任期满后 28 天内将履约担保退还给承包人

【**答案**】A

【**解析**】选项 B 错误，履约担保金额最高不得超过中标合同金额的 10%。选项 C 错误，履约担保的有效期自合同生效之日起至合同约定的中标人主要义务履行完毕止。选项 D 错误，发包人应在工程接收证书颁发后 28 天内将履约担保退还给承包人。

【**例题 2**】依法必须招标的项目，对于中标候选人的公示内容有（　　）。（2021 年真题）

A．全部投标人名单及排名

B．中标候选人响应招标文件要求的资格能力条件

C．中标候选人各评分要素得分

D．中标候选人的投标报价

E．中标候选人承诺的项目负责人姓名

【**答案**】BDE

【**解析**】选项 A 错误，公示的对象为中标候选人全部名单及排名。选项 C 错误，公示的内容不包括各评分要素的得分情况。

考点三 合同价款的约定（表 4-30）

合同价款的约定 表 4-30

签约合同价与中标价的关系	① 签约合同价是指合同双方签订合同时在协议书中列明的合同价格。 ② 合同价就是中标价，因为中标价是指评标时经过算术修正的、并在中标通知书中载明招标人接受的投标价格
合同价款约定的规定和内容	① 招标人和中标人应当在投标有效期内自中标通知书发出之日起 30 日内，按招标文件和中标人的投标文件订立合同。招标文件与投标文件不一致的地方，以投标文件为准。 ② 中标人无正当理由拒签合同的，招标人取消其中标资格，其投标保证金不予退还；给招标人造成的损失超过投标保证金数额的，中标人还应当对超过部分予以赔偿。 ③ 发出中标通知书后，招标人无正当理由拒签合同的，招标人向中标人退还投标保证金；给中标人造成损失的，还应当赔偿损失。 ④ 招标人最迟应当在与中标人签订合同后 5 日内，向中标人和未中标的投标人退还投标保证金及银行同期存款利息
合同价款类型的选择	① 鼓励采用单价方式：实行工程量清单计价的建筑工程。 ② 可以总价方式：建设规模较小，技术难度较低，工期较短的建设工程。 ③ 可以成本加酬金方式：紧急抢险、救灾以及施工技术特别复杂的建设工程

【例题 1】招标发包的建设工程，其签约合同价为（　　）。（2021 年真题）

A. 中标价
B. 最高投标限价
C. 中标后商务谈判价
D. 经评审的合理价

【答案】A

【解析】签约合同价是指合同双方签订合同时在协议书中列明的合同价格；合同价就是中标价，因为中标价是指评标时经过算术修正的、并在中标通知书中载明招标人接受的投标价格。

【例题 2】关于招标人与中标人合同的签订，下列说法正确的有（　　）。（2020 年真题）

A. 双方按照招标文件和投标文件订立书面合同
B. 双方在投标有效期内并在自中标通知书发出之日起 30 日内签订施工合同
C. 招标人要求中标人按中标下浮 3% 后签订施工合同
D. 中标人无正当理由拒绝签订合同的，招标人可不退还其投标保证金
E. 招标人在与中标人签订合同后 5 日内，向所有投标人退还投标保证金

【答案】ABD

【解析】选项 C 错误，合同价就是中标价。选项 E 错误，招标人最迟应当在与中标人签订合同后 5 日内，向中标人和未中标的投标人退还投标保证金及银行同期存款利息。

【例题 3】在下列不同特点的工程中，较适合采用成本加酬金方式确定合同价款的有（　　）。（2022 年真题）

A. 技术难度低的工程
B. 建设规模小的工程
C. 紧急抢险工程
D. 工期较短的工程
E. 施工技术特别复杂的工程

【答案】CE

【解析】紧急抢险、救灾以及施工技术特别复杂的建设工程，发承包双方可以采用成本加酬金方式确定合同价款。

第四节　工程总承包及国际工程合同价款的约定

考情分析

考点	2023 年		2022 年		2021 年		2020 年		2019 年		2018 年		2017 年		2016 年	
	单选	多选	单选	多选	单选	多选	单选	多选	单选	多选	单选	多选	单选	多选	单选	多选
工程总承包合同价款的约定	2		1		2			1	1		2	1	2			1
国际工程招标投标及合同价款的约定	1	1	2		1				2		1		1		1	

考点一　工程总承包合同价款的约定

1. 工程总承包的类型（表 4-31）

工程总承包的类型　　　　　　　　　　　　　　　　　表 4-31

总承包类型	承担工程项目建设程序中的工作					
	可行性研究	项目决策	设计	材料设备采购	施工	试运行
设计采购施工总承包（EPC）			√	√	√	√
交钥匙总承包	√	√	√	√	√	√

2. 交钥匙工程承包的优越性

（1）能满足某些业主的**特殊要求**。

（2）承包人承担的风险**比较大**，但获利的机会比较多，有利于调动总包的积极性。

（3）业主介入的程度比较**浅**，有利于发挥承包人的主观能动性。

（4）业主与承包人之间的关系**简单**。

【例题1】下列工程总承包的类型中，总包方能承担项目可行性研究工作的是（　　　）。（2023 年真题）

A．EPC 总承包　　　　　　　　　B．交钥匙总承包

C．设计施工总承包　　　　　　　D．设计采购总承包

【答案】B

【解析】只有交钥匙总承包涉及可行性研究和项目决策阶段。

【例题2】EPC 总承包模式下，工程总承包人应承担的工作范围是（　　　）。（2022 年真题）

A．可行性研究、设计、采购、施工、试运转、项目维护

B．设计、采购、施工、试运转、项目维护

C．设计、采购、施工、试运转

D．设计、采购、试运转

【答案】C

【解析】EPC 总承包即工程总承包人按照合同约定，承担工程项目的设计、采购、施工、试运行服务等工作并对承包工程的质量、安全、工期、造价全面负责。

【例题 3】与其他工程总承包方式相比较，交钥匙总承包的优越性有（　　　）。（2021年真题）

A．有利于满足业主的特殊要求

B．有利于降低总包商承担的风险

C．有利于调动总包商的积极性

D．有利于简化业主与承包人之间的关系

E．有利于加大业主的介入程度

【答案】ACD

【解析】选项 B 错误，承包人承担的风险比较大。选项 E 错误，业主介入的程度比较浅。

3. 工程总承包模式的选择（表 4-32）

工程总承包模式的选择　　　　　　　　　　　　　　表 4-32

分类	设计采购施工总承包（EPC）模式、设计施工总承包（DB）模式
发包人不宜采用 EPC，推荐采用 DB	（1）投标人没有足够时间或信息仔细审核发包人要求，或没有足够的时间或信息进行设计、风险评估和估价； （2）施工涉及实质性地下工程或投标人无法检查地区其他区域的工程； （3）发包人要密切监督或控制承包人的工作，或审查大部分施工图纸
总包模式的选择与发包时点有关	（1）可行性研究报告批准后发包的，宜采用设计采购施工总承包（EPC）模式； （2）设计方案批准后发包的，都可以； （3）初步设计批准后发包的，宜采用设计施工总承包（DB）模式

4. 工程总承包投标报价（表 4-33）

工程总承包投标报价　　　　　　　　　　　　　　表 4-33

构成	**工程费用、工程总承包其他费、预备费**
报价时注意的问题	① 初步设计后发包，发包人提供的工程费用项目清单仅作为报价的参考； ② 当约定了价款调整事项时，预备费应按照招标文件中列出的金额填写并计入投标总价，不得变动

5. 工程总承包的签约合同价

（1）"签约合同价"，即指中标通知书明确的并在签订合同时于合同协议书中写明的，包括了暂列金额、暂估价的合同总金额。

（2）"合同价格"，指承包人按合同约定完成了包括缺陷责任期内的全部承包工作后，发包人应付给承包人的金额，包括在履行合同过程中按合同约定进行的变更和调整。

【例题 4】工程 EPC 总承包模式下的造价，下列风险中，应由承包人承担的是（　　　）。（2023 年真题）

A. 因国家政策变化引起的合同价格变化

B. 勘察设计深度不足造成的工程费用变化

C. 材料价格波动幅度超出合同约定幅度的部分

D. 不可抗力造成的工程费用变化

【答案】B

【解析】在 EPC 总承包模式下，承包人负责设计，所以勘察设计深度不足造成的工程费用变化风险，由承包人承担。选项 A、C、D 的风险由发包人承担。

【例题 5】根据现行《标准设计施工总承包招标文件》，关于"合同价格"和"签约合同价"下列说法正确的是（　　　）。（2020 年真题）

A. 合同价格是指签约合同价

B. 签约合同价中包括了专业工程暂估价

C. 合同价格不包括按合同约定进行的变更价款

D. 签约合同价一般高于中标价

【答案】B

【解析】选项 A 错误，合同价格包括签约合同价以及按照合同约定进行的调整。选项 C 错误，"合同价格"是指承包人按合同约定完成了包括缺陷责任期内的全部承包工作后，发包人应付给承包人的金额，包括在履行合同过程中按合同约定进行的变更和调整。选项 D 错误，签约合同价按中标价，而不是一般高于中标价。

【例题 6】根据团体标准《建设项目工程总承包计价规范》T/CCES 001—2022 的规定，工程总承包投标报价由（　　　）组成。

A. 工程费用、工程总承包其他费、建设期利息

B. 建筑工程费、设计费用、采购费用

C. 工程费用、工程总承包其他费、预备费

D. 建筑安装工程费、设备及工器具购置费、工程建设其他费

【答案】C

【解析】工程总承包投标报价由工程费用、工程总承包其他费以及预备费组成。

考点二 **国际工程招标投标及合同价款的约定**

1. 国际竞争性招标（表 4-34）

国际竞争性招标　　　　　　　　　　　　　　　　　　　　表 4-34

总采购公告	送交世行的时间不迟于招标文件公开发售之前 60 天
资格审查	① 资格预审：大而复杂的工程，专为用户设计的复杂设备或特殊服务，在正式投标前宜先进行资格预审。**不应限定预审合格投标人数量，可缩小投标人的范围。**项目的采购合同是否需要资格预审，由借款人和世界银行协商后，**贷款协议中明确。** ② 资格定审：未进行资格预审，评标后对评价最低并拟授予合同的标书的投标人资格定审，定审不合格的，对次低投标人进行资格定审

投标准备时间	不得少于45天
开标	① 投交标书的方式**不得加以限制**。允许投标人或其代表出席开标会议。 ② 标书是否附有投标保证金或保函也应当众读出。允许提出替代方案的，也应读。标书详细内容不可能也不必全部读出。不能因为标书未附投标保证金或保函而拒绝开标。 ③ 标书的详细内容不必公布。开标时一般**不允许提问或作任何解释**，但允许记录和录音。 ④ 也可以采用变通的"两个信封制度"。技术性部分密封装入一个信封，报价装入另一个密封信封。第一次评比技术性，通过的第二次再开启第二个信封。如果采购合同简单，两个信封也可能在一次会议上先后开启
评标	① **审标**，对标书技术性、程序性问题加以澄清并初步筛选，是否具备资格、是否附有要求交纳投标保证金，签字等。 ② **评标**，按招标文件所明确规定的标准和评标方法，评定各标书的评标价。评比既考虑报价，也考虑其他因素。 ③ **资格定审**，未资格预审的，需要对评标价最低的投标人进行资格定审
合同谈判	不容谈判的内容：双方的权利义务、合同价格、额外任务

【例题1】 关于世界银行贷款项目国际竞争性招标工程的评标，下列步骤及顺序正确的是（　　）。（2022年真题）

A. 资格预审、评标、资格定审　　　　　B. 评标、定标、资格后审

C. 审标、资格预审、评标　　　　　　　D. 审标、评标、资格定审

【答案】 D

【例题2】 关于国际竞争性招标项目的开标，下列做法正确的是（　　）。（2021年真题）

A. 不允许投标人或其代表出席开标会议

B. 不应拒绝开启未附投标保证金的标书

C. 应全部读出标书的全部内容

D. 开标时不允许记录和录音

【答案】 B

【解析】 选项A错误，应允许投标人或其代表出席开标会议，对每份标书都应当众读出其投标人、报价和交货或完工期。选项C错误，标书的详细内容是不可能也不必全部读出的。选项D错误，开标时一般不允许提问或作任何解释，但允许记录和录音。

【例题3】 国际竞争性招标投标过程中，只对标书的报价和其他因素进行评比，不对投标人资格进行评审的工作是（　　）。（2017年真题）

A. 清标　　　　　　　　　　　　　　　B. 审标

C. 评标　　　　　　　　　　　　　　　D. 定标

【答案】 C

【解析】 评标只是对标书的报价和其他因素，以及标书是否符合招标程序要求和技术要求进行评比，而不是对投标人是否具备实施合同的经验、财务能力和技术能力的资格进行评审。

【例题4】 关于世界银行贷款项目采用国际竞争性招标，下列说法中正确的是（　　）。（2015年真题）

A. 借款人向世界银行送交总采购通告的时间，最晚不应迟于公开发售招标文件前90天

B．一个项目的具体采购合同是否需要资格预审，由借款人自主决定

C．未进行资格预审的，评标后应对标价最低并拟授予合同的投标人进行资格定审

D．招标文件公开发售前，无须得到世界银行的意见

【答案】C

【解析】选项 A，送交世界银行的时间最迟不应迟于招标文件已经准备好、将向投标人公开发售之前 60 天。选项 B，一个项目的具体采购合同是否要进行资格预审，应由借款人和世界银行充分协商后，在贷款协定中明确规定。选项 D，世界银行虽然并不"批准"招标文件，但需其表示"无意见"后招标文件才可以公开发售。

2. 国际工程投标报价组成（图 4-4）

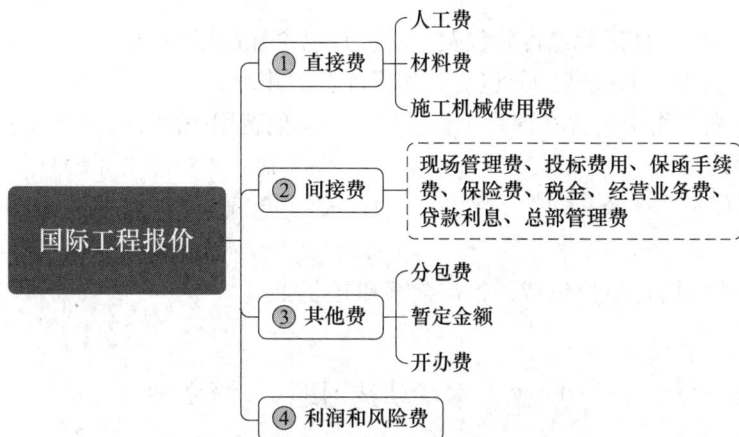

图 4-4　国际工程报价的组成

（1）分包费的两种体现形式

第一种：直接费包含分包费、间接费包含分包管理费。

第二种：直接费、间接费、分包费（含管理费）并行。

（2）暂定金额。只能把暂定金额列入工程总报价，不能以间接费的方式分摊进入各项目单价中。承包人无权使用此金额，而是按工程师的指示来决定是否动用。

（3）开办费。正式开始之前的各项现场准备工作所需的费用。一般**单独列项**。

【例题 5】关于国际工程投标报价中的暂定金额，下列说法正确的是（　　）。（2023 年真题）

A．由投标人根据项目特点自主报价

B．应分摊计入各工程量清单项目单价中

C．可供工程实施中不可预料事件使用

D．包含工程保险费用

【答案】C

【解析】暂定金额，招标人的备用金，任何部分施工、提供货物、材料、设备及服务或供不可预料事件使用的一项金额。

【例题 6】在计算国际工程投标报价时，下列费用中应计入国内派出人工工日单价的是（　　）。（2023 年真题）

A. 国际差旅费   B. 国外津贴

C. 人身意外保险费   D. 劳务单位管理费

E. 社会福利税

【答案】ABCD

【解析】社会福利税属于间接费中税金的内容。

【例题 7】国际工程投标报价中，若将分包费列入直接费，则对分包商的管理费通常应列入（   ）中。（2022 年真题）

A. 直接费   B. 分包费

C. 间接费   D. 暂定金额

【答案】C

【解析】第一种：直接费包含分包费、间接费包含分包管理费。

第二种：直接费、间接费、分包费（含管理费）并行。

【例题 8】下列费用中包含在国际工程投标报价其他费用中的是（   ）。（2020 年真题）

A. 保函手续费   B. 保险费

C. 代理人佣金   D. 暂定金额

【答案】D

【解析】其他费用包括分包费、暂定金额和开办费。

本章精选习题

一、单项选择题

1. 下列关于签约合同价的表述中，说法正确的是（   ）。

   A. 招标发包的项目，其签约合同价为中标人的投标价

   B. 按初步设计总概算包干进行发包的项目，其签约合同价按经审批的概算投资中与承包内容相应部分的投资，但不应包括相应的不可预见费

   C. 按施工图预算包干进行发包的项目，其签约合同价按审查后的施工图预算或综合预算为准

   D. 对于直接发包的项目，签约合同价经合同双方按相关图纸计算后确定的协议价

2. 按《招标投标法》规定，招标文件自发放之日起，至投标截止时间的期限，最短不得少于（   ）天。

   A. 15   B. 20

   C. 30   D. 45

3. 关于招标文件的澄清，下列说法中错误的是（   ）。

   A. 投标人应以信函、电报等可以有形地表现所载内容的形式向招标人提出疑问

   B. 招标文件中要求的技术标准和要求不得标明某一特定的商标

   C. 澄清发出的时间距投标截止日不足 15 天的应推迟投标截止时间

   D. 招标人对招标文件的必要修改，只通知提出疑问的投标人

4. 关于招标工程量清单中分部分项工程量清单的编制，下列说法正确的是（   ）。

A. 所列项目应该是施工过程中以其本身构成工程实体的分项工程

B. 拟建施工图纸有体现，但专业工程量计算规范附录中没有对应项目的，则必须编制这些分项工程的补充项目

C. 补充项目的工程量计算规则，需符合"计算规则要具有可计算性"或"计算结果要具有唯一性"的原则

D. 工程量按每一分项工程，根据设计图纸进行计算，可以根据实际情况进行增减

5. 根据现行工程量清单计价规范，关于最高投标限价的管理规定，下列说法正确的是（　　）。

A. 实施工程量清单招标的项目，应编制最高投标限价

B. 最高投标限价可以设立合理的上浮或下调比例

C. 投标人认为最高投标限价不符合规范的，应在其公布后 7 天内向工程造价管理机构投诉

D. 工程造价管理机构复查结论与原公布的最高投标限价误差大于 ±3% 时，应责成招标人改正

6. 编制最高投标限价时，下列关于综合单价的确定方法，错误的是（　　）。

A. 工程量清单综合单价＝∑（清单组价子项合价）/ 工程量清单项目工程量，不考虑未计价材料费用

B. 工程设备、材料价格的市场风险，考虑一定率值的风险费用，纳入到综合单价中

C. 税金、规费等法律、法规、规章和政策变化风险和人工单价等风险费用，不应纳入综合单价

D. 综合单价中应包括暂估价中的材料和工程设备暂估价

7. 最高投标限价综合单价的组价包括如下工作：① 根据政策规定或造价信息确定人材机单价；② 根据工程量清单和施工图纸计算工程量；③ 将组价子目合价并考虑未计价材料，除以清单项目的工程量；④ 根据费率和利率计算出组价子项的合价。则正确的工作顺序是（　　）。

A. ①④②③　　　　　　　　　　B. ②①④③

C. ②①③④　　　　　　　　　　D. ①③②④

8. 关于暂列金额，下列说法正确的是（　　）。

A. 用于必须要发生但暂时不能确定价格的项目

B. 由承包人支配，按签证价格结算

C. 应根据施工图纸的深度、暂估价设定的水平、合同价款约定调整的因素以及工程实际情况合理确定

D. 不同专业预留的暂列金额合并列项

9. 关于工程施工项目最高投标限价编制的注意事项，下列说法正确的有（　　）。

A. 材料价格应通过市场调查确定

B. 施工机械设备的选型应本着经济合理、先进高效的原则确定

C. 应该正确、全面地使用行业和地方的计价依据、标准、办法和市场化的工程造价信息

D. 不可竞争性措施项目费应依据经科学论证后的施工组织设计或施工方案确定

10. 关于投标报价的说法，正确的是（　　）。

    A. 询价通常可向生产厂商、销售商、咨询公司以及招标人询问

    B. 投标人可以利用工程量清单的错、漏、多项，运用投标技巧，提高报价质量

    C. 复核工程量清单中的工程量，对于有明显错误的可以修改清单工程量

    D. 只要投标人的报价明显低于其他投标报价，评标委员会就可作为废标处理

11. 在编制投标报价中，确定分部分项工程综合单价时的注意事项描述中，错误的是（　　）。

    A. 招投标过程中，当出现招标文件中分部分项工程量清单特征描述与设计图纸不符时，投标人应以项目特征为准，确定投标报价的综合单价

    B. 施工中施工图纸或设计变更与工程量清单特征描述不一致时，应按实际施工的项目特征重新确定综合单价

    C. 综合单价应包括承包人承担的 5% 以内的材料价格风险，10% 以内的工程设备、施工机具使用费风险

    D. 为表明分部分项工程量综合单价的合理性，投标人应对其进行单价分析以作为评标时判断依据

12. 确定投标报价中的综合单价时，确定计算基础主要是指（　　）。

    A. 确定每一清单项目的工作内容

    B. 确定每一清单项目的清单单位含量

    C. 确定每一清单项目的人工、材料、机械费

    D. 确定消耗量指标和生产要素单价

13. 根据《建设工程工程量清单计价规范》GB 50500—2013，投标报价的综合单价组价工作包括：① 计算工程内容的工程数量；② 确定计算基础；③ 计算清单单位含量；④ 分部分项工程人工、材料、施工机具使用费的计算；⑤ 分析每一清单项目的工程内容，下列工作排序正确的是（　　）。

    A. ②③①⑤④　　　　　　　　　B. ①②⑤④③

    C. ②⑤①③④　　　　　　　　　D. ①②③⑤④

14. 下列关于投标报价的编制方法与内容的说法中，错误的是（　　）。

    A. 总价措施项目的内容应依据招标人提供的措施项目清单和投标人投标时拟定的施工组织设计或施工方案确定

    B. 总价措施项目费投标人不能自主确定

    C. 投标总价与各部分合计金额应一致，不能进行投标总价的优惠

    D. 投标人对投标报价的任何优惠均应反应在相应的清单项目的综合单价中

15. 某招标项目估算价为 2000 万元，根据招投标法的相关规定，该项目最高投标保证金为（　　）。

    A. 20 万元　　　　　　　　　　B. 30 万元

    C. 40 万元　　　　　　　　　　D. 50 万元

16. 我国某世界银行贷款项目采用经评审的最低投标价法评标，招标文件规定借款国国内投标人有 7.5% 的评标优惠，若投标工期提前，则按每月 25 万美元进行报价修正，现

国内甲投标人报价 8000 万美元，承诺较投标要求工期提前 3 个月，则甲投标人评标价为（　　）万美元。

A. 8000

B. 7700

C. 7325

D. 7525

17. 某高速公路项目招标采用经评审的最低投标价法评标，招标文件规定对同时投多个标段的评标修正率为 4%。现有投标人甲同时投标 1 号、2 号标段，其报价依次为 6300 万元、6000 万元，若甲在 1 号标段已被确定为中标，则其在 2 号标段的评标价是（　　）万元。

A. 6300

B. 6000

C. 5760

D. 6252

18. 某招标工程采用综合评估法评标，报价越低的报价得分越高。评分因素、权重及各投标人得分情况见表 4-35。则推荐的第一中标候选人应为（　　）。

表 4-35

评分因素	权重（%）	投标人得分			
		甲	乙	丙	丁
施工组织设计	30	100	100	90	85
项目管理机构	20	90	80	90	100
投标报价	50	90	85	95	95

A. 甲

B. 乙

C. 丙

D. 丁

19. 关于依法必须招标项目合同签订的相关规定，下列说法正确的是（　　）。

A. 中标人无正当理由拒签合同的，招标人可取消其中标资格并对其罚款

B. 招标人和中标人签订合同后 5 日内，应向中标人和未中标的投标人退还投标保证金及其利息

C. 招标人没收被取消中标资格投标人的投标保证金后，不得再要求其他赔偿

D. 招标人无正当理由拒签合同的，应在投标保证金范围内赔偿中标人损失

20. 根据招标投标监管的相关指导意见，关于定标委员会，下列说法正确的是（　　）。

A. 定标委员会由造价管理监督机构负责组建和管理

B. 定标委员会成员为 7 人以上单数

C. 定标委员会的组成、定标地点、定标方法和标准等内容应在招标文件中公布

D. 定标委员会不可以要求评标委员会予以澄清或说明

21. 总承包企业按照合同约定，承担工程项目的设计、采购、施工、试运行服务等工作，并对承包工程的质量、安全、工期、造价全面负责。该类总承包合同的类型是（　　）。

A. 设计采购施工总承包（EPC）

B. 交钥匙总承包

C. 设计—施工总承包

D. 工程项目管理总承包

22. 总承包模式的选择与发包时点有关，可行性研究报告批准后发包的，宜采用（　　）。

    A. 设计施工总承包   B. 施工总承包

    C. 施工总承包管理   D. 设计采购施工总承包

23. 除投标人须知前附表另有规定外，工程总承包项目的投标有效期为（　　）天。

    A. 60   B. 70

    C. 90   D. 120

24. 根据团体标准《建设项目工程总承包计价规范》，工程总承包投标报价由（　　）组成。

    A. 工程费用、工程总承包其他费、预备费

    B. 工程费用、工程总承包其他费、建设期利息

    C. 工程费用、工程总承包其他费、开办费

    D. 工程费用、项目建设管理费、设计费

25. 根据现行《房屋建筑和市政基础设施项目工程总承包管理办法》，下列风险应由发包人承担的是（　　）。

    A. 人工、材料、设备在合同约定幅度范围内的价格波动

    B. 施工方案错误带来的费用增加

    C. 不可预见的地质条件造成的工期和工程费用变化

    D. 施工技术或工艺复杂性带来的成本变化

26. 关于世界银行贷款项目的投标资格审查，下列说法中正确的是（　　）。

    A. 凡采购大而复杂的工程宜采用资格定审

    B. 资格预审有利于缩小投标人的范围

    C. 资格预审的标准应严于资格定审

    D. 资格定审的标准应严于资格预审

27. 在世界银行贷款项目采购程序中，下列投标情况，属于国际竞争性招标项目评标内容的是（　　）。

    A. 标书是否符合招标程序要求和技术要求

    B. 投标人是否符合实施合同经验的资格要求

    C. 投标人是否符合财务能力资格要求

    D. 投标人是否符合技术能力资格要求

28. 国际竞争性招标投标过程中，先将各投标人提交的标书就一些技术性、程序性的问题加以澄清并初步筛选，属于（　　）。

    A. 清标   B. 审标

    C. 评标   D. 定标

29. 下列关于承揽国际工程时投标报价的标价组成，正确的是（　　）。

    A. 直接费用、间接费用、其他费用、利润和风险费用

    B. 直接费用、间接费用、利润和建设期上升成本

    C. 直接费用、间接费用、应急费和建设期上升成本

    D. 直接费用、间接费用、其他费用、利润和税金

30. 国际工程投标报价中，对于当地采购的材料，其单价应为（　　　）。

　　A. 市场价格＋运杂费

　　B. 市场价格＋运杂费＋运输保管损耗费

　　C. 市场价格＋运杂费＋采购保管费

　　D. 市场价格＋运杂费＋采购保管费＋运输保管损耗费

31. 国际工程分包费与直接费、间接费平行并列时，总包商对分包商的管理费应列入（　　　）。

　　A. 间接费
　　B. 分包费

　　C. 盈余
　　D. 上级单位管理费

二、多项选择题

1. 关于招标文件的编制，下列说法中正确的是（　　　）。

　　A. 当未进行资格预审时招标文件应包括投标邀请书

　　B. 应规定重新招标和不再招标的条件

　　C. 投标人须知无须与招标文件的其他章节衔接

　　D. 投标人须知前附表与投标人须知正文内容有抵触的以投标人须知前附表为准

　　E. 投标须知应说明拟采用的定标方式，中标通知书的发出时间

2. 投标人在研究招标文件时，通过投标人须知可以了解的信息有（　　　）。

　　A. 项目资金来源
　　B. 付款方式

　　C. 投标保证金要求
　　D. 评标方法

　　E. 投标文件的递交要求

3. 关于施工招标文件的编制，下列说法中正确的是（　　　）。

　　A. 招标文件的澄清或修改应在投标截止时间 15 天前发出

　　B. 招标文件的澄清应不指明所澄清问题的来源

　　C. 投标人收到澄清后的确认时间一般采用一个相对的时间

　　D. 招标文件应包括评标委员会名单

　　E. 采用电子招标投标在线提交投标文件的，投标准备时间最短不少于 15 日

4. 下列关于招标工程量清单的描述，说法正确的是（　　　）。

　　A. 招标工程量清单是招标文件的组成部分，可以由招标人委托的工程造价咨询人编制

　　B. 招标人对工程量清单中各分部分项工程工程量的准确性和完整性负责

　　C. 由于措施项目投标人可自行选择，因此招标人无须对措施项目工程量的准确性和完整性负责

　　D. 招标工程量清单编制前也要进行现场踏勘

　　E. 招标工程量清单编制时需进行先进施工组织设计方案的编制，以提高施工水平

5. 下列内容中，属于招标工程量清单编制依据的是（　　　）。

　　A. 清单分部分项工程

　　B. 拟定的招标文件

　　C. 最高投标限价

　　D. 国家或省级、行业主管部门颁发的计价依据

  E．工程特点及常规施工方案

 6．在招标工程量清单编制的准备工作中，下列各项中属于"初步研究"工作的是（ ）。

  A．现场踏勘

  B．估算整体工程量

  C．拟定常规施工组织设计

  D．熟悉招标文件、招标图纸

  E．确定清单编审范围及需设定的暂估价

 7．为满足施工招标工程量清单编制需要，招标人需拟定施工总方案，其方案内容包括（ ）。

  A．施工方法   B．施工步骤

  C．施工机械设备的选择   D．施工顺序

  E．现场平面布置

 8．关于工程量清单中的项目特征描述，下列表述正确的是（ ）。

  A．必须对项目特征进行准确和全面的描述

  B．应能满足确定综合单价的需要

  C．不能直接采用详见××图集的方式

  D．若标准图集或施工图纸不能满足项目特征描述要求的部分项目，应用文字描述

  E．应结合拟建工程的实际

 9．关于工程量清单编制总说明的内容，下列说法中正确的是（ ）。

  A．建设规模是指工程投资总额

  B．工程特征是指结构类型及主要施工方案

  C．施工要求，一般是指建设项目中对单项工程的施工顺序等的要求

  D．施工现场实际情况是指自然地理条件

  E．工程质量的要求，是指招标人要求拟建工程的质量应达到合格或优良标准

 10．关于建设工程工程量清单总说明的编制，下列说法正确的是（ ）。

  A．计划工期是根据定额工期而安排的施工天数

  B．清单编制说明不包括清单编制依据

  C．招标范围是指单位工程的招标范围

  D．招标人可以根据工程的重要性、使用功能及装饰装修标准提出对水泥的品牌、钢材的生产厂家的要求

  E．自然地理条件是指建筑场地所处地理位置的气候及交通运输条件

 11．根据现行工程量清单计价规范，关于招标工程量清单编制，下列说法正确的有（ ）。

  A．应在现场踏勘的基础上进行编制

  B．工程量清单总说明中应明确对工程质量、材料和施工等的特殊要求

  C．项目名称应根据工程量计算规范附录中给定的项目名称确定

  D．冬雨季施工费、综合脚手架费均应列入总价措施费

  E．总承包服务费应列明服务内容和取费标准

12. 下列关于招标工程量清单和最高投标限价的说法中，不正确的是（　　）。

    A. 最高投标限价必须由招标人编制

    B. 最高投标限价只需公布总价

    C. 投标人不得对最高投标限价提出异议

    D. 招标人应将最高投标限价及有关资料报送相关行业管理部门工程造价管理机构备查

    E. 招标人对已标价工程量清单中各分部分项工程量和措施项目工程量的准确性和完整性负责

13. 关于最高投标限价的编制，下列说法中正确的是（　　）。

    A. 工程造价咨询人不得同时接受招标人和投标人对同一工程的最高投标限价和投标报价的编制

    B. 最高投标限价如果超过批准的概算，则应重新编制

    C. 投标人的投标报价高于最高投标限价 ±3% 的，其投标应予以拒绝

    D. 招标人要求对分包的专业工程进行总承包管理和协调，并同时要求提供配合服务时，按分包的专业工程估算造价的 3%～5% 计算

    E. 安全文明施工费应当按照有关规定标准计价，不得作为竞争性费用

14. 关于最高投标限价的编制，下列说法中正确的是（　　）。

    A. 规费和税金必须按照国家或省级、行业建设主管部门的规定计算

    B. 最高投标限价中的暂估价中的材料单价，应参考市场价格估算

    C. 招标人仅要求对分包的专业工程进行总承包管理和协调时，按分包的专业工程估算造价的 1.5% 计算

    D. 最高投标限价中的总承包服务费，当招标人自行供应材料的，按招标人供应材料价值的 1.5% 计算

    E. 暂列金额一般可以分部分项工程费的 10%～15% 为参考

15. 投标人投标报价前研究招标文件，进行合同分析的内容包括（　　）。

    A. 投标人须知分析　　　　　B. 合同形式分析

    C. 合同条款分析　　　　　　D. 技术标准和要求分析

    E. 图纸分析

16. 投标人在进行建设工程投标报价时，参加招标人组织的现场踏勘，对一般区域调查重点应注意（　　）。

    A. 自然条件

    B. 工程现场周围道路、进出场条件

    C. 投标人的组织架构

    D. 构件、半成品及商品混凝土的供应能力和价格

    E. 现场附近的生活设施

17. 投标报价的调查询价阶段，总承包商对分包人询价时应注意的事项包括（　　）。

    A. 分包标函的完整性　　　　B. 分包人的质量保证措施

    C. 分包人的成本和利润　　　D. 分包工程单价所含内容

    E. 分包工程施工进度计划

18. 复核工程量是投标人编制投标报价前的一项重要工作。关于复核工程量，下列说法正确的是（　　）。

    A. 可以决定报价裕度

    B. 复核工程量，要与图纸中计算的工程量进行对比

    C. 应复核全部清单工程量，根据工程量的大小采取合适的施工方法

    D. 正确划分分部分项工程项目，与"清单计价规范"保持一致

    E. 确定订货及采购物资的数量，防止由于超量或少购带来的浪费

19. 关于施工投标报价中下列说法中正确的有（　　）。

    A. 投标人应逐项计算工程量，复核工程量清单

    B. 投标人应修改错误的工程量，并通知招标人

    C. 投标人可以不向招标人提出复核工程量中发现的遗漏

    D. 投标人可以通过复核防止由于订货超量带来的浪费

    E. 投标人应根据复核工程量的结果选择适用的施工设备

20. 下列各项中属于投标文件中应当包含的内容是（　　）。

    A. 施工组织设计　　　　　　　　B. 已标价工程量清单

    C. 项目概况　　　　　　　　　　D. 投标人须知

    E. 拟分包项目情况表

21. 下列有关投标文件编制时应遵循的规定，表述正确的是（　　）。

    A. 除招标文件另有规定外，投标人不得提出比招标文件要求更能吸引招标人的承诺

    B. 投标文件应对招标文件有关工期、投标有效期、报价等实质性内容作出响应

    C. 投标文件如有修改，应在改动之处加盖单位章并由法定代表人或其授权的代理人签字

    D. 评标委员会认为中标的备选投标方案较优的，招标人可以接受该备选投标方案

    E. 投标文件正本一份，副本份数按招标文件有关规定，当副本和正本不一致时，以正本为准

22. 根据我国现行施工招标投标管理规定，投标有效期的确定一般应考虑的因素有（　　）。

    A. 投标报价需要的时间　　　　　B. 组织评标需要的时间

    C. 确定中标人需要的时间　　　　D. 签订合同需要的时间

    E. 提交履约保证金需要的时间

23. 关于投标文件的编制与递交，下列说法中正确的有（　　）。

    A. 投标函附录中可以提出比招标文件要求更能吸引招标人的承诺

    B. 当投标文件的正本与副本不一致时以副本为准

    C. 允许递交备选投标方案时，所有投标人的备选方案应同等对待

    D. 在要求提交投标文件的截止时间后送达的投标文件为无效的投标文件

    E. 境内投标人以现金形式提交的投标保证金应当出自投标人的基本账户

24. 根据《建设工程工程量清单计价规范》GB 50500—2013，最高投标限价中综合单价中应考虑的风险因素包括（　　）。

A．项目管理的复杂性　　　　　B．项目的技术难度

C．人工单价的变化　　　　　　D．材料价格的市场风险

E．税金、规费的政策变化

25．关于已标价工程量清单中，其他项目清单的编制，说法正确的是（　　　）。

A．应投标人的特殊要求而发生的与拟建工程有关的其他费用项目和相应数量的清单

B．暂列金额按招标文件提供的金额报价

C．专业工程暂估价应包括规费和利润

D．工程建设标准的高低、发包人对工程管理要求对其内容会有直接影响

E．计日工应按照招标人提供的其他项目清单列出的项目和估算的数量，自主确定各项综合单价并计算费用

26．关于联合体投标的规定，下列说法中正确的是（　　　）。

A．联合体各方签订共同投标协议后，可以再以自己名义单独投标

B．资格预审后联合体增减、更换成员的，其投标无效

C．联合体各方应按招标文件提供的格式签订联合体协议书，明确联合体牵头人和各方权利义务

D．以联合体中牵头人名义提交的投标保证金，对联合体各成员具有约束力

E．由同一专业的单位组成的联合体，按照资质等级较高的单位确定资质等级

27．下列行为中属于投标人相互串通投标的是（　　　）。

A．不同投标人的投标文件异常一致或者投标报价呈规律性差异

B．投标人之间协商投标报价

C．不同投标人的投标保证金从同一单位或者个人的账户转出

D．招标人在开标前开启投标文件并将有关信息泄露给其他投标人

E．属于同一集团、协会、商会等组织成员的投标人按照该组织要求协同投标

28．下列情形中，视为投标人相互串通投标的是（　　　）。

A．不同投标人的投标文件相互混装

B．不同投标人的投标文件由同一单位或个人编制

C．不同投标人委托了同一单位或个人办理投标事宜

D．投标人之间约定中标人

E．属于同一集团、协会、商会等组织成员的投标人按照该组织要求协同投标

29．下列施工评标及相关工作事宜中，属于清标工作内容的有（　　　）。

A．分部分项工程项目清单的完整性和合理性分析

B．其他项目清单完整性和合理性分析

C．暂列金额、计日工正确性复核

D．不平衡报价分析

E．对招标文件的实质性响应

30．下列各项内容属于初步评审中施工组织设计和项目管理机构评审标准的是（　　　）。

A．工程质量应符合招标文件的有关要求

B．质量管理体系与措施符合有关标准

C. 投标保证金应符合招标文件的有关要求

D. 投标有效期应符合招标文件的有关要求

E. 工程进度计划与措施符合有关标准

31. 在评标过程中，评标委员会可以要求投标人对投标文件有关文件作出必要澄清、说明和补正的情形包括（　　　）。

A. 投标文件没有联合体共同投标协议

B. 对同类问题表述不一致

C. 投标文件中有含义不明确的内容

D. 有明显的文字和计算错误

E. 投标人主动提出的澄清说明

32. 初步评审后，导致投标被否决的情况包括（　　　）。

A. 投标文件未经投标单位盖章和单位负责人签字

B. 投标文件中总价金额与依据单价计算出的结果不一致的

C. 投标报价低于成本或者高于招标文件设定的最高投标

D. 投标文件没有对招标文件的实质性要求和条件作出响应

E. 投标人不符合国家或者招标文件规定的资格条件

33. 关于综合评估法评标时，下列说法正确的有（　　　）。

A. 综合评估法通常采用百分制

B. 具有通用技术的招标项目宜采用综合评估法

C. 综合评分相等时，以投标报价低的优先；投标报价也相等的，优先条件由招标人事先在招标文件中确定

D. 采用综合评估法工作结束时，应拟定"综合评估比较表"提交招标人

E. 招标人按所有有效投标人的平均投标价乘以事先约定的浮动系数确定评标基准价

34. 下列关于公示中标候选人的说法，正确的是（　　　）。

A. 招标人应当自收到评标报告之日起 5 日内公示中标候选人

B. 公示期不少于 3 日

C. 不但公示中标候选人的排名，还要公示投标人的各评分要素的得分情况

D. 对有业绩信誉条件的项目，在投标报名或开标时提供的作为资格条件或业绩信誉情况，应一并公示

E. 评标结果只能在交易场所公示

35. 依法必须招标项目的中标候选人公示应当载明的内容有（　　　）。

A. 中标候选人按照招标文件要求承诺的项目负责人姓名及相关证书名称和编号

B. 中标候选人按照招标文件要求承诺的总监理工程师姓名及相关证书名称和编号

C. 提出异议的渠道和方式

D. 中标候选人响应招标文件要求的资格能力条件

E. 中标候选人排序、名称、投标报价、质量

36. 关于履约担保，下列说法中正确的有（　　　）。

A. 履约担保可以用现金、支票、汇票、履约担保书和银行保函形式

B．履约保证金不得超过中标合同金额的 2%

C．履约保证金的有效期自开工之日起至合同约定的中标人主要义务履行完毕止

D．招标人要求中标人提供履约担保的，招标人应同时向中标人提供工程款支付担保

E．发包人在工程接收证书颁发后 28 天内把履约保证金退还给承包人

37．下列条件下的建设工程，其施工承包合同适合采用成本加酬金方式确定合同价款的有（　　　）。

A．建设规模小　　　　　　　　B．施工技术特别复杂

C．工期较短　　　　　　　　　D．紧急抢险项目

E．施工图有待于进一步深化

38．工程总承包范围涉及试运行阶段的总承包类型是（　　　）。

A．设计－采购－施工总承包　　B．设计－施工总承包

C．交钥匙总承包　　　　　　　D．设计－采购总承包

E．采购－施工总承包

39．关于国际工程招标，下列说法中不正确的是（　　　）。

A．总采购公告，送交世行的时间不迟于招标文件发售之前 45 天

B．开标时若标书未附投标保证金则拒绝开启

C．开标时允许投标人提问但不允许录音

D．采用"两个信封制度"的，技术上不符合要求的标书则第二个信封不再开启

E．国际工程招标中规定投标准备时间不得少于 90 天

精选习题答案及解析

一、单项选择题

1．【答案】C

【解析】选项 A 错误，对于招标发包的项目，应以中标时确定的金额为准。选项 B 错误，按初步设计总概算包干进行发包的项目，其签约合同价按经审批的概算投资中与承包内容相应部分的投资，但应包括相应的不可预见费。选项 D 错误，对于直接发包的项目，应以经审批的概算投资中与承包内容相应部分的投资为签约合同价。

2．【答案】B

【解析】投标准备时间，即自招标文件开始发出之日起至投标人提交投标文件截止之日止，最短不得少于 20 天。

3．【答案】D

【解析】招标文件的澄清应在规定的投标截止时间 15 天前以书面形式发给所有获取招标文件的投标人，但不指明澄清问题的来源。

4．【答案】A

【解析】选项 B，并且在附录项目的"项目特征"或"工程内容"中也没有提示，必须补充项目。选项 C，计算规则要具有可计算性，且计算结果要具有唯一性。选项 D，

计算时采用的原始数据必须以图纸所示尺寸或者能读出尺寸为准计算，不得任意增减。

5.【答案】D

【解析】选项 A 错误，国有资金投资的工程建设项目应实行工程量清单招标，招标人应编制最高投标限价。选项 B 错误，最高投标限价不得进行上浮或下调。选项 C 错误，投标人经复核认为招标人公布的最高投标限价未按照的规范规定进行编制的，应在最高投标限价公布后 5 天内向招标投标监督机构和工程造价管理机构投诉。

6.【答案】A

【解析】选项 A 错误，需考虑未计价材料。正确的公式为工程量清单综合单价 ＝（∑ 清单组价子项合价＋未计价材料）/工程量清单项目工程量。

7.【答案】B

【解析】最高投标限价中综合单价的计算步骤：（先计量、后组价）

（1）首先，依据提供的工程量清单和施工图纸，确定清单计量单位所组价的子项目名称，并计算出相应的工程量；（2）其次，确定组价子目的人工、材料、机具台班单价；（3）考虑风险因素、管理费率、利润率，计算组价子目合价；（4）（组价子目合价并考虑未计价材料）/清单工程量，得到综合单价。

8.【答案】C

【解析】选项 A 错误，用于合同签订时尚未确定或者不可预见的所需材料、工程设备、服务的采购，施工中可能发生的工程变更、合同约定调整因素出现时的合同价款调整以及发生的索赔、现场签证确认等的费用。选项 B 错误，由招标人支配，实际发生才支付。选项 D 错误，不同专业分别列项。

9.【答案】C

【解析】选项 A 错误，最高投标限价中的材料单价应按照工程造价管理机构发布的工程造价信息中的材料单价计算，工程造价信息未发布的材料单价，其单价参考市场价格估算。选项 B 错误，施工机械设备的选型应本着经济合理的原则。选项 D 错误，竞争性措施项目费应依据经科学论证后的施工组织设计或施工方案确定。

10.【答案】B

【解析】选项 A 错误，不能向招标人询价。选项 C 错误，修改清单，投标会被否决。选项 D 错误，投标人的标价低于其他投标报价，需向评标委员会作说明，不能合理说明，才会作为废标。

11.【答案】C

【解析】选项 C 错误，承包人承担 5% 以内的材料、工程设备价格风险，10% 以内的施工机具使用费风险。

12.【答案】D

【解析】确定计算基础：计算时应采用企业定额或参照与本企业实际水平相近的国家、地区、行业计价依据和计价标准，并通过调整来确定清单项目的人材机单位用量。各种人工、材料、施工机具台班的单价，则应根据询价的结果和市场行情综合确定。

13.【答案】C

【解析】综合单价确定的步骤为：① 确定计算基础。② 分析每一清单项目的工程内容。③ 计算工程内容的工程数量与清单单位的含量。④ 分部分项工程人工、材料、施工机具使用费用的计算。⑤计算综合单价。

14.【答案】B

【解析】选项 B 错误，除安全文明施工费以外，其他的总价措施项目费，投标人可以自主报价。

15.【答案】C

【解析】投标保证金的数额不得超过项目估算价的 2%，$2000 \times 2\% = 40$（万元）。

16.【答案】C

【解析】$8000 \times (1 - 7.5\%) - 3 \times 25 = 7325$（万美元）。

17.【答案】C

【解析】投标人甲 2 号标段的评标价 $= 6000 \times (1 - 4\%) = 5760$（万元）。

18.【答案】D

【解析】甲得分：$30\% \times 100 + 20\% \times 90 + 50\% \times 90 = 93$

乙得分：$30\% \times 100 + 20\% \times 80 + 50\% \times 85 = 88.5$

丙得分：$30\% \times 90 + 20\% \times 90 + 50\% \times 95 = 92.5$

丁得分：$30\% \times 85 + 20\% \times 100 + 50\% \times 95 = 93$

得分高的优先为中标候选人，得分相等，报价低的优先为中标候选人。

19.【答案】B

【解析】中标人无正当理由拒签合同的，招标人取消其中标资格，其投标保证金不予退还；给招标人造成的损失超过投标保证金数额的，中标人还应当对超过部分予以赔偿。招标人无正当理由拒签合同的，招标人向中标人退还投标保证金；给中标人造成损失的，还应当赔偿损失。

20.【答案】C

【解析】选项 A、B，定标委员会由招标人负责组建和管理，成员为 5 人以上单数，本单位在编人员不得少于成员总数的三分之二，成员名单在中标结果确定前应当保密。选项 D，定标委员会应当按照招标文件确定的定标因素进行定标并对定标活动及其结果负责，必要时可以要求评标委员会予以澄清或说明，但不得改变已确定的评标结果。

21.【答案】A

【解析】EPC 总承包即工程总承包人按照合同约定，承担工程项目的设计、采购、施工、试运行服务等工作，并对承包工程的质量、安全、工期、造价全面负责。

22.【答案】D

【解析】总包模式的选择与发包时点有关：（1）可行性研究报告批准后发包的，宜采用设计采购施工总承包（EPC）模式；（2）设计方案批准后发包的，EPC 模式和 DB 模式都可以；（3）初步设计批准后发包的，宜采用设计施工总承包（DB）模式。

23.【答案】D

【解析】工程总承包投标文件编制时应遵循的规定与施工投标相同；除投标人须知前附表另有规定外，投标有效期为 120 天。

24.【答案】A

【解析】工程总承包商报价由工程费用、工程总承包其他费、预备费组成。

25. 【答案】C

【解析】根据现行《房屋建筑和市政基础设施项目工程总承包管理办法》，发包人承担的风险主要包括：

（1）主要工程材料、设备、人工价格与招标时基期价相比，波动幅度超过合同约定幅度的部分；

（2）因国家法律法规政策变化引起的合同价格的变化；

（3）不可预见的地质条件造成的工程费用和工期的变化；

（4）因发包人原因产生的工程费用和工期的变化；

（5）不可抗力造成的工程费用和工期的变化。

26. 【答案】B

【解析】资格预审有利于缩小投标人的范围，资格预审与资格定审的标准相同。

27. 【答案】A

【解析】评标只是对标书的报价和其他因素，以及标书是否符合招标程序要求和技术要求进行评比，而不是对投标人是否具备实施合同的经验、财务能力和技术能力的资格进行评审。

28. 【答案】B

【解析】审标，对标书技术性、程序性问题加以澄清并初步筛选，是否具备资格、是否附有要求交纳投标保证金，签字等。

29. 【答案】A

【解析】国际工程招标一般采用最低价中标或合理低价中标方式。标价由直接费用、间接费用、其他费用、利润和风险费组成。

30. 【答案】D

【解析】当地采购：材料、设备单价＝市场价格＋运杂费＋采购保管费＋运输保管损耗费；本国或第三国采购：材料、设备单价＝到岸价格＋海关税＋港口费＋运杂费＋运输保管损耗＋其他费。

31. 【答案】B

【解析】分包费：直接费包含分包费、间接费包含分包管理费。直接费、间接费、分包费（含管理费）并行。

二、多项选择题

1. 【答案】BE

【解析】选项 A 错误，当未进行资格预审时招标文件应包括招标公告。选项 C 错误，投标人须知前附表务必与招标文件的其他章节衔接。选项 D 错误，投标人须知前附表不得与正文内容相抵触，否则抵触内容无效。

2. 【答案】ACDE

【解析】投标人须知反映了招标人对投标的要求，特别要注意项目的资金来源、投标书的编制和递交、投标保证金、是否允许递交备选方案、评标方法等，重点在于防止投标被否决。选项 B，付款方式属于合同条款的内容。

3. 【答案】AB

【解析】选项 C 错误，确认时间可以是相对、绝对。选项 D 错误，评标委员会名单中标结果确定前保密。选项 E 错误，采用电子招标投标在线提交投标文件的，投标准备时间最短不少于 10 日。

4. 【答案】ABD

　　【解析】选项 C 错误，招标人对工程量清单的准确性和完整性负责。选项 E 错误，招标人编制常规的施工组织设计。

5. 【答案】BDE

　　【解析】选项 A 是招标工程量清单的组成。选项 C，最高投标限价依据招标工程量清单编制。

6. 【答案】DE

　　【解析】初步研究：熟悉清单计价与计算规范、设计文件、招标文件、招标图纸，确定清单编审范围及需设定的暂估价；收集相关市场价格信息，为暂估价的确定提供依据。选项 ABC 属于"初步研究"工作之后的内容。

7. 【答案】ACE

　　【解析】施工总方案包括：施工方法；施工机械设备的选择；科学的施工组织；合理的施工时间；现场的平面布置及各种技术措施。仅对重大问题和关键工艺作原则性规定，不需考虑施工步骤。

8. 【答案】ABDE

　　【解析】选项 C 错误，若采用标准图集或施工图纸能够全部或部分满足项目特征描述的要求，项目特征描述可直接采用详见××图集或××图号的方式。

9. 【答案】CE

　　【解析】选项 A 错误，建设规模是指建筑面积。选项 B 错误，工程特征应说明基础及结构类型、建筑层数、高度、门窗类型及各部位装饰、装修做法。选项 D 错误，施工现场实际情况是指施工场地的地表状况。

10. 【答案】CDE

　　【解析】选项 A 错误，计划工期是根据工程实际需要安排的施工天数。选项 B 错误，清单编制说明包括清单编制依据。

11. 【答案】AB

　　【解析】选项 C 错误，项目名称的确定还需考虑拟建工程实际。选项 D 错误，脚手架是单价措施项目。选项 E，总承包服务费列明项目名称和服务内容。

12. 【答案】ABCE

　　【解析】选项 A 错误，也可以委托具有相应资质的造价咨询人编制。选项 B 错误，应公布总价、各单位工程的分部分项工程费、措施项目费、其他项目费、规费和税金。选项 C 错误，投标人可以提出异议。选项 E，招标人对招标工程量清单的准确性和完整性负责。

13. 【答案】ADE

　　【解析】选项 B 错误，最高投标限价超过批准的概算时，招标人应将其报原概算审批部门审核。选项 C 错误，投标人的投标报价只要高于最高投标限价，按废标处理。

14. 【答案】ACE

　　【解析】选项 B 错误，最高投标限价中的材料单价应按照工程造价管理机构发布的工程造价信息中的材料单价计算，工程造价信息未发布的材料单价，其单价参考市场价格估算。选项 D 错误，最高投标限价中的总承包服务费，当招标人自行供应材料的，按招标人供应材料价值的 1% 计算。

15.【答案】BC

【解析】合同分析包括如下内容。

形式分析：主要分析承包方式、计价方式。

条款分析：承包商的任务、工作范围和责任；变更及价款调整；付款方式和时间；施工工期；业主责任。

16.【答案】ABDE

【解析】调查工程现场。（1）自然条件：水文、气象、地质等。（2）施工条件：现场的三通一平情况；邻近建筑物；市政给水及污水、雨水排放管线位置、高程等；有无特殊交通限制等。（3）其他条件：构件、半成品及商品混凝土的供应能力和价格、现场附近的生活设施等。

17.【答案】ABD

【解析】分包询价：① 分包标函是否完整；② 分包工程单价所包含的内容；③ 分包人的工程质量、信誉及可信赖程度；④ 质量保证措施；⑤ 分包报价。

18.【答案】ADE

【解析】选项 B、C 错误，投标人应认真根据招标说明、图纸、地质资料等招标文件资料，计算主要清单工程量，复核工程量清单；复核工程量是与招标工程量清单中的工程量对比。

19.【答案】CDE

【解析】选项 A 错误，只需计算主要清单工程量。选项 B 错误，不能修改清单。

20.【答案】ABE

【解析】选项 C、D 属于招标文件的组成。

21.【答案】DE

【解析】选项 A 错误，投标函附录在满足招标文件实质性要求的基础上，可以提出比招标文件要求更能吸引招标人的承诺。选项 B 错误，招标文件中没有报价。选项 C 错误，投标文件应尽量避免涂改、行间插字或删除。如果出现上述情况，改动之处应加盖单位章或由投标人的法定代表人或其授权的代理人签字确认。

22.【答案】BCD

【解析】投标有效期一般考虑以下因素：（1）组织评标委员会完成评标需要的时间；（2）确定中标人需要的时间；（3）签订合同需要的时间。

23.【答案】DE

【解析】选项 A 错误，投标函附录在满足招标文件实质性要求的基础上，可以提出比招标文件要求更能吸引招标人的承诺。选项 B 错误，当副本和正本不一致时，以正本为准。选项 C 错误，允许投标人递交备选投标方案的，只有中标人递交的备选方案可予以考虑。

24.【答案】ABD

【解析】综合单价中的风险因素（投标人承担的）：（1）技术难度较大和管理复

杂的项目，可考虑一定的风险费用纳入到综合单价中；（2）工程设备、材料价格的市场风险，考虑一定率值的风险费用，纳入到综合单价中；（3）税金、规费等法律、法规、规章和政策变化风险和人工单价等风险费用，不应纳入综合单价。

25. 【答案】BDE

【解析】选项 A 错误，应招标人的特殊要求而发生的与拟建工程有关的其他费用项目和相应数量的清单。选项 C 错误，不包括规费和税金。

26. 【答案】BCD

【解析】选项 A 错误，不能再以自己的名义单独投标。选项 E 错误，按照资质等级较低的单位确定联合体的资质等级。

27. 【答案】BE

【解析】选项 A、C 属于视为串通投标。选项 D 属于招标人与投标人串通投标。

28. 【答案】ABC

【解析】选项 D、E 属于投标人相互串通投标。

29. 【答案】BDE

【解析】选项 A 正确说法为：分部分项工程项目清单项目综合单价的合理性分析。选项 C 正确说法为：暂列金额、暂估价正确性复核。

30. 【答案】BE

【解析】施工组织设计和项目管理机构评审标准主要包括施工方案与技术措施、质量管理体系与措施、安全管理体系与措施、环境保护管理体系与措施、工程进度计划与措施、资源配备计划、技术负责人、其他主要人员、施工设备、试验、检测仪器设备等，符合有关标准。选项 A、C、D 属于响应性评审标准。

31. 【答案】BCD

【解析】澄清、说明和补正：含义不明确、对同类问题表述不一致或者有明显文字和计算错误的内容。选项 A，属于否决的情形；选项 E，评标委员会不接受投标人主动提出的澄清说明。

32. 【答案】ACDE

【解析】选项 B，总价金额与依据单价计算出的结果不一致，以单价为准修正总价。不属于否决的情形。

33. 【答案】ACD

【解析】选项 B 错误，具有通用技术的招标项目宜采用经评审的最低投标价法。选项 E 错误，招标人可依据招标项目的特点、行业管理规定给出评标基准价的计算方法，确定时也可适当考虑投标人的投标报价。

34. 【答案】BD

【解析】选项 A 错误，时间应为 3 日。选项 C 错误，公示的内容不含投标人的各评分要素的得分情况。选项 E 错误，确定中标人之前，在交易场所和指定媒体上公示。

35. 【答案】ACDE

【解析】公示的内容不涉及总监理工程师。所以 B 选项错误。

36. 【答案】ADE

【解析】选项 B 错误，履约保证金不超过中标合同金额的 10%。选项 C 错误，履约保证金的有效期自合同生效之日起至合同约定的中标人主要义务履行完毕止。

37.【答案】BD

【解析】实行工程量清单计价的建筑工程，鼓励采用单价方式；建设规模较小、技术难度较低、工期较短的建设工程，可以采用总价方式确定合同价款；

紧急抢险、救灾以及施工技术特别复杂的建设工程，可以采用成本加酬金方式确定合同价款。

38.【答案】AC

【解析】选项 B 涉及设计与施工阶段，选项 D 涉及设计与采购阶段，选项 E 涉及采购与施工阶段。

39.【答案】ABCE

【解析】选项 A，送交世界银行的时间最迟不应迟于招标文件已经准备好、将向投标人公开发售之前 60 天。选项 B，标书是否附有投标保证金或保函也应当众读出。不能因为标书未附投标保证金或保函而拒绝开启。选项 C，开标时一般不允许提问或作任何解释，但允许记录和录音。选项 E，一般，从刊登招标广告或发售招标文件（两个时间中以较晚的时间为准）算起，给予投标商准备投标的时间不得少于 45 天。

第五章　建设项目施工阶段合同价款的调整和结算

第一节　合同价款调整

📑 考情分析

考点	2023 年		2022 年		2021 年		2020 年		2019 年		2018 年		2017 年		2016 年	
	单选	多选	单选	多选	单选	多选	单选	多选	单选	多选	单选	多选	单选	多选	单选	多选
法规变化类合同价款调整事项	1						1				1		1		1	
工程变更类合同价款调整事项	2	1	2	1	2		1	1	2		1	1	2	1	2	1
物价变化类合同价款调整事项	2		1		2		2	1	1	1	2		1		1	
工程索赔类合同价款调整事项	2		3	1	2	2	1		3	1	4	1	3	1	4	2
其他类合同价款调整事项							1						1			

考点一　法规变化类合同价款调整事项（表5-1）

法规变化类合同价调整事项　　　　　　　　　　　　　　　　表 5-1

基准日	① 实行招标的建设工程：施工招标文件中规定的**提交投标文件的截止时间前的第 28 天** ② 不实行招标的建设工程：建设工程施工合同签订前的第 28 天
合同价款调整	合同履行期间，基准日之后发生变化，应约定由发包人承担
特殊处理	承包人的原因导致的工期延误： ① 造成合同价款增加的，合同价款不予调整 ② 造成合同价款减少的，合同价款予以调整 **原则：惩罚承包人，让承包人少获得钱**

【例题】关于法规变化类合同价款的调整，下列说法正确的是（　　）。（2018 年真题）

A. 不实行招标的工程，一般以施工合同签订前的第 42 天为基准日

B. 基准日之前国家颁布的法规对合同价款有影响的，应予调整

C. 基准日之后国家政策对材料价格的影响，如已包含在物价波动调价公式中，不再予以考虑

D. 承包人原因导致的工期延误期间，国家政策变化引起工程造价变化的，合同价款不予调整

【答案】C

【解析】选项 A 错误，42 天错误，应为 28 天。选项 B 基准日前错误，应为基准日后。选项 D 错误，在工程延误期间国家政策发生变化引起工程造价变化的，造成合同价款增加的，合同价款不予调整；造成合同价款减少的，合同价款予以调整。

考点二　工程变更类合同价款调整事项

1. 工程变更

（1）工程变更的范围（表 5-2）

工程变更的范围"删改增"　　　　　　　　　　　　　　　　　　表 5-2

施工合同示范文本	标准施工招标文件
（1）增加或减少合同中任何工作，或追加额外的工作； （2）取消合同中任何工作，但转由他人实施的工作除外； （3）改变合同中任何工作的质量标准或其他特性； （4）改变工程的基线、标高、位置和尺寸； （5）改变工程的时间安排或实施顺序	（1）取消合同中任何一项工作，但被取消的工作不能转由发包人或其他人实施； （2）改变合同中任何一项工作的质量或其他特性； （3）改变合同工程的基线、标高、位置或尺寸； （4）改变合同中任何一项工作的施工时间或改变已批准的施工工艺或顺序； （5）为完成工程需要追加的额外工作

（2）工程变更的价款调整方法

1）分部分项工程费的调整（表 5-3）

根据已标价的工程量清单项目与变更项目之间的关系确定综合单价。

分部分项工程费的调整　　　　　　　　　　　　　　　　　　表 5-3

类型	具体条件
有适用的项目	变更导致清单项目工程量变化≤15%，采用"已标价清单项目"的单价 采用适用单价的前提：其采用的材料、施工工艺和方法相同，也不因此增加关键线路上工程的施工时间
没有适用、但有类似	可在合理范围内参照类似项目的单价或总价调整 采用类似单价的前提：其采用的材料、施工工艺和方法基本相似，不增加关键线路上工程的施工时间
没适用，没类似	■ 承包人提出单价或总价 ■ 依据：变更工程资料、计量规则和计价办法、工程造价管理机构发布的**信息（参考）价格**和承包人**报价浮动率** ■ 发包人确认后调整
没适用，没类似，且造价信息缺价的	■ 承包人提出单价或总价 ■ 依据：变更工程资料、计量规则、计价办法和通过市场调查等取得的有合法依据的市场价格 ■ 发包人确认后调整

承包人报价浮动率的计算：

① 实行招标的工程

$$L = 1 - \frac{中标价}{最高投标限价} \times 100\% = \frac{最高投标限价 - 中标价}{最高投标限价}$$

② 不实行招标的工程

$$L = 1 - \frac{报价值}{施工图预算} \times 100\% = \frac{施工图预算 - 报价值}{施工图预算} \times 100\%$$

2）措施项目费的调整（表 5-4）

措施项目费的调整　　　　　　　　　　　　表 5-4

前提	承包人应事先将拟实施的方案提交发包人确认，并详细说明与原方案措施项目相比的变化情况
原则	① 安全文明施工费，按实际调整，**不得浮动** ② 采用单价计算的措施项目费，按分部分项工程费的调整方法确定单价 ③ 按总价（或系数）计算的措施项目费，除安全文明施工费外，按照实际调整金额乘以承包人**报价浮动率**计算

3）删减工程或工作的补偿

因非承包人原因删减了合同中的某项原定工作或工程，承包人有权提出并得到**合理的费用及利润补偿**。

【例题 1】根据现行工程量清单计价规范，工程变更引起措施项目发生的，关于安全文明施工费的调整，下列说法正确的是（　　　）。（2022 年真题）

A. 安全文明施工费按费率计算的计费费率不得调整

B. 签约合同价约定的安全文明施工费金额不得调整

C. 按照承包人实际发生的金额进行调整

D. 按照监理工程师确认的金额进行调整

【答案】C

【解析】安全文明施工费，按照实际发生变化的措施项目调整，不得浮动。

【例题 2】下列因工程变更引起的价款调整，需考虑承包人报价浮动率的是（　　　）。（2021 年真题）

A. 已标价工程量清单中有适用于变更工程项目的桩基增量工程

B. 已标价工程量清单中有适用于变更工程项目的脚手架增量工程

C. 已标价工程量清单中没有类似于变更工程项目的桩基增量工程

D. 已标价工程量清单中有类似于变更工程项目的脚手架增量工程

【答案】C

【解析】已标价工程量清单中没有适用也没有类似于变更工程项目的，需考虑的因素中包含有承包人报价浮动率。

【例题 3】某实行招标的工程，施工图预算为 8000 万元，最高投标限价为 7800 万元。

若承包人签约合同价为 7500 万元，则该承包人的报价浮动率为（　　）。（2021 年真题）

　　A．3.85%　　　　　　　　　　　　B．4.00%

　　C．6.25%　　　　　　　　　　　　D．6.67%

【答案】A

【解析】承包人报价浮动率＝（1－中标价／最高投标限价）×100%＝（1－7500/7800）×100%＝3.85%。

【例题 4】根据《建设工程施工合同（示范文本）》GF－2017－0201，下列变化应纳入工程变更范围的有（　　）。（2020 年真题）

　　A．改变墙体厚度

　　B．工程设备价格上涨

　　C．转由他人实施土石方工程

　　D．提高地基沉降控制标准

　　E．增加排水沟长度

【答案】ADE

【解析】选项 B 错误，设备价格上涨不属于变更。选项 C 错误，转由他人实施不属于变更。

2. 项目特征不符

若在合同履行期间，出现设计图纸（含设计变更）与招标工程量清单项目特征描述不符，且该变化引起工程造价变化的，发承包应当按照实际的项目特征重新确定相应综合单价调整价款。

3. 工程量清单缺项（表 5-5）

工程量清单缺项　　　　　　　　　　　　　　　　　　　表 5-5

责任	发包人承担此风险与损失
价款调整	① 分部分项工程费的调整，造成新增工程清单项目的，按变更事件调整。 ② 措施项目费的调整，发包人批准后，按照变更事件调整

4. 工程量偏差

如果合同对综合单价的调整没有约定或约定不明的，处理原则如下。

（1）综合单价的调整原则

当工程量偏差（包括因工程变更等原因导致的工程量偏差）超过 15% 时，对综合单价的调整原则为：

1）增加 15% 以上时，**增加部分**的综合单价应调低（超清单工程量 15% 以上）；

2）减少 15% 以上时，减少后剩余部分的工程量的综合单价应调高。

（2）新综合单价 P_1 的确定方法

1）发承包双方协商确定；

2）与最高投标限价的综合单价相联系（图 5-1）：

承包人在工程量清单中填报的综合单价（P_0）

发包人最高投标限价相应清单项目的综合单价（P_2）

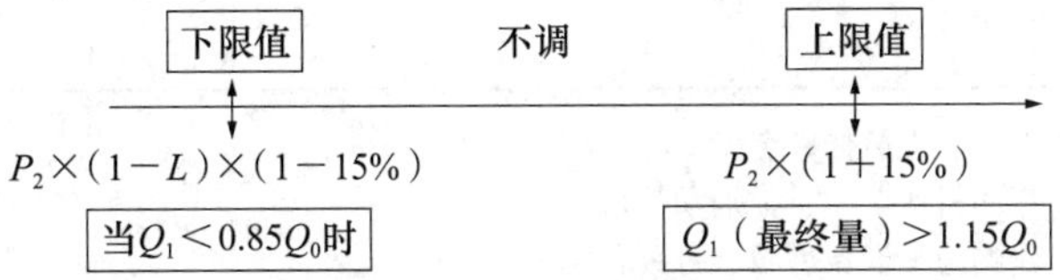

图 5-1 新综合单价的确定

【总结】 当投标人的综合单价＞上限值，上限值为新的综合单价；当投标人的综合单价＜下限值，下限值为新的综合单价。

当下限值＜投标人的综合单价＜上限值，不调价。

（3）总价措施项目费的调整

工程量偏差超过 15%，且该变化引起措施项目相应发生变化，对措施项目费的调整原则为：工程量增加的，措施项目费调增；工程量减少的，措施项目费调减。

【例题 5】 某工程招标工程量清单中现浇混凝土板的工程量为 $1600m^2$，施工中由于设计变更调增为 $2100m^2$，该项目最高投标限价综合单价为 400 元 $/m^2$，投标报价为 480 元 $/m^2$。合同约定实际工程量与招标工程量偏差超过 15% 时，按照现行工程量清单计价规范调整综合单价，该清单项目的结算金额应为（　　）万元。（2023 年真题）

A．96.60　　　　　　　　　　　B．98.72

C．100.28　　　　　　　　　　　D．100.80

【答案】 C

【解析】 当工程量增加 15% 以上时，其增加部分的工程量的综合单价应予调低。上限值：$400 \times (1 + 15\%) = 460$（元 $/m^2$）；投标人的综合单价大于 460 元 $/m^2$，新综合单价为 460 元 $/m^2$。结算金额 $= 1600 \times (1 + 15\%) \times 480 + (2100 - 1.15 \times 1600) \times 460 = 100.28$（万元）。

【例题 6】 某工程项目招标工程量清单的工程量为 $1000m^3$，施工中变更为 $800m^3$，该项目最高投标限价综合单价为 500 元 $/m^3$，投标报价为 450 元 $/m^3$，投标人报价浮动率为 4%。合同约定，实际工程量与招标工程量偏差超过 15% 时允许调整综合单价。依据工程量清单计价规范的相关规定，调整后的综合单价应为（　　）元 $/m^3$。（2022 年真题）

A．408　　　　　　　　　　　　B．450

C．495　　　　　　　　　　　　D．500

【答案】 B

【解析】 下限值为：$500 \times (1 - 4\%) \times (1 - 15\%) = 408$（元 $/m^3$），投标人报价值 450 元 $/m^3$ 大于下限值，不调价，综合单价依然是 450 元 $/m^3$。

5. 计日工（表 5-6）

计日工　　　　　　　　表 5-6

产生	发包人通知的零星工作，承包人应予执行。 采用计日工计价的任何一项变更工作，承包人应按合同约定向发包人提交以下内容复核： （1）工作名称、内容和数量；

产生	（2）投入该工作所有人员的姓名、工种、级别和耗用工时； （3）投入该工作的材料名称、类别和数量； （4）投入该工作的施工设备型号、台数和耗用台时； （5）发包人要求提交的其他资料和凭证
支付	（1）签证报告核实的数量×已标价清单中的计日工单价； （2）没有该类计日工单价的，由发承包双方按变更商定； （3）列入**进度款**支付

【例题 7】关于建设工程施工过程中合同价款的调整，下列说法正确的有（　　）。（2023 年真题）

A. 工程变更引起分部分项工程项目发生变化的，优先适用已标价工程量清单中的单价

B. 工程变更项目参考类似项目单价的前提包括：采用的材料、施工工艺和方法基本相似，不增加关键线路上工程的施工时间

C. 工程变更引起措施项目发生变化的，除安全文明施工费外，其他不作调整

D. 招标工程量清单缺漏项造成新增清单项目的，适用工程变更事件的规定

E. 招标工程量清单项目特征描述与设计图纸不符的，适用工程变更事件的规定

【答案】BDE

【解析】选项 A，"优先"说法错误。选项 C，"其他不作调整"说法错误。

【例题 8】采用计日工计价的变更工作，承包人应在该项变更实施过程中，按合同约定提交的资料有（　　）。（2022 年真题）

A. 发生变更的理由陈述

B. 变更工作的名称、内容和数量

C. 投入该工作所有人员的姓名、工种、级别和耗用工时

D. 投入该工作的材料名称、类别和数量

E. 投入该工作的设备型号、台数和耗用台时

【答案】BCDE

【例题 9】根据《建设工程工程量清单计价规范》GB 50500—2013，下列关于计日工的说法中正确的是（　　）。（2016 年真题）

A. 招标工程量清单计日工数量为暂定，计日工费不计入投标总价

B. 发包人通知承包人以计日工方式实施的零星工作，承包人可以视情况决定是否执行

C. 计日工表的费用项目包括人工费、材料费、施工机具使用费、企业管理费和利润

D. 计日工金额不列入期中支付，在竣工结算时一并支付

【答案】C

【解析】选项 A，招标工程量清单计日工数量为暂定，计日工费计入投标总价。选项 B，发包人通知承包人以计日工方式实施的零星工作，承包人应予执行。选项 D，计日工金额列入进度款支付。

考点三　物价变化类合同价款调整事项

1. 物价波动（图 5-2）

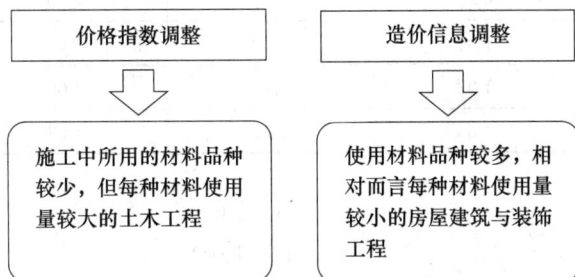

图 5-2　价格指数和造价信息调价适用情况

（1）采用价格指数调整价格差额

1）价格调整公式

$$\Delta P = P_0 \left[A + \left(B_1 \times \frac{F_{t1}}{F_{01}} + B_2 \times \frac{F_{t2}}{F_{02}} + B_3 \times \frac{F_{t3}}{F_{03}} + L + B_n \times \frac{F_{tn}}{F_{0n}} \right) - 1 \right]$$

式中：　　　　　P_0——已完成工程量的金额。此项金额应**不包括**价格调整、不计质量保证金的扣留和支付、预付款的支付和扣回、**按现行价格计算的变更及其他金额**；

F_{t1}，F_{t2}，F_{t3}……F_{tn}——现行价格指数，指根据进度付款、竣工付款和最终结清等约定的付款证书**相关周期最后一天的前 42 天**的各可调因子的价格指数；

F_{01}，F_{02}，F_{03}……F_{0n}——基本价格指数，指**基准日**的价格指数。

2）权重的调整

变更导致原定合同中的权重不合理时，由承包人和发包人协商后进行调整。

3）工期延误后的价格调整（**惩罚延误者**）

发包人原因导致工期延误的，应采用计划进度日期（或竣工日期）与实际进度日期（或竣工日期）的两个价格指数中**较高者**作为现行价格指数。

承包人原因导致工期延误的，应采用计划进度日期与实际进度日期的两个价格指数中**较低者**作为现行价格指数。

【例题 1】某施工项目投标截止日期为 2022 年 8 月 1 日，施工合同约定工程价款结算时采用价格指数法调整，人工、钢材、混凝土等权重系数及价格指数如表 5-7 所示，则

2022 年 9 月份的综合调价指数为（　　）。（2023 年真题）

表 5-7

	人工	钢材	混凝土	定值部分
权重系数	0.25	0.15	0.30	0.30
2022 年 7 月指数	1.00	1.10	0.90	
2022 年 8 月指数	1.02	1.10	1.00	
2022 年 9 月指数	1.05	1.21	1.08	

A．1.044　　　　　　　　　　B．1.046

C．1.068　　　　　　　　　　D．1.088

【答案】D

【解析】投标截止日期为 2022 年 8 月 1 日，选择 7 月份的价格指数为基本价格指数。$0.3 + 0.25 \times 1.05/1 + 0.15 \times 1.21/1.10 + 0.30 \times 1.08/0.9 = 1.088$。

【例题 2】关于采用价格指数调整价格差额，下列说法正确的是（　　）。（2021 年真题）

A．按现行价格计价的变更费用应计入调价基数

B．缺少价格指数时可用对应可调因子的信息价格替代

C．定值和变值权重一经约定就不得调整

D．基本价格指数是指最高投标限价编制时的指数

【答案】B

【解析】选项 A 错误，变更及其他金额已按现行价格计价的，不计在调价基数内。选项 C 错误，按变更范围和内容所约定的变更，导致原定合同中的权重不合理时，由承包人和发包人协商后进行调整。选项 D 错误，基本价格指数，指基准日的各可调因子的价格指数。

【例题 3】关于承包人原因导致的工期延误期间合同价款的调整，下列说法正确的有（　　）。（2020 年真题）

A．国家政策变化引起工程造价增加的应调增合同价款

B．国家政策变化引起工程造价降低的应调减合同价款

C．使用价格调整公式调价时，以计划进度日期指数为现行价格指数

D．使用价格调整公式调价时，以实际进度日期指数为现行价格指数

E．使用价格调整公式调价时，以计划进度日期与实际进度日期两个指数中较低者作为调价指数

【答案】BE

【解析】选项 A 错误，承包人原因导致的延误，国家政策变化引起工程造价增加的不予调整。选项 C、D 错误，承包人原因导致的延误，使用价格调整公式调价时，以计划进度日期与实际进度日期两个指数中较低者作为调价指数。

（2）采用造价信息调整价格差额

1）人工单价发生变化，按造价管理机构发布的调整。

2）材料和工程设备价格的调整基准单价

① 如果承包人投标报价中材料单价低于基准单价，材料单价涨幅以基准单价为基础超过合同约定的风险幅度值时，或单价跌幅以投标价为基础超过合同约定的风险幅度值时，其超过部分按实调整。

② 如果投标人投标报价中材料单价高于基准单价，跌幅以基准单价为基础，涨幅以投标价为基础，超过部分据实调整。

③ 投标报价中材料单价与基准单价相等，以基准单价为基础，超过部分据实调整。

④ 承包人应在采购材料前将采购数量和新的材料单价报发包人核对。发包人收到承包人报送的确认资料后 3 个工作日内不答复，视为认可。

若承包人未报发包人自行采购材料，再报发包人确认调整合同价款，如发包人不同意，不予调整。

（3）施工机具台班单价的调整。超过一定范围时，按照其规定调整合同价款。

【总结】计算题目分析方法（图5-3）

第一步：将基准单价与投标报价中的材料单价，按照大小排序，设为大值、小值。

$a\%$ 合同中约定承包人承担的价格风险

第二步：进行计算并比较大小，确定调整的金额

（1）小值 $\times(1-a\%)\leqslant$ 施工期材料价格 $\leqslant$ 大值 $(1+a\%)$，不调价，按照投标报价材料单价结算；

（2）价格上涨时：施工期材料价格 $>$ 大值 $\times(1+a\%)$，调增金额 $=$ 施工期价格 $-$ 大值 $\times(1+a\%)$

（3）价格下跌时：施工期材料价格 $<$ 小值 $\times(1-a\%)$，调减金额 $=$ 小值 $\times(1-a\%)-$ 施工期价格

材料实际结算的价格 $=$ 投标报价材料单价 $\pm$ 调整金额

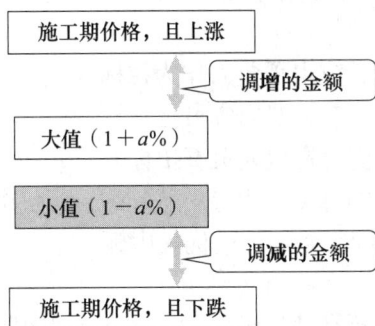

图 5-3　造价信息调价解题方法

【例题 4】施工合同约定由发包人承担材料价格波动 $\pm5\%$ 以外的风险。已知某项材料投标人投标报价、基准期发布的价格分别为 520 元 $/m^3$、510 元 $/m^3$，施工期该材料的造价信息发布价为 560 元 $/m^3$。采用造价信息调整价差，则该材料的实际结算价为（　　）元 $/m^3$。（2022 年真题）

A. 524.0   B. 534.0

C. 534.5   D. 544.5

【答案】B

【解析】$520 \times (1 + 5\%) = 546$（元/$m^3$）；$560 - 546 + 520 = 534$（元/$m^3$）。

【例题5】某项目施工合同约定，承包人承担的钢筋价格风险幅度为 $\pm 5\%$，超出部分采用造价信息法调差。已知钢筋的承包人投标价格、基准期造价信息发布价格分别为 5700 元/t、6100 元/t，2021 年 7 月的造价信息发布价格为 5600 元/t，则该月钢筋结算价格为（　　）元/t。（2021 年真题）

A. 5233   B. 5505

C. 5600   D. 5700

【答案】D

【解析】$5700 \times (1 - 5\%) = 5415$（元/t），7 月份造价信息价跌幅未超过 5%，不用调整价格，按投标报价 5700 元/t 结算。

2. 暂估价（表 5-8）

暂估价   表 5-8

	材料、工程设备	专业工程	
非必须招标	**承包人采购，发包人确认后**取代暂估价，调整合同价款	按**工程变更事件**的合同价款调整方法，确定专业工程价款。取代暂估价，调整合同价款	
必须招标	双方以招标的方式选择供应商。**中标价格取代暂估价**，调整合同价款	中标价格取代暂估价，调整合同价款	承包人**参加**投标：承包人作为招标人，但招标文件、评标方法、评标结果报发包人批准。**有关的费用被认为含在承包人签约合同价中**
			承包人**不参加**投标：发包人作为招标人，有关费用发包人承担。同等条件下，优先选择承包人中标

【例题6】关于依法必须招标的给定暂估价的专业工程招标，下列说法正确的有（　　）。（2019 年真题）

A. 承包人不参加投标的，应由承包人作为招标人

B. 承包人组织招标工作的有关费用应另行计算

C. 承包人参加投标的，应由发包人负责招标

D. 发包人组织招标工作的有关费用应由从签约合同价中扣回

E. 承包人参加投标的，同等条件下应优先中标

【答案】ACE

【解析】选项 B 错误，谁招标费用谁承担，承包人组织招标的费用已含在签约合同价中。选项 D 错误，发包人作为招标人，有关费用发包人承担。

【例题7】发包人在招标工程量清单中给定某工程设备暂估价，下列关于该工程设备价款调整的说法正确的是（　　）。（2018 年真题）

A. 依法可不招标的项目，应由发包人组织采购，以采购价格取代暂估价

B. 依法可不招标的项目，应由承包人按合同约定采购，以发包人确认后的价格取代暂估价

C. 依法必须招标的项目，应由发包人招标选择供应商，以中标价格取代暂估价

D. 依法必须招标的项目，应由承包人招标选择供应商，以中标价格取代暂估价

【答案】B

【解析】给定暂估价的材料、工程设备：不属于依法必须招标的，由承包人按照合同约定采购，经发包人确认后以此为依取代暂估价，调整合同价款。属于依法必须招标的，由发承包双方以招标的方式选择供应商，以中标价格取代暂估价，调整合同价款。

考点四　工程索赔类合同价款调整事项

1. 不可抗力（表5-9）

因不可抗力造成工期延误处理及费用损失承担原则　　　　　　表 5-9

工期延误	（1）工期相应顺延； （2）发包人要求赶工的，承包人应采取赶工措施，赶工费用由发包人承担
费用损失	（1）合同工程本身的损害、因工程损害导致第三方人员伤亡和财产损失以及运至施工场地用于施工的材料和待安装的设备的损害，由发包人承担； （2）发包人、承包人人员伤亡由其所在单位负责，并承担相应费用； （3）承包人的施工机械设备损坏及停工损失，由承包人承担； （4）停工期间，承包人应发包人要求留在施工场地的必要的管理人员及保卫人员的费用由发包人承担； （5）工程所需清理、修复费用，由发包人承担。 **【总结】承包商只承担自身的人员伤亡和施工机械设备损坏及停工损失**

【例题1】因不可抗力造成的下列损失，应由发包人承担的是（　　　　）。（2021年真题）

A. 施工人员伤亡补偿金　　　　　B. 施工机械损坏损失

C. 承包人停工损失　　　　　　　D. 修复已完工程的费用

【答案】D

【解析】选项 A、B、C 的损失都由承包人自己承担。

2. 提前竣工（赶工补偿）与误期赔偿（表5-10）

提前竣工与误期赔偿　　　　　　表 5-10

	提前竣工	误期赔偿
奖励或赔偿	合同中约定，每日历天奖励或赔偿额度	
最高限额	双方在合同中约定，如合同价款的 5%	
支付时间	列入竣工结算文件中，与结算款一并支付	
其他	发包人要求提前竣工，应征得承包人同意后与承包人商定采取加快工程进度的措施，并修订进度计划。费用发包人承担。 赶工费：压缩的工期天数不得超过定额工期的 20%，超过的，应在招标文件中明示增加赶工费用	即使承包人支付误期赔偿费，也不能免除承包人按照合同约定应承担的任何责任和义务

【例题2】某施工合同中的工程内容由主体工程与附属工程两部分组成，两部分工程的合同额分别为 800 万元和 200 万元。合同中对误期赔偿费的约定是：每延误一个日历天

应赔偿 2 万元，且总赔偿费不超过合同总价款的 5%。该工程主体工程按期通过竣工验收，附属工程延误 30 日历天后通过竣工验收，则该工程的误期赔偿费为（　　　）万元。（2018 年真题）

A. 10　　　　　　　　　　　B. 12

C. 50　　　　　　　　　　　D. 60

【答案】B

【解析】附属工程占合同工程的比例为 200/1000 = 1/5，附属工程每延误一天应赔偿 0.4 万元（1/5 × 2 = 0.4），一共延误 30 日历天，误期赔偿费为 30 × 0.4 = 12（万元），未超过限额（1000 × 5 = 50 万元）。

3. 索赔

（1）索赔的分类（表 5-11）

《标准施工招标文件》中承包人的索赔事件及可补偿内容　　　　　表 5-11

序号	索赔事件	可补偿内容		
		工期	费用	利润
1	异常恶劣的气候条件导致工期延误	√		
2	因不可抗力造成工期延误	√		
3	提前向承包人提供材料、工程设备		√	
4	因发包人原因造成承包人人员工伤事故		√	
5	承包人提前竣工		√	
6	基准日后法律的变化		√	
7	工程移交后因发包人原因出现的缺陷修复后的试验和试运行		√	
8	因不可抗力停工期间应监理人要求照管、清理、修复工程		√	
9	施工中发现文物、古迹	√	√	
10	施工中遇到不利物质条件	√	√	
11	延迟提供图纸	√	√	√
12	迟延提供施工场地	√	√	√
13	发包人提供材料、工程设备不合格或迟延提供或变更交货地点	√	√	√
14	承包人依据发包人提供的错误资料导致测量放线错误	√	√	√
15	因发包人原因造成工期延误	√	√	√
16	发包人暂停施工造成工期延误	√	√	√
17	工程暂停后因发包人原因无法按时复工	√	√	√
18	因发包人原因导致承包人工程返工	√	√	√
19	监理人对已经覆盖的隐蔽工程要求重新检查且检查结果合格	√	√	√
20	因发包人提供的材料、工程设备造成工程不合格	√	√	√

续表

序号	索赔事件	可补偿内容		
		工期	费用	利润
21	承包人应监理人要求对材料、工程设备和工程重新检验且检验结果合格	√	√	√
22	发包人在工程竣工前提前占用工程	√	√	√
23	因发包人违约导致承包人暂停施工	√	√	√
24	因发包人的原因导致工程试运行失败		√	√
25	工程移交后因发包人原因出现新的缺陷或损坏的修复		√	√

【例题 3】根据《标准施工招标文件》（2007 年版）通用合同条款，承包人有权利同时提出工期、费用、利润索赔的事件有（　　　）。（2023 年真题）

A. 发包人延迟提供图纸

B. 施工中发现文物、古迹

C. 施工中遇到不利物质条件

D. 发包人提供的工程设备造成工程不合格

E. 发包人提供的错误资料导致测量放线错误

【答案】ADE

【解析】选项 B、C 可索赔工期和费用。

【例题 4】根据《标准施工招标文件》（2007 年版）通用合同条款，下列引起承包人索赔的事件中，只能获得费用补偿的是（　　　）。（2018 年真题）

A. 发包人提前向承包人提供材料、工程设备

B. 因发包人提供的材料、工程设备造成工程不合格

C. 发包人在工程竣工前提前占用工程

D. 异常恶劣的气候条件，导致工期延误

【答案】A

【解析】选项 B、C 可索赔工期 + 费用 + 利润。选项 D 只能索赔工期。

（2）索赔的依据和前提条件

1）索赔的依据（表 5-12）

索赔的依据　　　　　　　　　　　　　　　　　　　　　　　　　表 5-12

工程施工合同文件	**最关键**和**最主要**的依据，施工中的洽商、变更等书面文件
法律法规	◆ 国家制定的法律依据； ◆ 部门规章以及工程所在地的地方性法规或地方政府规章也可作为索赔依据，**但应当在专用条款中约定**
标准、规范、计价依据	◆ 强制性标准，必须严格执行； ◆ 非强制性标准，**必须在合同中明确规定**
各种凭证	索赔事件遭受费用或工期损失的事实依据，反映了工程的计划情况和实际情况

2）承包人工程索赔成立的基本条件：

已造成了承包人直接经济损失或工期延误；

是因非承包人的原因发生的；

承包人已经按照工程施工合同规定的期限和程序提交了索赔意向通知、索赔报告及相关证明材料。

【例题5】下列资料中，可以作为施工发承包双方提出和处理索赔直接依据的有（　　）。

A．未在合同中约定的工程所在地地方性法规

B．工程施工合同文件

C．合同中约定的非强制性标准

D．工程建设强制性标准

E．合同中未明确规定的地方定额

【答案】BCD

【解析】选项A错误，地方性法规应当在施工合同专用条款中约定，才能作为索赔的依据。选项E错误，对于非强制性标准，必须在合同中有明确规定的情况下，才能作为索赔的依据。

【例题6】支持承包人工程索赔成立的基本条件有（　　）。（2016年真题）

A．合同履行过程中承包人没有违约行为

B．索赔事件已造成承包人直接经济损失或工期延误

C．索赔事件是因非承包人的原因引起的

D．承包人已按合同规定提交了索赔意向通知、索赔报告及相关证明材料

E．发包人已按合同规定给予了承包人答复

【答案】BCD

（3）费用索赔的计算（表5-13）

费用索赔的计算　　　　　　　　　　　　　　　　　　　　表5-13

人工费	1）内容：额外工作、加班、法定人工费增长、非承包人原因导致的工效降低、非承包商原因窝工和工资上涨费。 2）计算：**新增工作**，按日工资单价计算；窝工，通常采取人工单价乘以折算系数计算		
材料费	1）内容：增加的材料费、发包人原因导致延期期间上涨费和超期储存费。应包括运输费，仓储费，以及合理的损耗费用。 2）不能索赔：由于承包商管理不善，造成材料损坏失效		
施工机具使用费	1）内容：增加额外工作，非承包人原因的降效、发包人或工程师指令错误或延迟导致的停滞。 2）计算：		
		新增工作	窝工机械闲置
	租赁	机械台班费	台班租赁费加每台分摊的进出场费
	自有	机械台班费	台班折旧费、人工费和其他之和
管理费	1）现场管理费：新增工作及发包人原因导致工期延期期间的现场管理费。包括管理人员工资、办公费、通信费、交通费。 计算：索赔的直接成本费用×现场管理费率		

管理费	2）总部管理费：发包人的原因导致工程延期期间所增加的承包人向公司总部提交的管理费。 3）计算： ①按总部管理费的比率计算 总部管理费＝（直接费索赔额＋现场管理费索赔额）×总部管理费比率（%） ②按已获补偿的工程延期天数为基础计算 总部管理费＝分摊的日管理费×延期天数
保险费	发包人原因导致工程延期，承包人必须办理工程保险、施工人员意外伤害保险的延期手续，而增加的费用
保函手续费	保函手续费：发包人原因导致工程延期时，保函手续费相应增加
利息	1）内容：发包人拖延支付工程款利息；发包人迟延退还工程质量保证金的利息；发包人错误扣款的利息等。 2）计算：利率按约定，无约定或约定不明的，可按同期同类贷款利率或同期贷款市场报价利率（LPR）计算
利润	一般来说，依据施工合同中明确规定可以给予利润补偿的索赔条款，承包人提出费用索赔时都可以主张利润补偿。索赔利润的计算通常是与原报价单中的利润百分率保持一致
分包费用	分包费用：发包人原因导致分包工程费用增加时，分包向总包索赔，索赔款应列入总承包人对发包人的索赔款项中

【例题 7】 因发包人原因，某分部分项工程发生索赔事件。经双方确认的索赔费中直接费为 9 万元，现场管理费为 2 万元。投标书中总部管理费率为 5%，则总部管理费的索赔额应为（　　）万元。（2022 年真题）

A. 0.10　　　　　　　　　　　　B. 0.45

C. 0.55　　　　　　　　　　　　D. 1.00

【答案】 C

【解析】 总部管理费索赔金额＝（直接费索赔金额＋现场管理费索赔金额）×总部管理费比率＝（9＋2）×5%＝0.55（万元）。

【例题 8】 某工程合同价格为 5000 万元，计划工期是 200 天，施工期间因非承包人原因导致工期延误 10 天，若同期该公司承揽的所有工程合同总价为 2.5 亿元，计划总部管理费为 1250 万元，则承包人可以索赔的总部管理费为（　　）万元。（2014 年真题）

A. 7.5　　　　　　　　　　　　　B. 10

C. 12.5　　　　　　　　　　　　D. 15

【答案】 C

【解析】 本题应该用比例法进行计算，本工程合同价格占公司合同总价总额的 1/5，本工程分摊的总部管理费＝1250×1/5＝250（万元），每天的总部管理费＝250/200＝1.25（万元），索赔总部管理费为 1.25×10＝12.5（万元）。

（4）费用索赔的计算方法（表 5-14）

费用索赔的计算方法　　　　　　　　　　　　　　　**表 5-14**

方法	说明
实际费用法	又称分项法，广泛采用

方法	说明
总费用法	又称总成本法。索赔金额＝某项工作调整后的实际总费用－该项工作的报价费用
修正的总费用法	即在总费用计算的原则上，去掉一些不合理的因素，使其更合理。 修正的内容包括： ① 将计算索赔款的时段局限于受到外界影响的时间，而不是整个施工期。 ② 只计算受到影响时段内的某项工作所受影响的损失，而不是计算该时段内所有施工工作所受的损失。 ③ 与该项工作无关的费用不列入总费用中。 ④ 对投标报价费用重新进行核算，按受影响时段内该项工作的实际单价进行核算，乘以完成的该项工作的工程量，得出调整后的报价费用

【例题 9】某建筑工程施工过程中发生如下事件：① 遇到不利物质条件，用工 20 个工日；② 异常恶劣天气停工 1 日，窝工 30 个工日。人工工日单价 200 元／工日，窝工补贴 100 元／工日，管理费用、利润分别按人工费的 20%、10% 计算，不考虑其他费用。根据《标准施工招标文件》（2007 年版）的通用合同条款，承包人可向发包人索赔的金额为（   ）元。（2023 年真题）

  A. 4800   B. 5200

  C. 8400   D. 9100

【答案】A

【解析】事件 1 只能索赔工期和费用，不能索赔利润。费用 $20 \times 200 \times (1+20\%) = 4800$（万元），事件 2 只能补偿工期。

【例题 10】某项目采用《标准施工招标文件》（2007 年版）合同条件，施工过程中发生下列事件：① 遇到不利地质条件，停工 3 天，窝工 30 个工日，处理不利地质条件 20 个工日；② 发生异常恶劣天气，导致停工 2 天，窝工 20 个工日。该工程合同约定窝工补贴 160 元／工日，人工工日单价 200 元／工日。不考虑其他因素，承包人应向业主索赔的工期、费用分别为（   ）。（2022 年真题）

  A. 5 天，8800 元   B. 3 天，8800 元

  C. 2 天，8000 元   D. 5 天，12000 元

【答案】A

【解析】不利物质条件工期索赔 3 天，费用索赔：$30 \times 160 + 20 \times 200 = 8800$（元），异常恶劣的天气导致的停工不能索赔费用，只能索赔工期。

【例题 11】某施工合同约定，当发生索赔事件时，人工工资、窝工补贴分别按 300 元／工日、100 元／工日计，以人工费为基数的综合费率为 40%。在施工过程中发生了如下事件：① 因异常恶劣天气导致工程停工 3 天，人员窝工 60 个工日；② 因该异常恶劣天气导致工程修复用工 20 个工日，发生材料费 5000 元；③ 复工后又因发包人原因导致停工 2 天，人员窝工 40 个工日。为此，承包人可向发包人索赔的费用为（   ）元。（2021 年真题）

  A. 17400   B. 19000

  C. 19400   D. 23400

【答案】A

【解析】① 异常恶劣天气导致的停工通常不能进行费用索赔。② 修复用工索赔额＝20×300×（1＋40%）＋5000＝13400（元）。③ 发包人原因停工索赔额：40×100＝4000（元），共计 17400 元。

【例题 12】因发包人原因导致工程延期，承包人可向发包人索赔的费用项目有（　　　）。（2021 年真题）

A．材料超期储存费用　　　　　　B．承包人管理不善造成的材料损失费用

C．总部管理费　　　　　　　　　D．履约保函延期手续费

E．材料涨价价差

【答案】ACDE

【解析】承包人可向发包人索赔的费用项目：由于发包人原因导致工程延期期间的材料价格上涨和超期储存费用。如果由于承包人管理不善，造成材料损坏失效，则不能列入索赔款项内。

（5）工期索赔的计算

1）工期索赔中应当注意的问题

① 划清施工进度拖延的责任（表 5-15）

施工进度拖延的责任　　　　　　　　　　　　　　　　　　表 5-15

可原谅延期	① 承包人不应承担任何责任的延误 ② 可原谅并给予补偿费用、可原谅不给予补偿费用（非承包人责任事件并未导致成本的额外支出）
不可原谅延期	承包人的原因造成施工进度滞后

② 被延误的工作应是处于施工进度计划关键线路上的施工内容，或延误超过了总时差的非关键工作

2）工期索赔的计算方法（表 5-16）

工期索赔的计算方法　　　　　　　　　　　　　　　　　　表 5-16

直接法	关键工作的延误时间作为工期索赔值
比例计算法	如仅仅影响某单项工程、单位工程或分部分项工程的工期，要分析其对总工期的影响，可以采用比例计算法
网络图分析法	可以用于各种干扰事件和多种干扰事件共同作用所引起的工期索赔

3）共同延误的处理（表 5-17）

共同延误的处理　　　　　　　　　　　　　　　　　　　　表 5-17

初始延误者	承包人可以获得的补偿
发包人原因	工期延长及经济补偿
客观原因	补偿工期，**很难**获得费用补偿
承包人原因	无补偿

概念：两、三种原因同时发生（或相互作用）而形成的延误。

责任方：初始延误者应对工程拖期负责。

【例题 13】 关于工期"共同延误"的责任处理，下列说法正确的是（　　）。（2023 年真题）

A. 由造成拖期的初始延误者对工程拖期负主要责任

B. 在初始延误发生作用期间，其他并发的延误者承担部分拖期责任

C. 初始延误者是发包人的，可给予承包人工期和经济补偿

D. 初始延误是客观原因造成的，可给予承包人工期和经济补偿

【答案】 C

【解析】 选项 A 中"主要责任"说法错误。选项 B 错误，初始延误者负责。选项 D 错误，客观原因导致的，很难获得费用补偿。

【例题 14】 某工程合同总价 1000 万元，受索赔事件影响该工程同一关键线路上的 A、B 两个分项工程分别拖延 2 天、3 天，A、B 两个分项工程合同价分别为 300 万元、200 万元，则承包人应向发包人提出的工期索赔为（　　）天。（2022 年真题）

A. 5   B. 3

C. 2.5   D. 2

【答案】 A

【解析】 如果某干扰事件直接发生在关键线路上，造成总工期的延误，可以直接将该干扰事件的实际干扰时间（延误时间）作为工期索赔值。2＋3＝5（天）。

【例题 15】 关于对承包人提出的工期索赔的处理，下列说法正确的有（　　）。（2022 年真题）

A. 只有可原谅的延期部分才能批准顺延工期

B. 应考虑被延误工作存在的总时差来确定工期索赔时间

C. 非承包人责任事件并未造成施工成本额外支出的，工期索赔不伴随费用索赔

D. 初始延误属于客观原因的，可得到工期和费用补偿

E. 初始延误发生期间发生影响较大的并发延误，应视影响程度由原因双方共同承担责任

【答案】 ABC

【解析】 选项 A，有时工程延期的原因中可能包含有双方责任，此时监理人应进行详细分析，分清责任比例，只有可原谅延期部分才能批准顺延合同工期。选项 B，索赔的时间＝延误时间－总时差。选项 C，可原谅但不给予补偿费用的延期，非承包人责任事件的影响并未导致施工成本的额外支出，大多属于发包人应承担风险责任事件的影响，如异常恶劣的气候条件影响的停工等。选项 D 错误，很难获得费用补偿。选项 E，由初始延误者承担。

【例题 16】 费用索赔计算的常用方法有（　　）。（2021 年真题）

A. 比例计算法   B. 实际费用法

C. 总成本法   D. 修正的总费用法

E. 网络图分析法

【答案】 BCD

【解析】选项 A、E 是工期索赔的计算方法。

考点五 其他类合同价款调整事项

现场签证是指发包人或其授权现场代表（包括工程监理人、工程造价咨询人）与承包人或其授权现场代表就施工过程中涉及的责任事件所做的签认证明（表 5-18）。

现场签证的处理　　　　　　　　　　　　　　　　表 5-18

现场签证的提出	① 承包人应发包人要求完成合同以外的零星项目、非承包人责任事件等工作的，发包人应及时以书面形式向承包人发出指令，提供所需的相关资料；承包人在收到指令后，应及时向发包人提出现场签证要求。 ② 承包人在施工过程中，若发现合同工程内容因场地条件、地质水文、发包人要求等不一致时，应提供所需的相关资料，提交发包人签证认可，作为合同价款调整的依据
现场签证的价款计算	① 已有相应的计日工单价，现场签证报告中仅列明完成的数量。 ② 没有相应的计日工单价，应当在现场签证报告中列明完成的数量及其单价。 ③ 承包人计算价款，报发包人确认后，与**进度款**同期支付

【例题 17】施工合同履行期间出现现场签证事件时，现场签证要求应由（　　）提出。（2020 年真题）

A. 发包人　　　　　　　　　　　B. 监理人

C. 设计人　　　　　　　　　　　D. 承包人

【答案】D

【解析】承包人在收到指令后，应及时向发包人提出现场签证要求。

第二节　工程合同价款支付与结算

考情分析

考点	2023 年		2022 年		2021 年		2020 年		2019 年		2018 年		2017 年		2016 年	
	单选	多选	单选	多选	单选	多选	单选	多选	单选	多选	单选	多选	单选	多选	单选	多选
工程计量			1	1	1		1			1			1			
预付款及期中支付	2				2	1	1		2		2	1	2		2	1
竣工结算	1	1	3		1		2	1			3		1	2	1	
质量保证金的处理	1				1				1		1		1		1	
最终结清			1						1							
合同价款纠纷的处理	2	1	1	1	1	1	1		1		2	1	2		2	1

考点一 工程计量

1. 工程计量的原则与范围（表 5-19）

工程计量的原则与范围   表 5-19

原则	① **不符合合同文件要求的工程不予计量**。即工程必须满足设计图纸、技术规范等合同文件对其在工程质量上的要求，同时有关的工程质量验收资料齐全、手续完备，满足合同文件对其在工程管理上的要求。 ② **按合同文件所规定的方法、范围、内容和单位计量。** ③ **因承包人原因造成的超出合同工程范围施工或返工的工程量，发包人不予计量**
范围	① 工程量清单及工程变更所修订的工程量清单的内容； ② 合同文件中规定的各种费用支付项目，如费用索赔、各种预付款、价格调整、违约金等
依据	工程量清单及说明；合同图纸；工程变更令及其修订的工程量清单；合同条件；技术规范；有关计量的补充协议；质量合格证书等

2. 工程计量的方法（表 5-20）
可按月计量或按工程形象进度分段计量，计量周期合同中约定。

工程计量的方法   表 5-20

单价合同	承包人完成应予计量的工程量，出现招标清单缺项、工程量偏差、变更增减等，应按履行合同完成的工程量计算
总价合同	① 预算发包总价合同各项目的工程量用于结算的最终工程量，变更除外。 ② 计量应以合同工程经审定批准的施工图纸为依据，按合同中约定工程计量的形象目标或时间节点进行计量
其他	**成本加酬金合同、清单方式招标形成的总价合同，同单价合同的计量方法**

【例题 1】根据现行工程量清单计价规范，关于国有资金投资建设工程的工程计量，下列说法正确的是（　　）。（2022 年真题）

A. 超出合同工程范围施工但没有造成质量问题的工程应予计量

B. 合同文件中约定的各种费用支付项目应不予计量

C. 应区分单价合同与总价合同选择不同的计量方法

D. 成本加酬金合同按照总价合同的计量规定计量

【答案】C

【解析】选项 A 错误，超出合同工程范围属于不予计量的情况。选项 B 错误，合同文件中约定的各种费用支付项目应予以计量。选项 D 错误，成本加酬金合同按照单价合同的计量规定进行计量。

【例题 2】关于工程计量的说法，正确的有（　　）。（2022 年真题）

A. 应按合同文件规定的方法、范围、内容和单位计量

B. 不符合合同文件要求的工程不予计量

C. 工程验收资料不齐全但满足工程质量要求的，应予计量

D. 因承包人原因超出合同工程范围施工，但有助于提高项目功能的工程量，发包人应予计量

E. 因承包人原因造成返工的工程量，经验收合格的，发包人应予计量

【答案】AB

【解析】选项 C 错误，工程质量验收应资料齐全、手续完备。选项 D、E 错误，因承包人原因造成的超出合同工程范围施工或返工的工程量，发包人不予计量。

【例题 3】下列文件和资料中，可作为建设工程工程量计量依据的是（　　　）。（2015年真题）

A. 造价管理机构发布的调价文件

B. 造价管理机构发布的价格信息

C. 质量合格证书

D. 各种预付款支付凭证

【答案】C

【解析】工程计量的依据包括：工程量清单及说明；合同图纸；工程变更令及其修订的工程量清单；合同条件；技术规范；有关计量的补充协议；质量合格证书等。

考点二　预付款及期中支付

1. 预付款

（1）预付款的支付时间和金额计算（表 5-21）

预付款的支付　　　　　　　　　　　　　　　表 5-21

时间	在正式开工前预先支付给承包人
目的	用于购买工程施工所需的材料和组织施工机械和人员进场的价款
百分比计算法	签约合同价（扣暂列金额）的 10%～30%
公式计算法	材料在途、加工、整理、供应间隔天数、保险天数等 $工程预付款数额 = \dfrac{年度工程总价 \times 材料比例（\%）}{年度施工天数（365 天）} \times 材料储备定额天数$

（2）预付款的扣回（表 5-22）

预付款的扣回　　　　　　　　　　　　　　　表 5-22

按合同约定	从每次支付的工程款中扣回预付款，合同完成前逐次扣回
起扣点计算法	① 从未施工工程尚需的主要材料及构件的价值相当于工程预付款数额时起扣 ② 从每次结算工程价款中按材料比重扣减工程价款，竣工前全部扣清 ③ 该方法对承包人比较有利，最大限度地占用了发包人的流动资金 ④ $T = P - \dfrac{M}{N} = 承包工程合同总额 - \dfrac{预付款总额}{主材及构件所占比重}$

【例题 1】关于按照 $T = P - M/N$ 约定的预付款起扣点，下列说法正确的是（　　）。（2023 年真题）

A. M 代表未完成工程的金额

B. 起扣点的金额与预付款金额所占合同总额的比例负相关

C. 起扣点后，每期支付进度款应扣除本期实际发生的材料设备款

D. 该起扣点计算法，有利于发包人资金使用，但对承包人不利

【答案】B

【解析】选项 A 错误，M 代表预付款。选项 C 错误，从每次结算工程价款中按材料比重扣减工程价款，竣工前全部扣清。选项 D 错误，该方法对承包人比较有利，最大限度地占用了发包人的流动资金。

【例题 2】某施工合同总价 3 亿元，分两年内均衡施工。已知主要材料、设备价值占合同总价的比例分别为 54%、6%，主要材料、设备储备天数平均为 60 天，年度施工天数按 360 天考虑，按公式计算法计算该工程的年度预付款为（　　）万元。（2022 年真题）

A. 1350　　　　　　　　　　　　B. 1500

C. 2700　　　　　　　　　　　　D. 3000

【答案】A

【解析】本题中给出的设备价值占比 6% 是干扰项。年度工程总价 30000 万元 × 0.5 ＝ 15000 万元。工程预付款数额 ＝ 年度工程总价 × 材料比例 / 年度施工天数 × 材料储备定额天数 ＝（15000 × 54%）/360 × 60 ＝ 1350（万元）。

【例题 3】关于工程预付款的额度计算和支付，下列说法正确的是（　　）。（2021 年真题）

A. 采用百分比法时，预付款支付比例不得低于签约合同价的 10%

B. 采用百分比法时，预付款支付比例不宜高于扣除暂列金额后签约合同价的 30%

C. 采用公式计算法时，预付款 ＝ 年度工程总价 / 年度施工天数 × 材料储备定额天数

D. 采用公式计算法时，施工天数一般按 360 天计算

【答案】B

【解析】采用百分比法时，预付款支付比例不得低于签约合同价（扣除暂列金额）的 10%。预付款 ＝ 年度工程总价 × 材料费的比例 / 年度施工天数 × 材料储备定额天数。采用公式计算法时，施工天数一般按 365 天计算。

【例题 4】某工程合同 12000 万元，其中主要材料及构件占比为 50%。合同约定的工程预付款为 3600 万元，进度款支付比例为 85%。按起扣点计算的预付款起扣点为（　　）万元。（2021 年真题）

A. 7200　　　　　　　　　　　　B. 6120

C. 3000　　　　　　　　　　　　D. 4800

【答案】D

【解析】$T = P - \dfrac{M}{N} = 承包工程合同总额 - \dfrac{预付款总额}{主材及构件所占比重} = 12000 - 3600/50\% = 4800（万元）。$

（3）预付款的担保（表5-23）

预付款的担保　　　　　　　　　　　　表 5-23

提供时间	签订合同后，承包人领取预付款前
主要形式	银行保函（其他形式也可，如担保公司担保、抵押担保）
金额	与预付款**等值**，预付款逐月从工程进度款中扣除，预付款担保的金额也应**逐渐减少**
有效期	预付款全部扣回之前一直有效

（4）安全文明施工费的预付（表5-24）

安全文明施工费的预付　　　　　　　　表 5-24

时间	开工后的 28 天内
金额	不低于当年施工进度计划的安全文明施工费总额的 60%，其余部分按照提前安排的原则进行分解，与进度款同期支付
不按时支付的处理	承包人可催告；付款期满后的 7 天内仍未支付的，若发生安全事故，发包人应承担连带责任

【例题 5】关于预付款担保的说法，正确的是（　　　）。（2019 年真题）

A. 预付款担保的形式必须为银行保函

B. 预付款担保的担保金额必须高于预付款

C. 在预付款的扣回过程中担保金额保持不变

D. 预付款保函在预付款扣回之前必须保持有效

【答案】D

【解析】选项 A 错误，预付款担保的主要形式为银行保函，也可以采用其他形式。选项 B 错误，预付款担保的担保金额通常与发包人的预付款是等值的。选项 C 错误，预付款担保的担保金额也相应逐月减少。

【例题 6】关于安全文明施工费的支付，下列说法正确的是（　　　）。（2018 年真题）

A. 按施工工期平均分摊安全文明施工费，与进度款同期支付

B. 按合同建筑安装工程费分摊安全文明施工费，与进度款同期支付

C. 在开工后 28 天内预付不低于当年施工进度计划的安全文明施工费总额的 60%，其余部分与进度款同期支付

D. 在正式开工前预付不低于当年施工进度计划的安全文明施工费总额的 60%。其余部分与进度款同期支付

【答案】C

【解析】发包人应在工程开工后的 28 天内预付不低于当年施工进度计划的安全文明施工费总额的 60%，其余部分按照提前安排的原则进行分解，与进度款同期支付。

2. 施工过程结算

经双方确认的过程结算文件作为竣工结算文件的组成部分，竣工后原则上不再重复审核。

（1）工程进度款计算（表 5-25）

工程进度款计算　　　　　　　　　　　　　　　　　　表 5-25

已完工程的结算价款	① 已标价清单中单价项目价款＝计量确认的工程量×综合单价，综合单价发生调整，按双方确认的综合单价计算 ② 已标价清单中的总价项目价款＝安全文明施工费＋本期应支付的总价项目金额
结算价款的调整	① 增加：现场签证＋索赔金额（发包人确认的） ② 扣除：甲供材，按签约提供的单价和数量
进度款的支付比例	① 政府机关、事业单位、国有企业建设工程进度款支付应不低于已完成工程价款的 **80%** ② 在结算过程中，若发生进度款支付超出实际已完成工程价款的情况，承包人应按规定在结算后 30 日内向发包单位返还多收到的工程进度款

（2）工程进度款支付（图 5-4）

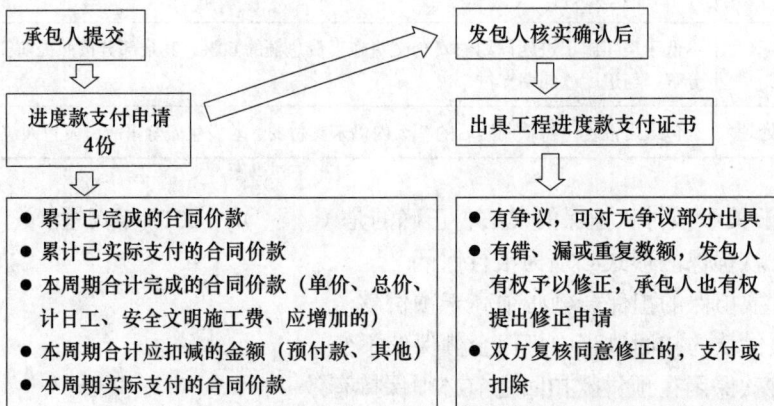

图 5-4　进度款支付的程序和内容

【例题 7】 关于建设工程施工过程结算及进度款支付，下列说法正确的是（　　　）。（2023 年真题）

A. 施工过程结算不应包括承包人现场签证、索赔金额

B. 发包人提供材料的金额，应按发包人实际采购单价和数量从进度款中扣除

C. 发包人对承包人工程进度款支付申请核实确认后，应出具进度款支付证书

D. 发现已签发的任何支付证书有错、漏项的，发承包人双方均有权予以修正

【答案】 C

【解析】 选项 A 错误，过程结算包括现场签证、索赔金额。选项 B 错误，发包人提供的材料、工程设备金额，应按签约提供的单价和数量从进度款支付中扣除。选项 D，发包人有权予以修正，承包人有权提出修正的申请。

【例题 8】 承包人的进度款支付申请应包括的内容有（　　　）。（2022 年真题）

A. 累计已完成的合同价款　　　　B. 累计已扣减的合同价款

C. 累计已实际支付的合同价款　　D. 本期合计完成的合同价款

E. 本期施工计划完成情况表

【答案】 ACD

【解析】进度款支付申请的内容包括:(1)累计已完成的合同价款。(2)累计已实际支付的合同价款。(3)本周期合计完成的合同价款。(4)本周期合计应扣减的金额。(5)本周期实际应支付的合同价款。

考点三　竣工结算

1. 工程竣工结算的编制和审核

(1)竣工结算文件的编制内容(表5-26)

【总结】按约定(规定)计算,发生调整的,以双方确认金额调整。

发承包双方在合同工程实施过程中已经确认的工程计量结果和合同价款,应直接进入结算。

竣工结算文件的编制内容　　　　　　　　　　表 5-26

单价项目	● 双方确认的工程量×已标价工程量清单综合单价 ● 如发生调整,以双方确认调整的综合单价计算
总价措施项目	● 依据合同约定的项目和金额计算 ● 安全文明施工费必须按规定计算
其他项目	● 计日工按发包人实际签证确认的事项计算 ● 暂估价按规定计算 ● 总承包服务费依据合同约定计算 ● 索赔费用依据双方确认的事项和金额计算 ● 现场签证费用依据双方签证资料确认的金额计算 ● 暂列金额应减去工程价款调整(包括索赔、现场签证)金额计算,如有余额归发包人
规费和税金	● 按国家或省级、行业建设主管部门规定计算
总价合同	● 合同总价基础上,对约定调整的内容及超过约定范围的风险因素进行调整
单价合同	● 合同约定风险范围内的综合单价应固定不变 ● 按合同约定计量,并按实际完成的量计量

(2)竣工结算文件的审核(表5-27)

方法:**全面审核法**。

工程竣工结算文件经发承包双方签字确认的,应当作为工程结算的依据,未经对方同意,另一方不得就已生效的竣工结算文件委托工程造价咨询企业重复审核。

竣工结算文件的审核　　　　　　　　　　表 5-27

项目类型	审核人
国有资金投资工程的发包人	● 应当委托工程造价咨询机构
非国有资金投资工程的发包人	● 发包人审核 ● 有异议,在答复期内向承包人提出,并可在约定期限内与承包人协商 ● 未协商或者未达成协议的,应当委托造价咨询机构审核,协商期满后向承包人提出审核意见

（3）质量争议工程的竣工结算（看是否验收投入使用）（图 5-5）

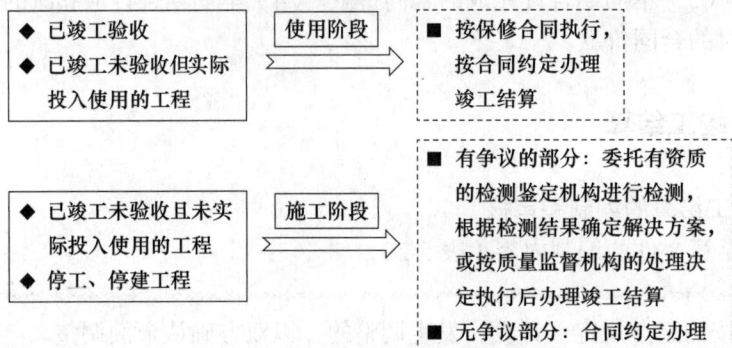

图 5-5　质量争议工程的竣工结算

【例题 1】根据《建设工程工程量清单计价规范》GB 50500—2013，关于编制工程竣工结算文件时的计价原则，下列说法正确有（　　　）。（2023 年真题）

A. 采用总价合同的，应在合同总价的基础上进行结算

B. 采用单价合同的，应在合同单价的基础上进行结算

C. 有材料暂估价的，暂估价材料应按照暂估价格进行结算

D. 设有暂列金额的，工程价款调整金额以暂列金额为限进行结算

E. 采用过程结算的，发承包双方已经确认的工程计量结果应直接进入结算

【答案】ABE

【解析】选项 C 错误，暂估价按照规定结算。选项 D 错误，并非以暂列金额为限额。

【例题 2】关于编制竣工结算文件应遵循的计价原则，下列说法正确的是（　　　）。（2022 年真题）

A. 安全文明施工费应按原合同约定的金额计算

B. 总承包服务费应按承包人实际发生的金额计算

C. 现场签证费用应依据发承包双方签证确认的金额计算

D. 暂列金额应减去工程价款调整金额（不含索赔费用）

【答案】C

【解析】选项 A 错误，安全文明施工费必须按照国家或省级、行业建设主管部门的规定计算。选项 B 错误，总承包服务费按约定计算，如发生调整，以双方确认调整的金额计算。选项 D 错误，价款调整包括索赔、现场签证。

【例题 3】关于政府投资项目竣工结算的审核，下列说法正确的是（　　　）。（2020 年真题）

A. 单位工程竣工结算由承包人审核

B. 单项工程竣工结算由承包人审核

C. 建设项目竣工总结算由发包人委托造价工程师审核

D. 竣工结算文件由发包人委托工程造价咨询机构审核

【答案】D

【解析】国有资金投资建设工程的发包人，应当委托工程造价咨询机构对竣工结算文件进行审核。

【例题 4】发包人对工程质量有异议，竣工结算仍应按合同约定办理的情形有（　　　）。（2017 年真题）

A．工程已竣工验收的

B．工程已竣工未验收，但实际投入使用的

C．工程已竣工未验收，且未实际投入使用的

D．工程停建，对无质量争议的部分

E．工程停建，对有质量争议的部分

【答案】ABD

【解析】选项 C、E 属于需要解决争议，不可以办理结算。

2. 竣工结算款的支付（图 5-6）

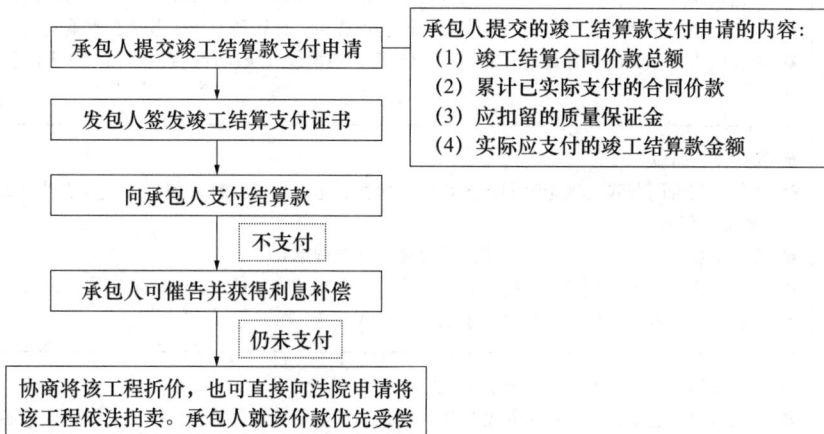

图 5-6　竣工结算款的支付

【例题 5】关于工程施工项目竣工结算款的支付，下列说法正确的是（　　　）。（2023 年真题）

A．竣工结算款支付申请金额应包括质量保证金在内的所有未支付款项

B．合同价款总额中应扣除经双方确认的误期赔偿费

C．承包人有权获得的延迟支付利息，应自催告发包人支付之日起计算

D．发包人未按规定支付竣工结算款的，承包人不得直接向人民法院申请拍卖工程

【答案】B

【解析】选项 A 错误，质量保证金在竣工结算时发包人扣留。选项 C 错误，延迟付款利息从应付价款之日起算。选项 D，经催告仍未支付的，可以向法院申请拍卖。

【例题 6】发包人未按规定程序支付竣工结算款项的，承包人可以（　　　）。（2020 年真题）

A．催发包人支付　　　　　　　　B．获得延迟支付利息的权利

C．直接将工程折价　　　　　　　D．直接将工程拍卖

E．就工程拍卖价款获得优先受偿权

【答案】ABE

【解析】发包人未按照规定的程序支付竣工结算款的，承包人可催告发包人支付，并有权获得延迟支付的利息。发包人在规定时间内仍未支付的，除法律另有规定外，承包人可与发包人协商将该工程折价，也可直接向人民法院申请将该工程依法拍卖。承包人就该工程折价或拍卖的价款优先受偿。

3. 合同解除的价款结算与支付（表 5-28）

合同解除的价款结算与支付　　　　　　　　　　　　　　　　表 5-28

不可抗力		● 合同解除之日前已完成尚未支付的合同价款 ● 合同中约定应由发包人承担的费用 ● 已实施或部分实施的措施项目应付价款 ● 承包人为合同工程合理订购且已交付的材料和工程设备货款。发包人一经支付此项货款，该材料和工程设备即成为发包人的财产 ● 承包人撤离现场所需的合理费用，包括员工遣送费和临时工程拆除、施工设备运离现场的费用 ● 承包人为完成合同工程而预期开支的任何合理费用，且该项费用未包括在本款其他各项支付之内 ● 当发包人应扣除的金额超过了应支付的金额，则承包人应在合同解除后的 56 天内将差额退还给发包人
违约	承包人	● 暂停支付价款 ● 发包人在合同解除后规定时间内核算已完价款、运至现场材料设备、违约金及损失的金额，并将结果通知承包人 ● 双方应在规定时间内予以确认或提出意见，并办理结算 ● 发包人应扣除金额超过应支付的，承包人应在合同解除后规定时间内退还给发包人 ● 不能达成一致的，按合同约定的争议解决方式处理
	发包人	● 支付各项价款（同不可抗力解除的规定） ● 发包人核算应支付的违约金及造成损失或损害的索赔费用，承包人提出，发包人核实后与承包人协商确定的规定时间内向承包人签发支付证书 ● 协商不一致，按合同约定的争议解决方式处理

【例题 7】因不可抗力解除合同的，发包人应向承包人支付的金额中不应包括（　　　）。

A. 已实施或部分实施的措施项目应付价款

B. 为合同工程合理订购且已交付的材料和工程设备货款

C. 不可抗力事件发生后的窝工损失费

D. 撤离现场所需的合理费用

【答案】C

【解析】不可抗力导致人员的窝工损失，承包人自己承担。

【例题 8】因承包人原因解除合同的，承包人有权要求发包人支付（　　　）。（2020 年真题）

A. 承包人员遣送费　　　　　　　　　　B. 临时工程拆除费

C. 施工设备运离现场费　　　　　　　　D. 已完措施项目费

【答案】D

【解析】因承包人违约解除合同的，已完措施费用发包人应支付，选项 A、B、C 的费用，承包人承担。

考点四 质量保证金的处理

1. 缺陷责任期的确定（表 5-29）

缺陷责任期的确定　　　　　　　　　　　表 5-29

概念	是指承包人按照合同约定承担缺陷修复义务且发包人预留质量保证金（已缴纳履约保证金的除外）的期限	
期限	从工程通过竣工验收之日起计算，一般为 1 年，最长不超过 2 年	
起算	因承包人原因导致工程无法按合同约定期限进行竣工验收的	实际通过竣工验收之日
	因发包人原因导致工程无法按约定竣工验收的	承包人提交竣工验收报告 90 天后，工程自动进入缺陷责任期

2. 质量保证金的预留及返还（表 5-30）

质量保证金的预留及返还　　　　　　　　　表 5-30

预留	■ 比例不得高于工程价款结算总额的 3%。 ■ 以银行保函替代质量保证金的，不得高于工程价款结算总额的 3%。 ■ 在工程项目竣工前，已经缴纳履约保证金的，发包人不得同时预留工程质量保证金。 ■ 采用工程质量保证担保、工程质量保险等其他方式的，发包人不得再预留质量保证金	
管理	实行国库集中支付的政府投资项目	■ 按国库集中支付的有关规定执行
	其他政府投资项目	■ 可以预留在财政部门或发包方 ■ 发包方被撤销，保证金随交付使用资产一并移交使用单位，由使用单位代行发包人职责
	社会投资项目	■ 可将保留金交由金融机构托管
返还	■ 发包人在接到承包人返还质量保证金申请后，14 天内核实，无异议，按约定返还。 ■ 返还期限没有约定或约定不明的，核实后 14 天内退还。逾期未退还，承担违约责任。 ■ 收到申请 14 天不予答复，催告后 14 天内仍不答复，视同认可申请	

【例题 1】关于建设工程施工质量缺陷责任期，下列说法正确的是（　　）。（2023 年真题）

A．是指承包人履行质量保修的期限　　B．一般为 1 年，最长不超过 2 年

C．从竣工验收申请之日起计算　　D．正常应不属于质量保证金的预留期限

【答案】B

【解析】缺陷责任期是指承包人按照合同约定承担缺陷修复义务且发包人预留质量保证金（已缴纳履约保证金的除外）的期限。从工程通过竣工验收之日起计算，一般为 1 年，最长不超过 2 年。

【例题 2】质量保证金的预留和管理，下列说法正确的是（　　）。（2021 年真题）

A．无论竣工前是否缴纳履约保证金，均须预留质量保证金

B．实行国库集中支付的政府投资项目，质量保证金应预留在财政部门

C．社会投资项目的质量保证金，应预留在发包方

D. 发包人被撤销的，质量保证金应随交付资产一并移交使用单位

【答案】D

【解析】选项 A 错误，在工程项目竣工前，已经缴纳履约保证金的，发包人不得同时预留工程质量保证金。选项 B 错误，实行国库集中支付的政府投资项目，质量保证金的管理应按国库集中支付的有关规定执行。其他政府投资项目，质量保证金可以预留在财政部门或发包方。选项 C 错误，社会投资项目采用预留质量保证金方式的，发承包双方可以约定将质量保证金交由金融机构托管。

【例题 3】关于工程质量保证金，下列说法中正确的是（　　　　）。（2017 年真题）

A. 质量保证金总预留比例不得高于签约合同价的 3%

B. 已经缴纳履约保证金的，不得同时预留质量保证金

C. 采用工程质量保证担保的，预留质保金不得高于合同价的 2%

D. 质量保证金的返还期限一般为 2 年

【答案】B

【解析】选项 A，质量保证金总预留比例不得高于工程价款结算总额的 3%。选项 C，采用工程质量保证担保的，不得同时预留质量保证金。选项 D，缺陷责任期一般为 1 年，最长不超过 2 年。

考点五　最终结清

缺陷责任期终止后，全部工作完成并合格，结清全部款项（图 5-7）。最终结清申请中的索赔期限如图 5-8 所示。

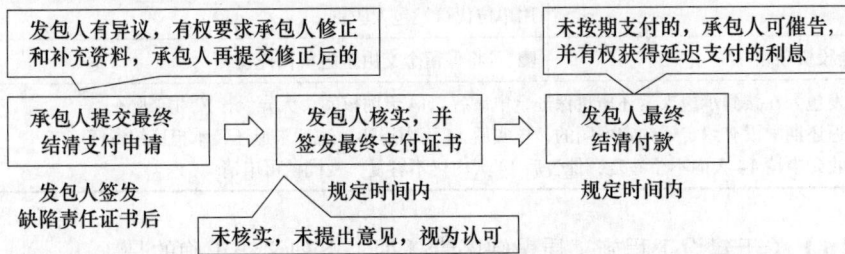

图 5-7　最终结清程序

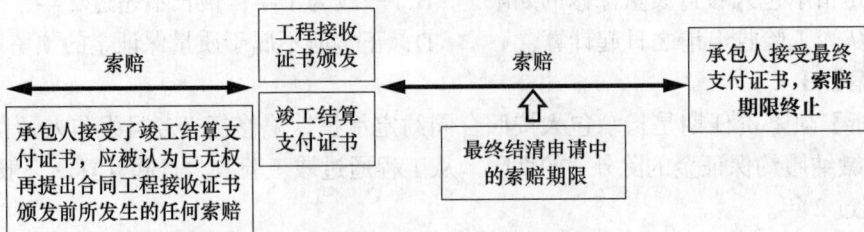

图 5-8　最终结清申请中的索赔期限

最终结清时，承包人被扣留的质量保证金不足以抵减工程修复费用，承包人承担不足部分的补偿责任。

最终结清付款涉及政府投资的，按照国库集中支付的规定和专用条款约定办理。

【例题1】根据《标准施工招标文件》（2007年版），关于最终结清的说法正确的是（　　）。（2022年真题）

A. 是指项目竣工验收后，发包人与承包人结清全部剩余工程款项的活动

B. 承包人提交的最终结清申请中，只限于提出工程接收证书颁发后发生的索赔

C. 发包人应在收到最终结清申请单后向承包人签发竣工结算支付证书

D. 质量保证金不足以抵减工程缺陷修复费用的，由发包人承担不足部分

【答案】B

【解析】选项A应为缺陷责任期终止后。选项C应签发的是最终支付证书。选项D由承包人承担不足部分。

【例题2】关于建设项目最终结清阶段承包人索赔的权利和期限，下列说法中正确的是（　　）。（2017年真题）

A. 承包人接受竣工结算支付证书后再无权提出任何索赔

B. 承包人只能提出工程接收证书颁发前的索赔

C. 承包人提出索赔的期限自缺陷责任期满时终止

D. 承包人提出索赔的期限自接受最终支付证书时终止

【答案】D

【解析】选项A，承包人按合同约定接受了竣工结算支付证书后，应被认为已无权再提出在合同工程接收证书颁发前所发生的任何索赔。选项B，承包人在提交的最终结清申请中，只限于提出工程接收证书颁发后发生的索赔。选项C错误、选项D正确，提出索赔的期限自接受最终支付证书时终止。

【例题3】建设工程最终结清的工作事项和时间节点包括：① 提交最终结清申请单；② 签发最终结清支付证书；③ 签发缺陷责任期终止证书；④ 最终结清付款；⑤ 缺陷责任期终止。按时间先后顺序排列正确的是（　　）。（2016年真题）

A. ⑤③①②④　　　　　　　　　　B. ①②④⑤③

C. ③①②④⑤　　　　　　　　　　D. ①③②⑤④

【答案】A

【解析】所谓最终结清，是指合同约定的缺陷责任期终止后，承包人已按合同规定完成全部剩余工作且质量合格的，发包人与承包人结清全部剩余款项的活动。最终结清顺序：最终结清申请单、最终支付证书、最终结清付款。

考点六　合同价款纠纷的处理

1. 解决途径

（1）和解（表5-31）

和解规定　　　　　　　　　　　　　　　　　　　　　表5-31

和解	协商和解	■ 签订书面和解协议，对双方都有约束力
	监理或造价工程师暂定	■ 根据合同约定，提交合同约定职责范围内的总监理工程师或造价工程师解决（图5-9）

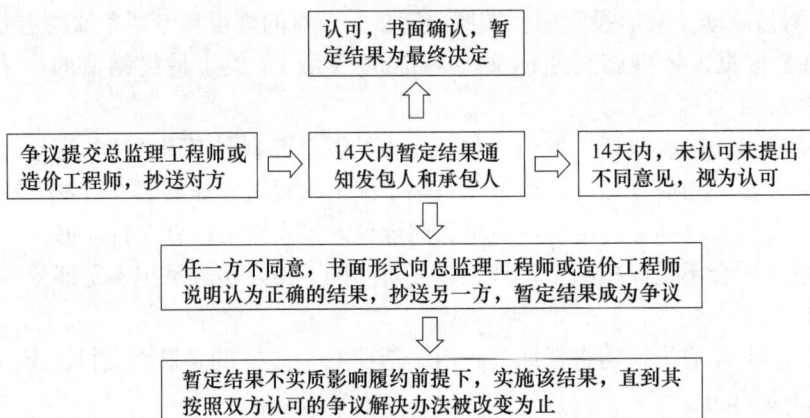

图 5-9　和解由监理或造价工程师暂定的程序

（2）调解（表 5-32）

调解规定 表 5-32

调解	管理机构的解释或认定（工程计价依据的争议）	■ 造价管理机构 10 个工作日内就争议问题进行解释或认定 ■ 收到后，仍可按照合同约定的争议解决方式提请仲裁或诉讼 ■ 造价管理部门上级部门作出了不同解释或认定，或仲裁裁决或法院判决中不予采信的外，管理机构的解释或认定为最终结果，对双方均有约束力
	双方约定争议调解人	■ 约定调解人→争议的提交→进行调解→异议通知

收到调解书后 28 天内，均未发出表示异议通知，对双方均具有约束力（图 5-10）

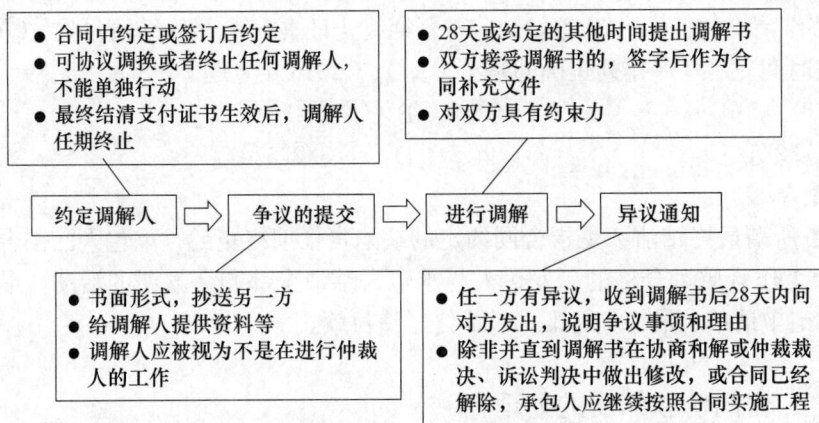

图 5-10　双方约定争议调解人的调解程序

（3）仲裁（表 5-33）

仲裁规定 表 5-33

仲裁	方式的选择	前提：必须在合同中订立仲裁条款或者以书面形式在纠纷发生前或者发生后达成了请求仲裁的协议

续表

仲裁	仲裁协议内容	同时具备： ① 请求仲裁的意思表示 ② 仲裁事项 ③ 选定的仲裁委员会
	裁决的执行	① 仲裁裁决作出后，当事人应当履行裁决 ② 一方不履行，另一方可以向被执行人所在地或者被执行财产所在地的中级人民法院申请执行
	清单计价规范的规定	① 一方申请仲裁的，应同时通知另一方 ② 仲裁机构要求停止施工的情况下进行仲裁时，承包人应采取保护措施，增加费用败诉方承担

（4）诉讼（表 5-34）

诉讼规定　　　　　　　　　　　　　　表 5-34

诉讼	概念	双方当事人不愿和解、调解或者和解、调解未能达成一致意见，又没有达成仲裁协议或者仲裁协议无效的，可依法向人民法院提起诉讼
	诉讼管辖	建设工程合同纠纷提起的诉讼，应当由工程所在地人民法院管辖

【例题 1】关于和解方式解决建设工程施工合同纠纷，下列说法正确的有（　　）。（2023 年真题）

A. 和解是指当事人在自愿互谅的基础上自行解决争议的一种方式

B. 和解方式具有简便易行，能经济、及时解决纠纷的特点

C. 和解解决纠纷应邀请第三方见证，或者在第三方的组织下进行

D. 和解达成一致的应签订和解协议，和解协议对双方均具有约束力

E. 一方拒不履行和解协议的，对方当事人可以请求人民法院执行

【答案】ABD

【解析】选项 C 错误，没有第三方见证的要求。选项 E 错误，和解不具有强制执行力，不能请求法院执行。

【例题 2】关于工程合同价款纠纷的解决，下列说法正确的是（　　）。（2022 年真题）

A. 发承包双方约定提交总监理工程师或造价工程师解决的，属于调解

B. 发承包双方收到工程造价管理机构的解释或认定后，不得再提起仲裁或诉讼

C. 合同约定了调解人的，发承包双方不得协议调换调解人

D. 发承包双方接受调解人出具的调解书的，经双方签字后作为合同的补充文件

【答案】D

【解析】选项 A，属于和解。选项 B，仍可按照合同约定的争议解决方式提请仲裁或诉讼。选项 C，可以协议调换调解人。

【例题 3】为保证建设工程仲裁协议有效，合同双方签订的仲裁协议中必须包括的内容有（　　）。（2021 年、2020 年真题）

A. 请求仲裁的意思表示　　　　　　　B. 仲裁事项

C. 选定的仲裁员　　　　　　　　D. 选定的仲裁委员会

E. 仲裁结果的执行方式

【答案】ABD

【解析】仲裁协议的内容应当包括：（1）请求仲裁的意思表示；（2）仲裁事项；（3）选定的仲裁委员会。

2. 合同价款纠纷的处理原则

（1）施工合同无效的价款纠纷处理（表 5-35）

施工合同无效的价款纠纷处理 　　　　　　　　　　　　　　　表 5-35

无效情形	■ 承包人未取得建筑施工企业资质或者超越资质等级的； ■ 没有资质的实际施工人借用有资质的建筑施工企业名义的； ■ 建设工程必须进行招标而未招标或者中标无效的； ■ 承包人因转包、违法分包建设工程与他人签订施工合同的； ■ 当事人以发包人未取得建设工程规划许可证等规划审批手续的
处理方式	■ 合同无效，但工程经验收合格，可以参照合同关于工程价款的**约定折价补偿承包人**。 ■ 若建设工程经验收不合格的，如下处理： ① 修复后，经验收合格，发包人可以请求承包人承担修复费用； ② 修复后，验收不合格，承包人无权请求参照合同关于工程价款的约定折价补偿； ③ 发包人对因建设工程不合格造成的损失有过错的，应当承担相应的责任
不能认定为无效合同的情形	■ 承包人超越资质等级许可的业务范围签订建设工程施工合同，在建设工程竣工前取得相应资质等级的； ■ 具有劳务作业法定资质的承包人与总承包人、分包人签订劳务分包合同的； ■ 发包人能够办理建设工程规划许可证等规划审批手续而未办理，并以未办理审批手续为由请求确认建设工程施工合同无效的； ■ 当事人以发包人未取得建设工程规划许可证等规划审批手续，但发包人在起诉前取得建设工程规划许可证等规划审批手续的
合同无效后的损失赔偿	■ 一方当事人请求对方赔偿损失的，应当就对方过错、损失大小、过错与损失之间的因果关系承担举证责任；损失大小无法确定，一方当事人请求参照合同约定的质量标准、建设工期、工程价款支付时间等内容确定损失大小的，人民法院可以结合双方过错程度、过错与损失之间的因果关系等因素做出裁判； ■ 缺乏资质的单位或者个人借用有资质的建筑施工企业名义签订建设工程施工合同，发包人请求出借方与借用方对建设工程质量不合格等因出借资质造成的损失承担连带赔偿责任的，人民法院应予支持

（2）垫资施工合同的价款纠纷处理（表 5-36）

垫资施工合同的价款纠纷处理 　　　　　　　　　　　　　　　表 5-36

对垫资和垫资利息有约定	承包人请求按照约定返还垫资及其利息的，应予支持，但是约定的利息计算标准高于垫资时的同期贷款市场报价利率的部分除外
对垫资没有约定的	按照工程欠款处理
对垫资利息没有约定	承包人请求支付利息的，不予支持

（3）发包人引起质量缺陷的价款纠纷处理（表5-37）

发包人引起质量缺陷的价款纠纷处理　　　　　　　　　　　　表 5-37

发包人应承担的过错责任	■ 提供的设计有缺陷； ■ 提供或者指定购买的建筑材料、建筑构配件、设备不符合强制性标准； ■ 直接指定分包人分包专业工程
发包人提前占用工程	■ 建设工程未经竣工验收，发包人擅自使用后，又以使用部分质量不符合约定为由主张权利的，不予支持； ■ 但是承包人应当在建设工程的合理使用寿命内对地基基础工程和主体结构质量承担民事责任

（4）其他工程结算价款纠纷的处理

1）合同文件内容不一致时的结算依据（表5-38）

合同文件内容不一致时的结算依据　　　　　　　　　　　　表 5-38

1）招标人和中标人另行签订的建设工程施工合同约定的工程范围、建设工期、工程质量、工程价款等实质性内容，与中标合同不一致	■ 一方当事人请求按照中标合同确定权利义务的，人民法院应予支持
2）签订的合同与招标文件、投标文件、中标通知书载明的工程范围、工期、质量、价款不一致	■ 一方当事人请求将招标文件、投标文件、中标通知书作为结算工程价款的依据的，人民法院应予支持
3）不属于必须招标的招标后，另行订立的合同背离中标合同的实质性内容	■ 当事人请求以中标合同作为结算建设工程价款依据的，应予支持。 ■ 但因客观情况发生了招标投标时难以预见的变化而另行订立的除外
4）同一工程订立的数份合同均无效 **【参照实际，无法确定，最后签订】**	■ 质量合格，一方当事人请求参照实际履行的合同约定折价补偿承包人的，人民法院应予支持。 ■ 实际履行的合同难以确定，当事人请求参照最后签订的合同约定折价补偿承包人的，人民法院应予支持

2）工程欠款的利息支付（表5-39）

【总结】利息支付看约定，垫资不约定同欠款。

工程欠款的利息支付　　　　　　　　　　　　表 5-39

利率标准	■ 有约定，按约定。 ■ 无约定，按照同期同类贷款利率或者同期贷款市场报价利率计息
计息日	■ 从应付工程价款之日计付。 ■ 无约定或约定不明的，如下： ① 工程已实际交付的，为交付之日 ② 没有交付的，为提交竣工结算文件之日 ③ 未交付，未结算的，为当事人起诉之日

（5）由于价款纠纷引起的诉讼处理（表 5-40）

价款纠纷引起的诉讼处理 表 5-40

诉讼管辖	■ 不动产所在地人民法院管辖。 ■ 建设工程已经登记的，以不动产登记簿记载的所在地为不动产所在地；建设工程未登记的，以建设工程实际所在地为不动产所在地
诉讼当事人的确定	■ 因建设工程质量发生争议的，发包人可以以总承包人、分包人和实际施工人为共同被告提起诉讼。 ■ 实际施工人以转包人、违法分包人为被告起诉的，人民法院应当依法受理。实际施工人以发包人为被告主张权利的，人民法院应当追加转包人或者违法分包人为本案当事人，在查明发包人欠付转包人或者违法分包人建设工程价款的数额后，判决发包人在欠付建设工程价款范围内对实际施工人承担责任

【例题 4】根据我国司法解释，关于建设工程施工无效合同的认定和价款处理，下列说法正确的是（　　）。（2023 年真题）

A. 承包人超越资质等级签订建设工程施工合同，虽在工程竣工前期取得相应资质等级，仍应按无效合同处理

B. 未经发包人批准，具有劳务作业资质的承包人与分包人签订的劳务分包合同，应按无效合同处理

C. 建设工程施工合同无效，但验收合格的，可以参照合同中关于工程价款的约定，折价补偿承包人

D. 建设工程施工合同无效，且验收不合格的，由承包人承担发包人的一切损失

【答案】C

【解析】选项 A、B，按有效合同处理。选项 D 错误，发包人对因建设工程不合格造成的损失有过错的，应当承担相应的责任。

【例题 5】关于合同价款纠纷的处理，下列说法正确的有（　　）。（2022 年真题）

A. 发包人要求承包人垫资施工但双方对垫资没有约定的，垫资部分按工程欠款处理

B. 发包人要求承包人垫资，双方对垫资利息虽未约定，但承包人提出支付利息请求的，应予支持

C. 施工合同无效但建设工程验收合格的，可按合同对工程价款的约定折价补偿承包人

D. 施工合同无效且建筑工程验收不合格，经修复后验收合格的，修复费用应由发包人承担

E. 招投标双方另行签订施工合同约定的工程价款与中标合同金额不一致的，应按照中标合同确定权利义务

【答案】ACE

【解析】选项 B 错误，垫资利息未约定，承包人提出支付请求不支持。选项 D 错误，修复费由承包人承担。

（1）工程造价鉴定组织（表 5-41）

工程造价鉴定组织　　　　　　　　　　　　　　表 5-41

鉴定人的配备	■ 鉴定人必须具有相应专业的**注册造价工程师执业资格**。但是，根据工作需要，可安排非注册造价工程师的专业人员作为辅助人员，参与鉴定的辅助性工作。 ■ 鉴定机构对同一鉴定事项，应指定 **2 名及以上**鉴定人共同进行鉴定。 ■ 对争议标的较大或涉及工程专业较多的鉴定项目，应成立由 **3 名及以上**鉴定人组成的鉴定项目组
鉴定期限起算	■ 从鉴定人接收委托人按照规定移交证据材料之日起的**次日起算** ■ 经委托人认可，等待当事人提交、补充或者重新提交证据、勘验现场等所需的时间，不计入鉴定期限
鉴定期限延长	■ 经与委托人协商，每次延长一般不得超过 **30 个工作日**，一般不得超过 3 次

（2）合同争议鉴定方法（表 5-42）

合同争议鉴定方法　　　　　　　　　　　　　　表 5-42

合同争议的鉴定	■ 委托人认为： ① 鉴定项目**合同有效**的，应根据**合同约定**进行鉴定。 ② 鉴定项目合同无效的，应按照**委托人的决定**进行鉴定。 ■ 合同对计价依据、计价方法，没有约定的：鉴定人可向委托人提出"参照鉴定项目所在地同时期适用的计价依据、计价方法和签约时的市场价格信息进行鉴定"的建议，鉴定人应按照委托人的决定进行鉴定。 ■ 约定条款前后矛盾的，鉴定人应提请委托人决定适用条款。 ■ 委托人暂不明确的，鉴定人应按不同的约定条款分别做出鉴定意见，供委托人判断使用

（3）鉴定意见书（表 5-43）

鉴定意见书　　　　　　　　　　　　　　表 5-43

当鉴定项目或鉴定事项内容事实清楚，证据充分	确定性意见
当鉴定项目或鉴定事项内容客观，事实较清楚，但证据不够充分	推断性意见
当鉴定项目合同约定矛盾或鉴定事项中部分内容证据矛盾，委托人暂不明确要求，鉴定人分别鉴定的	可分别按照不同的合同约定或证据，做出选择性意见，由委托人判断使用

在鉴定过程中，对鉴定项目或鉴定项目中部分内容，当事人相互协商一致，**达成的书面妥协性意见应纳入确定性意见，但应在鉴定意见中予以注明**。重新鉴定时，对当事人达成的书面妥协性意见，除当事人再次达成一致同意外，不得作为鉴定依据直接使用。

鉴定意见书**不得载有**对案件性质和当事人责任进行认定的内容。

【例题 6】《建设工程造价鉴定规范》GB/T 51262—2017，关于施工合同争议鉴定，下列说法正确的是（　　）。（2023 年真题）

A．委托人认为鉴定项目合同有效的，鉴定人应按照委托人的决定进行鉴定

B．委托人认为鉴定项目合同无效的，鉴定人应依据项目所在地同期适用的计价依据进行鉴定

C. 项目合同对计价依据、计价方法没有约定的，由鉴定人自主选择适用的计价依据、计价方法进行鉴定

D. 鉴定项目合同对计价依据、计价方法的约定条款前后矛盾的，鉴定人应提请委托人决定适用条款

【答案】D

【解析】选项 A、B 错误，委托人认为：① 鉴定项目合同有效的，应根据合同约定进行鉴定。② 鉴定项目合同无效的，应按照委托人的决定进行鉴定。选项 C 错误，合同对计价依据、计价方法没有约定的，鉴定人可向委托人提出"参照鉴定项目所在地同时期适用的计价依据、计价方法和签约时的市场价格信息进行鉴定"的建议，鉴定人应按照委托人的决定进行鉴定。

【例题 7】根据《建设工程造价鉴定规范》GB/T 51262—2017，关于鉴定意见书的鉴定意见，下列说法正确的有（　　）。（2022 年真题）

A. 鉴定意见可同时包括确定性意见、推断性意见、供选择性意见

B. 当鉴定事项内容事实清楚，证据充分，应做出确定性意见

C. 当鉴定事项内容客观、事实较清楚，但证据不够充分，应做出供选择性意见

D. 当鉴定项目合同约定矛盾，可按不同约定做出供选择性意见

E. 当事人相互协商一致达成的书面妥协性意见，应纳入供选择性意见

【答案】ABD

【解析】选项 C 错误，当鉴定项目或鉴定事项内容客观，事实较清楚，但证据不够充分，应做出推断性意见。选项 E 错误，在鉴定过程中，对鉴定项目或鉴定项目中部分内容，当事人相互协商一致，达成的书面妥协性意见应纳入确定性意见。

第三节　工程总承包和国际工程合同价款结算

考情分析

考点	2023 年		2022 年		2021 年		2020 年		2019 年		2018 年		2017 年		2016 年	
	单选	多选	单选	多选	单选	多选	单选	多选	单选	多选	单选	多选	单选	多选	单选	多选
工程总承包合同价款的结算			1	1		1		1	1	1		1	1	1	1		2	
国际工程合同价款的结算	1		1	1	1	1	1	1	1		1		1	1	1	1

考点一　工程总承包合同价款的结算

根据《建设项目工程总承包合同（示范文本）》GF—2020—0216 通用合同条件，总承包合同为总价合同，除根据合同相关增减金额的约定进行调整外，合同价格不作调整。承包人应支付根据法律规定或合同约定应由其支付的各项税费，**除由于法律变化引起的调整**

事件外，合同价格不应因这些税费进行调整。

价格清单列出的任何数量仅为**估算的工作量**，不得将其视为要求承包人实施的工程的实际或准确的工作量。

1. 工程总承包合同价款的调整

价款调整的主要原因包括**变更、暂估价、计日工、暂列金额、物价波动以及法律变化**引起的价格调整等事项。

（1）变更（表 5-44）

变更规定　　　　　　　　　　　　　　　　表 5-44

变更的提出	1）发包人指示变更。 2）承包人合理化建议。承包人提出的合理化建议降低了合同价格、缩短了工期或者提高了工程经济效益的，双方可以按照专用合同条件的约定进行利益分享
变更估价原则	1）合同中未包含价格清单，执行的变更工程按**成本加利润**调整。 2）合同中包含价格清单，合同价格按照如下规则调整： ① 有适用于变更工程项目的，应采用该项目的费率和价格； ② 没有适用但有类似的，可在合理范围内参照类似项目的费率或价格； ③ 没有适用也没有类似的，应按成本加利润原则调整适用新的费率或价格
变更引起的工期调整	变更引起工期变化的，合同当事人均可要求调整合同工期，由发承包双方协商并参考工程所在地的工期定额标准确定增减工期天数

（2）暂估价（表 5-45）

暂估价规定　　　　　　　　　　　　　　　　表 5-45

	依法必须招标的	不属于依法必须招标的
专业服务、材料、工程设备、专业工程	专用合同条件约定由承包人作为招标人的，招标文件、评标方案、评标结果应报送发包人批准，与组织招标工作有关的费用当被认为已经包括在承包人的签约合同价中；专用合同条件约定由发包人和承包人共同作为招标人的，与组织招标工作有关的费用在专用合同条件中约定	承包人具备实施暂估价项目的资格和条件的，经发包人和承包人协商一致后，可由承包人自行实施暂估价项目。 暂估价项目的估价可参考变更估价

暂估价项目的金额与价格清单中所列暂估价的**金额差以及相应的税金**等其他费用应列入合同价格。

（3）暂列金额（表 5-46）

暂列金额规定　　　　　　　　　　　　　　　　表 5-46

内容	（1）发包人在项目清单中给定的，用于在订立协议书时尚未确定或不可预见变更的设计、施工及其所需材料、工程设备、服务等的金额，包括以计日工方式支付的金额。 （2）只能按照发包人的指示全部或部分使用，并对合同价格进行相应调整
用途	（1）发包人指示变更 （2）承包人购买的工程设备、材料、工作或服务，应支付包括承包人已付（或应付）的实际金额以及相应的管理费等费用和利润

（4）物价波动

通用合同条件采用价格指数方式调整合同价格，采用其他方式调整合同价款的，发承包双方可以在专用合同条件中另行约定。

发承包双方**未列入**《价格指数权重表》的费用**不因市场变化而调整**。

价格指数应**首先采用**投标函附录中载明的有关部门提供的价格指数，缺乏时可采用有关部门提供的价格代替。

【例题1】根据《建设项目工程总承包合同（示范文本）》GF—2020—0216通用合同条件，关于工程总承包合同价款结算，下列说法正确的有（ ）。（2023年真题）

A. 总承包合同为总价合同，除合同对价款调整另有约定外，合同价格不作调整

B. 承包人应按合同约定支付各项税费，并根据税费的变化进行合同价格调整

C. 价格清单中列出的工程量，应视为求承包人实际实施的工作量

D. 合同中可以约定工程的某些部分按照实际完成的工程量进行计量和支付

E. 采用价格指数法调价时，未列入合同《价格指数权重表》的费用不进行调整

【答案】ADE

【解析】选项B错误，承包人应支付根据法律规定或合同约定应由其支付的各项税费，除由于法律变化引起的调整事件外，合同价格不应因这些税费进行调整。选项C错误，价格清单列出的任何数量仅为估算的工作量。

【例题2】根据《建设项目工程总承包合同（示范文本）》GF—2020—0216，下列变化因素中，不属于工程总承包合同价款调整主要原因的是（ ）。（2022年真题）

A. 分包人的替换   B. 暂估价

C. 物价波动   D. 法律变化

【答案】A

【解析】工程总承包合同价款调整的主要原因包括变更、暂估价、计日工、暂列金额、物价波动以及法律变化引起的价格调整等事项。

【例题3】根据《建设项目工程总承包合同（示范文本）》GF—2020—0216，下列属于暂估价项目的是（ ）。（2022年真题）

A. 专业服务   B. 计日工

C. 专业工程   D. 材料设备

E. 设计变更

【答案】ACD

【解析】暂估价是指发包人在项目清单中给定的，用于支付必然发生但暂时不能确定价格的**专业服务**、材料、设备、专业工程的金额。

【例题4】某工程总承包合同的专用合同条件约定，其他项目清单中依法必须招标的专业工程暂估价项目由承包人作为招标人发包。关于该专业工程的招标，下列说法正确的是（ ）。（2021年）

A. 招标文件不需要发包人批准

B. 评标方案不需要发包人批准，仅将评标结果报发包人备案即可

C. 组织招标的工作费用由承包人承担

D. 该专业工程中标价格不会影响总承包人的合同价款

【答案】C

【解析】选项 A、B 错误，除合同另有约定外，承包人不参加投标的专业工程，应由承包人作为招标人，但拟定的招标文件、评标方法、评标结果应报送发包人批准。选项 D 错误，专业工程依法进行招标后，以中标价为依据取代专业工程暂估价，调整合同价款。

2. 工程总承包合同价款的结算

（1）预付款

（2）工程进度付款（表 5-47）

工程进度付款　　　　　　　　　　　　　　　　　表 5-47

人工费的申请	**人工费应按月支付**，已支付的人工费部分，发包人支付进度款时予以相应扣除
提交进度付款申请单	包括下列内容： ① 截至本次付款周期内已完成工作对应的金额； ② 扣除已支付的人工费金额； ③ 根据合同约定应增加和扣减的变更金额； ④ 根据合同约定应支付的预付款和扣减的返还预付款； ⑤ 根据合同约定应预留的质量保证金金额； ⑥ 根据合同约定应增加和扣减的索赔金额； ⑦ 对已签发的进度款支付证书中出现错误的修正，应在本次进度付款中支付或扣除的金额； ⑧ 根据合同约定应增加和扣减的其他金额
进度付款审核和支付	发包人应在进度款支付证书签发后 14 天内完成支付，发包人逾期支付进度款的，按照贷款市场报价利率（LPR）支付利息；**逾期支付超过 56 天的，按照贷款市场报价利率（LPR）的两倍支付利息。**发包人签发进度款支付证书，不表明发包人已同意、批准或接受了承包人完成的相应部分的工作

（3）竣工结算

发包人在收到承包人提交竣工结算申请书后 28 天内完成审批。

签发竣工付款证书。支付时间同进度款。

（4）质量保证金

（5）最终结清

发包人应在收到承包人提交的最终结清申请单后 14 天内完成审批并向承包人颁发最终结清证书，颁发最终结清证书后 7 天内完成支付。发包人逾期支付的，按照贷款市场报价利率（LPR）支付利息；逾期支付超过 56 天的，按照贷款市场报价利率（LPR）的两倍支付利息。

【例题 5】根据《建设项目工程总承包合同（示范文本）》GF—2020—0216，关于工程总承包价款结算中的最终结清支付，下列说法正确的是（　　）。（2022 年真题）

A. 发包人应在颁发竣工付款证书后 7 天内完成支付

B. 最终结清款不包括质量保证金及缺陷责任期内的增减费用

C. 发包人逾期支付在 56 天内的，不应支付利息

D. 发包人逾期支付超过 56 天的，按照贷款市场报价利率的两倍支付利息

【答案】D

【解析】发包人逾期支付的，按照贷款市场报价利率（LPR）支付利息；逾期支付超过 56 天的，按照贷款市场报价利率（LPR）的两倍支付利息。

考点二 国际工程合同价款的结算（2017 年版 FIDIC《施工合同条件》）

1. 国际工程合同价款的调整

（1）工程变更

1）工程变更的程序（表 5-48）

不论何种变更，都必须由**工程师发布变更指令**。

工程变更的程序　　　　　　　　　　　　　　　　　表 5-48

变更类型	内容	
工程师 指示变更	工程师发出变更指令→承包人 28 天内提交实施计划及建议→商定或做出决定 在明确构成工程变更的情况下，承包人当然享有工期顺延和调价的权利，无须再依据索赔程序发出索赔通知	
承包人建议 的变更	工程师征求承包人的建议 （**被动**）	承包人因提交建议书所产生的费用，有权依据索赔程序要求业主支付
	承包人基于价值工程主动 提出的建议（**主动**）	① 承包人应**自费**编制此类建议书； ② 应当由承包人**自费**完成该部分工程的设计工作并承担相应的义务

2）变更工程的估价（表 5-49）

变更工程的估价　　　　　　　　　　　　　　　　　表 5-49

有规定	用明确规定的费率或价格
无明确规定	适用类似工作的费率或价格
无明确规定、无适用	重新确定费率或价格（无利润率，5%）

【例题 1】国际工程管理中，如果承包商认为其建议被业主采纳后能够降低业主实施工程的费用，可随时向工程师提交一份书面建议书，该书面建议书的编制费用应由（　　）承担。（2023 年真题）

A. 业主　　　　　　　　　　　　　B. 承包商

C. 设计单位　　　　　　　　　　　D. 工程师

【答案】B

【解析】承包商主动提交建议书时，由承包商自费编制建议书。

【例题 2】根据 2017 版 FIDIC《施工合同条件》，关于国际工程承包的工程变更，下列说法正确的有（　　）。（2020 年真题）

A. 可以在颁发工程接收证书前提出变更【删】

B. 工程师有权依照变更程序的规定发出变更指令

C. 工程师必须在业主同意后依照变更程序的规定发出变更指令

D. 承包人可基于价值工程主动建议变更

E. 工程变更范围可以是合同中任何工作工程量的变化

【答案】BDE

【解析】选项 A，现版教材已删除。选项 C，无论是工程师还是承包商发起变更，在确认变更后工程师都应依照变更程序的规定发出变更指令。并非必须业主同意后。

【例题 3】根据 2017 版 FIDIC《施工合同条件》，关于工程变更的说法，正确的有（　　）。（2019 年真题）

A. 不论何种变更，均须工程师发出变更指令

B. 在明确构成工程变更的情况下，承包人享有工期顺延和调价权利，无须再发出索赔通知

C. 承包人建议的变更是指承包人基于价值工程主动提出建议而形成的变更

D. 对于变更工程重新确定费率或价格，在没有可供参考依据且缺乏合同约定的条件下，利润率按 5% 计取

E. 承包人基于价值工程主动提出建议引起的变更批准后，变更永久工程的设计增加的设计费由发包人承担

【答案】ABD

【解析】选项 C 错误，承包商的建议包括两类：一类是工程师征求承包商的建议；另一类是承包商基于价值工程主动提出的建议。选项 E 错误，如果由工程师批准的建议包括对部分永久工程的设计的改变，除非双方另有约定，应当由承包商自费完成该部分工程的设计工作并承担相应的义务。

（2）价格调整

1）工程量变化引起的价格调整。当某项工作的工程量变化同时满足下列条件时，对该项工作的估价应当适用新的费率或价格：

① 该项工作实际测量的工程量变化超过工程量清单或其他报表中规定**工程量的 10%**以上；

② 该项工作工程量的变化与工程量清单或其他报表中相对应**费率或价格的乘积**超过中标合同金额的 **0.01%**；

③ 工程量的变化直接导致该项工作的**单位工程量费用**的变动超过 **1%**；

④ 该项工作并非工程量清单或其他报表中规定的"固定费率项目""固定费用"和其他类似涉及单价不因工程量的任何变化而调整的项目。

2）物价波动引起的价格调整

2017年版 FIDIC《施工合同条件》将该调价公式**从通用条款删除**，放入专用条款的"费用指数报表"中，供双方当事人选用。

对于合同中没有约定可以调整的部分，其费用的任何涨落均不给予补偿，并被视为已经包含在中标合同金额内。同时规定，此调价公式**不适用于基于实际费用或现行价格计算价值的工程**。

由于工程变更，导致各项费用要素的权重（系数）不合理、失衡或者不适用时，应对其进行调整。

3）暂定金额引起的价格调整

仅按照工程师的指示全部或部分使用，支付给承包人的此类总金额仅应包括工程师指示的且与暂定金额有关的工作、供货或服务的款项。

4）计日工引起的价格调整

如果合同中没有计日工报表，则不能适用计日工条款。

【例题4】根据2017版FIDIC《施工合同条件》，关于国际工程承包合同中的暂定金额，下列说法正确的是（　　）。（2022年真题）

A. 仅用于"暂定金额条款"项下任何部分工程的实施

B. 不包括以计日工方式支付的金额

C. 不能用于支付承包人购买的工程设备和材料

D. 只能按工程师的指示使用，并对合同价格作相应调整

【答案】D

【解析】每一笔暂定金额仅按照工程师的指示全部或部分使用，并相应地调整合同价格。

【例题5】根据2017版FIDIC《施工合同文件》，调整工程量清单中某项工作的合同价款需满足的条件有（　　）。（2021年真题）

A. 工程量变化超过工程量清单工程量的15%以上

B. 工程量变化与工程量清单相对应价格的乘积超过中标合同金额的0.01%

C. 工程量的变化直接导致该项工作的单位工程量费用的变动超过1%

D. 不是工程量清单中规定的"固定费用"项目

E. 不是工程量清单中规定的不因工程量变化而调整单价的项目

【答案】BCDE

【解析】选项A错误，该项工作实际测量的工程量变化超过工程量清单或其他报表中规定工程量的10%以上。

2. 国际工程合同价款的结算（表5-50）

国际工程合同价款的结算　　　　　　　　　　　　　　　　　　　表5-50

预付款	材料和设备款的预支。工程师确认用于永久工程的材料和设备符合预支条件后，期中支付证书中应增加的款额为该费用的**80%**
期中支付	业主延误支付，承包商有以下权利： （1）有权获得融资费用，该融资费用**按月复利计算**，最常用的融资费用计算方式是按照支付币种所在地的银行对优质借款人的**短期借款平均利率的平均值加3%的年利率计算**。承包商有权请求业主支付融资费用，无须提供报表，无须发正式通知，也无须提供证明。 （2）有权暂停工作或终止合同
保留金	（1）工程竣工后返还。工程师签发工程接收证书后，承包人应将保留金的前一半列入其支付报表中。 （2）缺陷通知期满后返还。在最后一个缺陷通知期届满后，承包人应立即将保留金的另一半列入支付报表
最终支付	在收到"最终报表"及结清单后28天内，工程师应向业主签发一份最终支付证书

【例题6】FIDIC《施工合同条件》规定，如果承包人不能按时收到业主的付款，承包人有权就未付款额收取延误支付期间的融资费。融资费计息方式是（　　）。（2016年真题）

A. 按星期计算单利　　　　　　　　　　B. 按星期计算复利

C. 按月计算单利　　　　　　　　　　　D. 按月计算复利

【答案】D

本章精选习题

一、单项选择题

1. 为了合理划分发承包双方的合同风险，施工合同中应当约定一个基准日。对于不实行招标的建设工程，一般以（　　）前的第 28 天作为基准日。

    A．投标截止时间　　　　　　　B．招标文件发售

    C．中标通知书发出　　　　　　D．合同签订

2. 工程延误期间，因国家法律、行政法规发生变化引起工程造价变化的，则（　　）。

    A．承包人导致的工程延误，合同价款均应予调整

    B．发包人导致的工程延误，合同价款均应予调整

    C．不可抗力导致的工程延误，合同价款均应予调整

    D．无论何种情况，合同价款均应予调整

3. 有关法律法规政策变化引起的价款调整，下列表述中正确的是（　　）。

    A．发包人应当承担基准日之前发生的、作为一个有经验的承包人在招标投标阶段不可能合理预见的风险

    B．如果有关价格（如人工、材料和工程设备等价格）的变化已经包含在物价波动事件的调价公式中，则不再考虑法律法规政策变化引起的价款调整

    C．对于实行招标的建设工程，一般以建设工程开工前的第 28 天作为基准日

    D．承包人的原因导致的工期延误，在工程延误期间国家的法律、行政法规和相关政策发生变化引起工程造价变化的，造成合同价款增加的，合同价款可以调整

4. 关于变更引起的分部分项工程和措施项目费调整，以下原则描述中正确的是（　　）。

    A．已标价工程量清单中有适用于变更工程项目的，可在合理范围内参照适用子目的单价或总价调整

    B．已标价工程量清单中没有适用、但有类似于变更工程项目的，采用该项目的单价

    C．已标价工程量清单中没有适用也没有类似于变更工程项目的，由承包人根据变更工程资料、计量规则和计价办法、信息价格提出变更工程项目的单价或总价，报发包人确认后调整

    D．分部分项工程变更引起措施项目发生变化的，承包人提出调整措施项目费的，应事先将拟实施的方案提交发包人确认

5. 根据《标准施工招标文件》规定，关于工程变更价款调整的说法，正确的是（　　）。

    A．对于分部分项工程，已标价清单有适用项目，且变更导致的该清单项目的工程数量变化不足 10% 的，采用该项目的单价

    B．措施项目中安全文明施工费变更，按照实际发生变化的措施项目以及承包商

255

的浮动率调整

    C. 如果发生变更，承包商在清单中填的综合单价与最高投标限价中综合单价偏差超过15%的，综合单价可由承包人提出，监理人确定进行调整

    D. 非承包商原因删减了原合同约定的工程，致使承包商发生的费用和应得收益不能得到补偿，承包商有权提出并得到合同的费用与利润补偿

6. 对某招标工程进行报价分析，承包人中标价为1500万元，最高投标限价为1600万元，设计院编制的施工图预算为1550万元，承包人认为的合理报价值为1540万元，其中都包含安全文明施工费200万元，则承包人的报价浮动率是（　　）。

    A. 6.25%   B. 7.14%

    C. 6.45%   D. 7.40%

7. 在工程变更引起的措施项目费调整中，若承包人未事先将拟实施的方案提交给发包人确认，则视为（　　）。

    A. 承包人放弃调整措施项目费的权利

    B. 相应的措施项目费调整已经成立

    C. 按常规施工方案所引起的措施项目调整

    D. 计算时无须考虑承包人报价浮动率

8. 某项目由于分部分项工程变更引起二次搬运费增加200万元，环境保护费增加100万元，报价浮动率为5%，若承包人事先将拟实施的方案提交给发包人确认，则变更导致调整的二次搬运费和环境保护费分别是（　　）万元。

    A. 200，100   B. 190，95

    C. 190，100   D. 200，95

9. 下列关于工程量偏差引起合同价款调整的叙述，正确的是（　　）。

    A. 实际工程量超过招标工程量清单的15%时，应相应调低综合单价，调高措施项目费

    B. 实际工程量比招标工程量清单减少15%以上时，减少后剩余部分的工程量的综合单价应予调高

    C. 实际工程量比招标工程量清单减少15%，且引起措施项目变化，若措施项目按系数计价，相应调高措施项目费

    D. 实际工程量比招标工程量清单增加10%，且引起措施项目变化，若措施项目按系数计价，相应调高措施项目费

10. 某工程项目招标工程量清单工程量为800m³，施工中变更为1000m³，该项目最高投标限价综合单价为500元/m³，投标报价为600元/m³。合同约定实际工程量与招标工程量偏差超过±15%时允许调整综合单价。按照工程量清单计价规范的相关规定，调整后的综合单价应为（　　）元/m³。

    A. 500   B. 575

    C. 600   D. 625

11. 当根据《建设工程工程量清单计价规范》GB 50500—2013，采用清单计价的某分部分项工程，最高投标限价的综合单价为350元，承包人投标报价的综合单价为300元，该工程投标报价总价的下浮率为5%。结算时，该分部分项工程工程量较清单工程量减少

了 16%，且合同未确定综合单价调整方法，则对该综合单价的正确处理方式是（　　）。

    A．调整为 257 元　　　　　　　　B．调整为 282.63 元

    C．不作任何调整　　　　　　　　D．调整为 345 元

12．某分项工程招标工程量清单数量为 3600m²，施工中由于设计变更调减为 3000m²，该项目最高投标限价综合单价为 500 元 /m²，投标报价为 380 元 /m²。合同约定实际工程量与招标工程量偏差超过 ±15% 时，综合单价以最高投标限价为基础调整。若承包人报价浮动率为 10%，该分项工程费结算价为（　　）万元。

    A．120.00　　　　　　　　　　　B．114.75

    C．168.00　　　　　　　　　　　D．207.00

13．某工程合同价为 100 万元，合同约定：采用价格指数调整价格差额，其中固定要素比重为 0.3，调价要素 A、B、C 分别占合同价的比重为 0.15、0.25、0.3，结算时价格指数分别增长了 20%、15%、25%，则该工程实际结算款额为（　　）万元。

    A．119.75　　　　　　　　　　　B．128.75

    C．114.25　　　　　　　　　　　D．127.25

14．某项目合同约定采用调值公式法进行结算，合同价为 50 万元，并约定合同价的 70% 为可调部分。可调部分中，人工占 45%，材料占 45%，其余占 10%。结算时，仅人工费价格指数增长了 10%，而其他未发生变化。则该工程项目应结算的工程价款为（　　）万元。

    A．51.01　　　　　　　　　　　B．51.58

    C．52.25　　　　　　　　　　　D．52.75

15．某施工合同约定采用价格指数及价格调整公式调整价格差额，调价因素及有关数据见表 5-51。某月完成进度款为 1500 万元，则该月应当支付给承包人的价格调整金额为（　　）万元。

表 5-51

	人工	钢材	水泥	砂石料	施工机具使用费	定值
权重系数	0.10	0.10	0.15	0.15	0.20	0.30
基准日价格或指数	80 元 / 日	100	110	120	115	—
现行价格或指数	90 元 / 日	102	120	110	120	—

    A．−30.3　　　　　　　　　　　B．36.49

    C．112.5　　　　　　　　　　　D．130.5

16．某市政工程施工合同中约定：① 基准日为 2021 年 2 月 20 日；② 竣工日期为 2021 年 7 月 30 日；③ 工程价款结算时人工单价、钢材、商品混凝土及施工机具使用费采用价格指数法调差，各项权重系数及价格指数见表 5-52，工程开工后，由于承包人原因导致原计划 7 月施工的工程延误至 8 月实施，2021 年 8 月承包人当月完成清单子目价款 4000 万元，当月按已标价工程量清单价格确认的变更金额为 200 万元，则本工程 2021 年 8 月的价格调整金额为（　　）万元。

表 5-52

	人工	钢材	商品混凝土	施工机具使用费	定值部分
权重系数	0.15	0.10	0.30	0.10	0.35
2021 年 2 月指数	100.0	85.0	113.4	110.0	
2021 年 7 月指数	105.0	89.0	114.6	113.0	
2021 年 8 月指数	104.0	88.0	116.7	112.0	

  A. 58.09   B. 84.33

  C. 60.99   D. 72.97

  17. 由于发包人的原因使工程未在约定的时间内竣工的, 对原约定竣工日期后继续施工的工程进行价格调整时, 涉及原约定竣工日期价格指数与实际竣工日期价格指数, 则调整价格差额计算应采用 ( )。

  A. 原约定日期的价格指数

  B. 原约定日期的价格指数与实际竣工日期的价格指数中较高的一个

  C. 原约定日期的价格指数与实际竣工日期的价格指数的平均值

  D. 原约定日期的价格指数与实际竣工日期的价格指数中较低的一个

  18. 某工程采用的预拌混凝土由承包人提供, 双方约定承包人承担的价格风险系数 $\leqslant 6\%$, 承包人投标时对预拌混凝土的投标报价为 508 元 /m³, 招标人的基准价格为 510 元 /m³, 实际采购价为 547 元 /m³。则发包人在结算时确认的单价应为 ( ) 元 /m³。

  A. 508.00   B. 514.40

  C. 510.00   D. 527.00

  19. 某工程采用的预拌混凝土由承包人提供, 双方约定承包人承担的价格风险系数 $\leqslant 5\%$, 承包人投标时对预拌混凝土的投标报价为 508 元 /m³, 招标人的基准价格为 510 元 /m³, 实际采购价为 525 元 /m³。则发包人在结算时确认的单价应为 ( ) 元 /m³。

  A. 508.00   B. 525.00

  C. 510.00   D. 535.50

  20. 施工合同约定, 承包人承担的钢筋价格风险幅度为 $\pm 5\%$, 超过部分依据《建设工程工程量清单计价规范》GB 50500—2013 造价信息法调差。已知承包人投标价格、基准期发布价格分别为 3400 元 /t、3200 元 /t, 2019 年 12 月、2020 年 7 月的造价信息发布价为 3000 元 /t、3600 元 /t。则该两月钢筋的实际结算价格应分别为 ( ) 元 /t。

  A. 3160, 3600   B. 3040, 3430

  C. 3360, 3430   D. 2280, 3630

  21. 关于施工合同履行过程中暂估价的确定, 下列说法中正确的是 ( )。

  A. 不属于依法必须招标的材料, 以承包人自行采购的价格取代暂估价

  B. 属于依法必须招标的暂估价设备, 由发承包双方以招标方式选择供应商, 以中标价取代暂估价

  C. 不属于依法必须招标的暂估价专业工程, 不应按工程变更确定工程价款而应另行签订补充协议确定工程价款

D. 属于依法必须招标的暂估价专业工程，承包人不得参加投标

22. 某施工合同中的工程内容由单项工程 A、B 组成，两个单项工程的合同额分别为 400 万元和 600 万元。合同中对误期赔偿费的约定是：每延误一个日历天应赔偿 5 万元，且总赔偿费不超过合同总价款的 5%。单项工程 B 按期通过竣工验收，单项工程 A 工程延误 24 日历天后通过竣工验收，则该工程的误期赔偿费为（　　）万元。

  A. 5   B. 48

  C. 50   D. 140

23. 某建筑工程施工过程中发生以下事件：① 发现地下文物，停工 5 日，窝工 30 个工日，保护文物用工 10 个工日；② 提前 4 日向承包人提供材料。已知人工工日单价 150 元／工日，窝工补贴 50 元／工日，管理费用、利润分别按人工费的 20%、10% 计算。不考虑其他费用，承包人应向发包人索赔的工期、费用分别是（　　）。

  A. 5 天，3960 元   B. 5 天，3600 元

  C. 1 天，3960 元   D. 1 天，3600 元

24. 某工程项目总价值 2000 万元，合同工期 18 个月，现承包人因建设条件发生变化需增加额外工程费用 100 万元，则承包方可提出工期索赔为（　　）个月。

  A. 1.5   B. 0.9

  C. 1.2   D. 3.6

25. 根据《建设工程价款结算暂行办法》的规定，若某工程签约合同价 3500 万元（含暂列金额 500 万元），则预付款金额最低为（　　）万元。

  A. 150   B. 300

  C. 350   D. 400

26. 工程预付款起扣点表示（　　）。

  A. 未施工工程尚需的主要材料及构件的价值相当于工程预付款数额

  B. 已施工工程尚需的主要材料及构件的价值相当于工程预付款数额

  C. 未施工工程尚需工程款相当于预付款数额

  D. 已施工工程尚需工程款相当于预付款数额

27. 某工程合同总价为 5000 万元，合同工期 180 天，材料费占合同总价的 60%，材料储备定额天数为 25 天。材料供应在途天数为 5 天。用公式计算法求得该工程的预付款应为（　　）万元。

  A. 417   B. 500

  C. 694   D. 833

28. 某工程合同总额为 20000 万元，其中主要材料占比 40%，合同中约定的工程预付款总额为 2400 万元，则按起扣点计算法计算的预付款起扣点为（　　）。

  A. 6000   B. 8000

  C. 12000   D. 14000

29. 下列关于安全文明施工费预付的说法，正确的是（　　）。

  A. 发包人应在开工后的 28 天内预付安全文明施工费

  B. 安全文明施工费的预付额度不低于安全文明施工费总额的 60%

  C. 其余部分的安全文明施工费按照同期安排的原则进行分解，与进度款一起支付

D. 发包人在付款期满后 14 天内仍未支付的，发生安全事故承担连带责任

30. 关于施工合同履行期间的施工过程结算，下列说法中错误的是（　　）。

A. 双方对工程计量结果有争议，发包人应对无争议部分的工程计量结果向承包人出具进度款支付证书

B. 对已签发支付证书中的计算错误，发包人有权予以修正，承包人无权提出修正

C. 进度款支付申请中应包括累计已完成的合同价款

D. 本周期实际支付的合同额不一定为本期完成的合同价款合计

31. 某桩基工程，业主通过招标与某基础工程公司签订了施工合同，工程量清单中估计工程量 4000m³，合同价 500 元/m³，合同工期为 40 天。合同约定：工期提前 1 天奖励 2 万元，拖后 1 天罚款 4 万元；工程款按旬结算支付。合同履行到第 21 天时发生了地震，造成停工 4 天，经工程师认可的施工方的实际损失为 10 万元，第 3 旬完成工程量 800m³；后期因机械故障停工 3 天，最后实际工期为 50 天。不考虑其他款项，施工方在第 3 旬应得到的工程款为（　　）万元。

A. 58　　　　　　　　　　B. 14

C. 0　　　　　　　　　　　D. 50

32. 工程量清单计价项目采用单价合同的，工程竣工结算编制中一般不允许调整的是（　　）。

A. 可计量的措施项目费　　　　B. 安全文明施工费

C. 已标价工程量清单综合单价　　D. 规费

33. 关于建设工程竣工结算审核，下列说法中正确的是（　　）。

A. 承包人对工程造价咨询企业审核意见有异议的，在接到意见规定时间内，可以向有关工程造价管理机构申请调解

B. 非国有资金投资的建设工程，应当委托工程造价咨询机构审核

C. 承包人不同意造价咨询机构的结算审核结论时，造价咨询机构不得出具审核报告

D. 工程造价咨询机构的核对结论与承包人竣工结算文件不一致的，应提交给承包人复核

34. 关于办理有质量争议工程的竣工结算，下列说法中错误的是（　　）。

A. 已实际投入使用工程的质量争议按工程保修合同执行，竣工结算按合同约定办理

B. 已竣工未验收并且未投入使用工程的质量争议可在执行工程质量监督机构处理决定后办理竣工结算

C. 停工、停建工程的质量争议按工程保修合同执行，竣工结算按合同约定办理

D. 已竣工未验收并且未实际投入使用，其无质量争议部分的工程，竣工结算按合同约定办理

35. 社会投资项目采用预留保证金方式的，通常质量保证金的管理方式为（　　）。

A. 预留在财政部门

B. 预留在发包方

C. 发承包双方可以约定将保证金交由金融机构托管

D. 移交给使用单位管理

36. 关于缺陷责任期及责任期内的工程维修及费用承担，下列说法中错误的是（　　）。

A. 不可抗力造成的缺陷，承包人负责维修，从质量保证金中扣除费用

B. 承包人造成的缺陷，承包人负责维修，并承担鉴定及维修费

C. 发承包双方对缺陷责任有争议的，按质量鉴定机构的鉴定结论，由责任方承担维修费和鉴定费

D. 承包人维修并承担相应费用后，不免除对工程的损失赔偿责任

37. 关于最终结清，下列说法中正确的是（　　）。

A. 最终结清是在工程保修期满后对剩余质量保证金的最终结清

B. 承包人提出索赔的期限自工程款最终结清时终止

C. 质量保证金不足以抵减发包人工程缺陷修复费用的，应按合同约定的争议解决方式处理

D. 最终结清付款涉及政府投资的，应按国库集中支付相关规定和专用合同条款约定办理

38. 承包商在提交的最终结清申请中，只限于提出（　　）发生的索赔。

A. 竣工结算支付证书　　　　　B. 工程接收证书颁发前

C. 工程接收证书颁发后　　　　D. 缺陷责任期内

39. 建设工程已实际交付，但施工合同没有约定付款时间，则拖欠工程款利息的起算日期为（　　）。

A. 提交竣工结算文件之日　　　B. 确认竣工结算文件之日

C. 竣工验收合格之日　　　　　D. 工程实际交付之日

40. 根据最高人民法院《关于审理建设工程施工合同纠纷案件适用法律问题的解释（一）》（法释〔2020〕25号），下列关于施工合同价款纠纷的处理表述错误的是（　　）。

A. 发包人能够办理建设工程规划许可证等规划审批手续而未办理，并以未办理审批手续为由请求确认建设工程施工合同无效的，人民法院不予支持

B. 具有劳务作业法定资质的承包人与总承包人、分包人签订的劳务分包合同，当事人以转包建设工程违反法律规定为由请求确认无效的，不予支持

C. 建设工程未经竣工验收，发包人擅自使用后，以使用部分质量不符合约定为由主张权利的，予以支持

D. 因建设工程质量发生争议的，发包人可以以总承包人、分包人和实际施工人为共同被告提起诉讼

41. 关于工程造价咨询人从事工程造价鉴定工作，下列做法中不正确的是（　　）。

A. 应自行收集鉴定项目同时期、同类型工程的技术经济指标

B. 应指派专业对口、经验丰富的注册造价师承担鉴定工作

C. 鉴定事项涉及复杂、疑难、特殊的技术问题需要较长时间的，经与委托人协商，完成鉴定的时间可以延长，每次延长时间一般不得超过60个工作日

D. 对当事人在鉴定过程中达成一致的书面妥协性意见而形成的鉴定结果也可以纳入造价鉴定结论意见或"可确定的部分造价结论意见"

42. 某纠纷项目工程造价金额为6800万元，鉴定机构应在确定委托鉴定委托之日起，

（　　　）个工作日内完成鉴定工作。

    A. 40
            B. 60

    C. 80
            D. 100

43. 在工程造价鉴定过程中，针对当事人计价争议的鉴定，下列表述中正确的是（　　　）。

    A. 对人工费调整文件争议，如合同中约定不执行的，鉴定人应提请委托人决定并按其决定进行鉴定

    B. 当事人因物价波动要求调整合同价款发生争议的，应按现行国家标准计价规范的相关规定进行鉴定

    C. 当事人因材料价格发生争议的，鉴定人应按发包人签批的材料价格鉴定

    D. 合同中约定的物价波动不予调整的，政府定价或政府指导价的材料按照约定鉴定

44. 当事人因材料价格发生争议的，鉴定人应提请委托人决定并按其决定进行鉴定，委托人未及时决定的，可采用的鉴定规则为（　　　）。

    A. 采购前未报发包人或其代表认质认价的，应按签批的材料价格进行鉴定

    B. 在采购前经发包人或其代表签批认可的，按合同约定的价格进行鉴定

    C. 发包人认为承包人采购的材料不符合质量要求，不予认价的，应不予鉴定

    D. 在采购前经发包人或其代表签批认可的，应按签批的材料价格进行鉴定

45. 关于工程签证争议的鉴定，下列做法正确的有（　　　）。

    A. 签证明确了人工、材料、机具台班数量及价格的，按签证的数量和价格计算

    B. 签证只有用工数量没有单价的，其人工单价比照鉴定项目人工单价下浮计算

    C. 签证只有材料用量没有价格的，其材料价格按照鉴定项目相应材料价格上浮计算

    D. 签证只有总价款而无明细表述的，搜集资料确定明细后再计算

46. 根据《建设项目工程总承包合同（示范文本）》GF—2020—0216通用合同条件的规定，下列关于合同价款调整的表述正确的是（　　　）。

    A. 变更即指发包人指示的变更

    B. 暂估价项目的中标金额与价格清单中所列暂估价的金额差应列入合同价格，不需考虑对税金的影响

    C. 暂列金额可用于支付发包人指示的变更

    D. 计日工由承包人汇总后，列入最近一期进度付款申请单，经发包人批准后列入结算款

47. 根据《建设项目工程总承包合同（示范文本）》GF—2020—0216通用合同条件，下列关于暂估价调价事项的表述正确的是（　　　）。

    A. 依法必须招标的暂估价项目，专用合同条件约定由发包人和承包人共同作为招标人的，与组织招标工作有关的费用由发包人承担

    B. 不属于依法必须招标的暂估价项目，经发包人和承包人协商一致后，可由承包人自行实施暂估价项目

    C. 因发包人原因导致暂估价合同订立和履行迟延的，由此增加的费用和（或）延

误的工期由发包人承担，但不支付利润

    D. 依法必须招标的暂估价项目，暂估价项目的中标金额与价格清单中所列暂估价的金额差以及相应的税金等其他费用应列入合同价格

48. 根据《建设项目工程总承包合同（示范文本）》GF—2020—0216 通用合同条件的规定，在进行进度付款申请时应单独提出支付申请的是（　　　）。

    A. 设计费
                     B. 材料设备采购费

    C. 工程施工费用
           D. 人工费

49. 根据《建设项目工程总承包合同（示范文本）》GF—2020—0216 通用合同条件，发包人逾期支付进度款超过 56 天的，按照（　　　）支付利息。

    A. 贷款市场报价利率（LPR）

    B. 贷款市场报价利率（LPR）的两倍

    C. 贷款市场报价利率（LPR）的四倍

    D. 贷款市场报价利率（LPR）的八倍

50. 根据《建设项目工程总承包合同（示范文本）》GF—2020—0216 通用合同条件，关于物价波动引起的价格调整，下列表述中准确的是（　　　）。

    A. 通用合同条件采用造价信息法调整合同价格

    B. 物价波动不属于合同价格调整的范围

    C. 未列入价格指数权重表的费用仍可因市场变化而调整

    D. 发承包双方约定采用其他方式调整合同价款的，可以在专用合同条件中另行约定

51. 根据《建设项目工程总承包合同（示范文本）》GF—2020—0216 通用合同条件，在颁发工程接收证书前，提前解除合同的，尚未扣完的预付款应（　　　）。

    A. 从预付款担保中扣回
        B. 视为承包人对发包人的工程欠款

    C. 与合同价款一并结算
          D. 纳入进度款支付证书

52. 根据《建设项目工程总承包合同（示范文本）》GF—2020—0216 通用合同条件的规定，采用价格调整公式调整合同价款的，价格指数应首先采用（　　　）。

    A. 投标函附录中载明的有关部门提供的价格指数

    B. 省、直辖市、自治区建设行政主管部门提供的价格指数

    C. 地方主管部门提供的价格指数

    D. 行业主管部门提供的价格指数

53. 根据 FIDIC《施工合同条件》，承包商建议的变更主要包括（　　　）。

    A. 工程师征求承包商的建议以及删减工程的变更

    B. 工程师征求承包商的建议以及承包商基于价值工程主动提出的建议

    C. 工程师征求承包商的建议以及承包商对"发包人要求"的合理化建议

    D. 删减工程的变更以及承包商基于价值工程主动提出的建议

54. 根据 2017 版 FIDIC《施工合同条件》，关于物价波动引起的价格调整，下列说法正确的是（　　　）。

    A. 在通用条款中规定了调价公式

    B. 调价公式适用于基于实际费用或现行价格计算价值的工程

C. 调价公式中所列各项费用要素的权重一经约定，合同实施过程中可以调整

D. 调价公式中的固定系数，在合同实施过程中可视情况调整

二、多项选择题

1. 根据《标准施工招标文件》下列关于工程变更的说法，错误的是（　　）。

A. 监理人要求承包人改变已批准的施工工艺或顺序属于变更

B. 发包人通过变更取消某项工作从而转由他人实施属于变更

C. 监理人要求承包人为完成工程需要追加的额外工作属于变更

D. 承包人不能全面落实变更指令而扩大的损失由发包人承担

E. 工程变更指令发布后，应当迅速落实指令，全面修改相关的各种文件

2. 招标工程量清单是招标文件的重要组成部分，以下有关其缺项漏项引起的价款调整说法正确的是（　　）。

A. 招标工程量清单是否准确和完整，其责任应当由提供工程量清单的发包人负责

B. 作为投标人的承包人，投标时未检查出招标工程量清单的缺项漏项，承担连带责任

C. 分部分项工程出现缺项漏项，造成新增分部分项工程清单项目的，应按照工程变更事件中关于分部分项工程费的调整方法，调整合同价款

D. 分部分项工程出现缺项漏项，引起措施项目发生变化的，按照工程变更事件中关于措施项目费的调整方法，在承包人提交的实施方案被发包人批准后，调整合同价款

E. 招标工程量清单中措施工程项目缺项，投标人在投标时未予以填报的，合同实施期间不予增加

3. 施工合同履行期间，关于计日工费用的处理，下列说法中正确的是（　　）。

A. 已标价工程量清单中无某项计日工单价时，应按工程变更有关规定商定计日工单价

B. 发包人通知承包人以计日工方式实施的零星工作，承包人应予执行

C. 现场签证的计日工数量与招标工程量清单中所列不同时，应按招标工程量清单中的数量结算

D. 施工各期间发生的计日工费用应列在进度款支付

E. 计日工表的费用项目包括人工费、材料费、施工机具使用费、企业管理费、利润和规费

4. 在下列各项中，属于物价变化类合同价款调整事项的是（　　）。

A. 项目特征不符　　　　　　　　B. 工程量偏差

C. 法规变化　　　　　　　　　　D. 物价波动

E. 暂估价

5. 关于采用价格指数调整价格差额的方法，下列说法正确的有（　　）。

A. 主要适用于施工中所用材料品种较多且使用量小的工程

B. 被调整的进度款中应包括预付款的支付和扣回

C. 可调因子的现行价格指数是指付款证书相关周期最后一天前 28 天的价格指数

D. 在计算调整差额时得不到现行价格指数的，可暂用上一次价格指数

E. 当原合同中可调因子的权重不合理时，双方可协商调整

6. 下列关于采用造价信息调整价格差额的表述，正确的有（　　）。

　　A. 采用造价信息调整价格主要适用于使用的材料品种少、用量大的公路、水坝工程

　　B. 人工价格发生变化，发承包双方按造价管理部门发布的人工成本文件调整合同价款

　　C. 报价中材料单价低于基准单价，材料单价上涨以基准单价为基础，超过合同约定风险值以上部分据实调整

　　D. 承包人未经发包人核对自行采购材料，再报发包人调整合同价款的，发包人不同意，不予调整

　　E. 承包人应在采购材料前将采购数量和新的材料单价报发包人核对，发包人收到承包人报送的确认资料后 5 个工作日内不答复，视为认可

7. 根据《建设工程工程量清单计价规范》GB 50500—2013，下列因不可抗力而发生的费用或损失中，应由发包人承担的有（　　）。

　　A. 承包人的人员伤亡相关费用

　　B. 已运至施工场地的材料和工程设备的损害

　　C. 因工程损害造成的第三者财产损失

　　D. 承包人施工机械的损害

　　E. 承包人应监理人要求在停工期间照管工程的人工费用

8. 根据《标准施工招标文件》中的合同条款，关于合理补偿承包人损失的说法，正确的是（　　）。

　　A. 承包人遇到不利物质条件可进行利润索赔

　　B. 因不可抗力造成工期延误，能进行工期索赔

　　C. 异常恶劣天气导致的停工通常可以进行费用索赔

　　D. 发包人原因引起的暂停施工只能进行工期索赔

　　E. 提前向承包商提供材料，承包商只能索赔费用

9. 下列事件的发生，按照《标准施工招标文件》，承包人仅可以获得费用补偿的有（　　）。

　　A. 因发包人原因造成承包人人员工伤事故

　　B. 提前向承包人提供材料、工程设备

　　C. 工程暂停后因发包人原因无法按时复工

　　D. 基准日后法律的变化

　　E. 工程移交后因发包人原因出现的缺陷修复后的试验和试运行

10. 根据《标准施工招标文件》的规定，承包人只能获得"工期＋费用"补偿的事件有（　　）。

　　A. 因发包人违约导致承包人暂停施工

　　B. 施工中发现文物、古迹

　　C. 发包人提供的材料、工程设备造成工程质量不合格

　　D. 施工中遇到不利的物质条件

E. 延迟提供施工图纸

11. 在计算机械设备台班停滞费时，如果机械设备是承包人自有设备，一般按（   ）之和计算。

   A. 台班折旧费　　　　　　　　　B. 台班检修费

   C. 燃料动力费　　　　　　　　　D. 人工费

   E. 其他费

12. 根据我国《标准施工招标文件》，下列情形中，承包人可以得到费用和利润补偿而不能得到工期补偿的事件有（   ）。

   A. 承包人提前竣工

   B. 发包人的原因导致试运行失败

   C. 工程移交后因发包人原因导致的工程缺陷和损失

   D. 承包人遇到不利物质条件

   E. 因不可抗力停工期间应监理人要求的照管、清理费用

13. 某施工合同约定，现场主导施工机械一台，由承包人租得，台班单价为 200 元 / 台班，租赁费 100 元 / 天，人工工资为 50 元 / 工日，窝工补贴 20 元 / 工日，以人工费和机械费为基数的综合费率为 30%。在施工过程中，发生了如下事件：① 遇异常恶劣天气导致停工 2 天，人员窝工 30 工日，机械窝工 2 天；② 发包人增加合同工作，用工 20 工日，使用机械 1 台班；③ 场外大范围停电致停工 1 天，人员窝工 20 工日，机械窝工 1 天。据此，下列选项正确的有（   ）。

   A. 因异常恶劣天气停工可得的费用索赔额为 800 元

   B. 因异常恶劣天气停工可得的费用索赔额为 1040 元

   C. 因发包人增加合同工作，承包人可得的费用索赔额为 1560 元

   D. 因停电所致停工，承包人可得的费用索赔额为 500 元

   E. 承包人可得的总索赔费用为 2500 元

14. 根据我国现行合同条件，关于索赔的说法中，正确的是（   ）。

   A. 在专用条款中约定的工程所在地地方性法规可以作为索赔的依据

   B. 发包人要求承包人提前竣工时，可以补偿承包人利润

   C. 发包人原因导致工程延期时，可以索赔保函手续费

   D. 对于非强制性标准，不能作为索赔的依据

   E. 国家制定的法律是最关键和最主要的依据

15. 承包人向发包人索赔成立的前提条件有（   ）。

   A. 按合同规定程序和时间提交了索赔报告

   B. 按合同规定程序和时间提交了索赔意向通知

   C. 与合同对照，事件已造成了承包人实际损失

   D. 索赔原因按合同约定不属于承包人的行为责任

   E. 索赔前需进行现场保护

16. 关于对承包人提出的工期索赔的处理，下列说法正确的有（   ）。

   A. 只有可原谅的延期部分才能批准顺延工期

   B. 应考虑被延误工作存在的总时差来确定工期索赔时间

C. 非承包人责任事件并未造成施工成本额外支出的，工期索赔不伴随费用索赔

D. 初始延误属于客观原因的，可得到工期和费用补偿

E. 初始延误发生期间发生影响较大的并发延误，应视影响程度由原因双方共同承担责任

17. 工期索赔计算的常用方法有（　　　）。

A. 比例计算法　　　　　　　B. 实际费用法

C. 直接法　　　　　　　　　D. 修正的总费用法

E. 网络图分析法

18. 下列关于现场签证的说法，正确的是（　　　）。

A. 施工中遇到不利物质条件，承包商可提出现场签证

B. 施工中遇到法律法规变化，承包商可提出现场签证

C. 承包商被要求完成合同以外的零星项目，可提出现场签证

D. 施工中合同工程内容与发包人要求不一致时，承包商可提出现场签证

E. 承包人应按照现场签证内容计算价款，报送发包人确认后，作为增加合同价款，竣工结算时支付

19. 工程量必须按照相关工程现行国家计量规范规定的工程量计算规则计算，以下说法正确的是（　　　）。

A. 不符合合同文件要求的工程量不予计量

B. 有关的工程质量验收资料齐全、手续完备

C. 成本加酬金合同按照总价合同的计量规定进行计算

D. 单价合同若发现招标工程量清单中出现缺项、工程量偏差等，应按合同中估计的工程量计算

E. 因承包人原因造成的超出合同工程范围施工或返工的工程量，发包人不予计量

20. 下列文件和资料中，可作为建设工程的工程量计量依据的是（　　　）。

A. 工程变更令及其修订的工程量清单

B. 造价管理机构发布的价格信息

C. 质量合格证书

D. 施工定额

E. 合同图纸

21. 关于预付款担保，下列说法正确的是（　　　）。

A. 预付款担保，是承包人与发包人签订合同后领取预付款时，由承包人提供的担保

B. 承包人还清全部预付款后，发包人应退还预付款担保

C. 预付款担保的主要作用在于保证承包人能够按合同规定进行施工，偿还发包人已支付的全部预付金额

D. 如果承包人中途毁约，中止工程，使发包人不能在规定期限内从应付工程款中扣除全部预付款，则发包人作为保函的受益人有权凭预付款担保向银行索赔该保函的担保金额作为补偿

E. 预付款担保的主要形式是保证担保

22. 按照公式计算法计算预付款时，材料储备定额天数包含材料的（　　）天数。

    A. 在途　　　　　　　　　　B. 加工

    C. 整理　　　　　　　　　　D. 保管

    E. 供应间隔

23. 下列属于承包人提交的进度款支付申请内容的是（　　）。

    A. 累计已完成的合同价款

    B. 累计已实际支付的合同价款

    C. 本周期应支付的安全文明施工费

    D. 实际应支付的竣工结算款

    E. 本周期应支付的预付款

24. 下列关于竣工结算计价原则的表述，正确的是（　　）。

    A. 措施项目发生调整的，应依据合同约定的项目和金额计算，发生调整的，按双方确认调整的金额计算

    B. 计日工按发包人实际签证确认的事项计算

    C. 暂列金额应减去工程价款调整金额计算，如有余额归承包人

    D. 施工索赔费用按承包人提交的索赔报告计算

    E. 竣工结算的编制依据包括发承包双方实施过程中已确认的工程量及其结算的合同价款

25. 关于质量保证金及缺陷责任期，说法正确的有（　　）。

    A. 质量保证金总预留比例不得高于签约合同价的 3%

    B. 自承包人提交竣（交）工验收报告之日算起

    C. 缺陷责任期最长不超过 2 年

    D. 由于发包人原因导致工程无法按规定期限进行竣工验收的，在承包人提交竣（交）工验收报告 60 天后，自动进入缺陷责任期

    E. 采用工程质量保证担保的，发包人不得再预留质量保证金

26. 采用双方约定争议调解人方式解决合同价款纠纷，其程序正确的是（　　）。

    A. 发承包双方可以在合同签订后共同约定争议调解人

    B. 发生争议，由承包人将该争议以书面形式提交调解人，并将副本抄送发包人

    C. 调解人收到调解委托后 28 天内提出调解书

    D. 发承包双方接受调解书的，经双方签字后作为合同的补充文件

    E. 若发承包任一方对调解书有异议，应在收到调解书 14 天内向另一方发出异议通知

27. 下列关于合同价款纠纷的处理原则，描述正确的有（　　）。

    A. 建设工程施工合同无效，承包人对验收合格的工程要求参照合同约定折价补偿价款，应予以支持

    B. 对垫资施工合同，当事人对垫资利息没有约定，承包人请求支付利息不予支持

    C. 建设工程施工合同无效，已完成的建设工程质量不合格，但修复后经验收合格，承包人请求参照合同约定折价补偿，也不予支持

    D. 招标人和中标人另行签订的建设工程施工合同约定的工程范围、建设工期、

工程质量等实质性内容，与中标合同不一致，一方当事人请求按照中标合同确定权利义务的，人民法院应予支持

E. 当事人对欠付工程价款利息按照同期同类贷款利率计算

28. 关于合同价款纠纷的处理，下列说法中正确的有（　　　　）。

A. 承包人非法转包、违法分包的建设工程施工合同的行为无效

B. 当事人约定按照固定价结算工程价款，一方当事人请求人民法院对建设工程造价进行鉴定的，应予支持

C. 因设计变更导致建设工程的工程量或者质量标准发生变化的，双方协商不一致，可参照签订合同时当地主管部门发布的计价方法或计价标准结算工程价款

D. 承包人超越资质等级许可的业务范围签订建设工程施工合同，在建设工程竣工前取得相应资质等级，当事人请求按照无效合同处理的，应予支持

E. 建设工程未交付，则工程欠款的计息日为当事人的起诉之日

29. 根据《建设工程造价鉴定规范》GB/T 51262—2017，下列说法正确的有（　　　　）。

A. 鉴定人必须具有相应专业的注册造价工程师执业资格

B. 对争议标的较大或涉及工程专业较多的鉴定项目，应成立由2名及以上鉴定人组成的鉴定项目组

C. 鉴定期限的起算从鉴定人接收委托人按照规定移交证据材料之日次日起算

D. 委托人委托鉴定机构从事工程造价鉴定业务，不受地域范围限制

E. 根据工作需要，可安排非注册造价工程师的专业人员作为辅助人员，参与鉴定的辅助性工作

30. 根据《建设项目工程总承包合同（示范文本）》GF—2020—0216通用合同条件规定，发包人的变更指示造成（　　　　）影响的，承包人可以向工程师发出通知。

A. 降低工程的安全性、稳定性或适用性

B. 造成工期延误

C. 涉及的工作内容和范围不可预见

D. 造成费用增加

E. 与承包人的一般义务相冲突

31. 根据2017版FIDIC《施工合同条件》，关于工程变更的说法正确的是（　　　　）。

A. 在明确构成工程变更的情况下，承包商当然享有工期顺延和调价的权利，无须再依据索赔程序发出索赔通知

B. 承包商基于价值工程主动提出的变更建议，承包商编制此类建议书的费用由业主承担

C. 工程变更包括工程师指示的变更和承包商建议的变更，不论何种变更，都必须由业主发出变更指令

D. 工程师发出变更指令，承包商应当在收到工程师指令的14天（或者承包商提请工程师同意的其他期限）内，针对变更工作的实施提交详细资料

E. 工程师征求承包商的建议的变更，如果工程师未批准承包商的建议书，不论其是否提出意见，承包商因提交建议书所产生的费用，有权依据索赔程序要求业主支付

精选习题答案及解析

一、单项选择题

1.【答案】D

【解析】对于实行招标的建设工程，一般以施工招标文件中规定的提交投标文件的截止时间前的第 28 天作为基准日；对于不实行招标的建设工程，一般以建设工程施工合同签订前的第 28 天作为基准日。

2.【答案】C

【解析】如果由于承包人的原因导致的工期延误，按不利于承包人的原则调整合同价款。在工程延误期间国家的法律、行政法规和相关政策发生变化引起工程造价变化的，造成合同价款增加的，合同价款不予调整；造成合同价款减少的，合同价款予以调整。

3.【答案】B

【解析】选项 A 中，"基准日之前"错误，应为"基准日之后"。选项 C 错误，对于实行招标的建设工程，一般以施工招标文件中规定的提交投标文件的截止时间前的第 28 天作为基准日。选项 D 错误，合同价款不予调整。

4.【答案】D

【解析】选项 A 错误，已标价工程量清单中有适用于变更工程项目的，且工程变更导致的该清单项目的工程数量变化不足 15% 时，采用已标价工程量清单中的单价。选项 B 错误，已标价工程量清单中没有适用、但有类似于变更工程项目的，可在合理范围内参照类似项目的单价或总价调整。选项 C 错误，还需考虑承包人报价浮动率。

5.【答案】D

【解析】选项 A 错误，应为 15%。选项 B 错误，安全文明施工费据实调整。选项 C 错误，综合单价的确定可双方约定或结合最高投标限价确定。

6.【答案】A

【解析】实行招标的工程：承包人报价浮动率 ＝（最高投标限价－中标价）／最高投标限价 ×100% ＝（1600－1500）/1600×100% ＝ 6.25%

7.【答案】A

【解析】如果承包人未事先将拟实施的方案提交给发包人确认，则视为工程变更不引起措施项目费的调整或承包人放弃调整措施项目费的权利。

8.【答案】C

【解析】二次搬运费调整的金额 ＝200×（1－5%）＝190 万元，环境保护费属于安全文明施工费，按实调整，不得浮动。

9.【答案】B

【解析】当应予计算的实际工程量与招标工程量清单出现偏差超过 15%，且变化引起措施项目相应发生变化，如该措施项目是按系数或单一总价方式计价的，工程量增加的，措施项目费调增；工程量减少的，措施项目费调减。

10. 【答案】B

【解析】投标报价 $600 > 500 \times (1 + 15\%) = 575$（元 /m³），则调整后综合单位为 575 元 /m³。

11. 【答案】C

【解析】根据"计价规范"的规定，工程量偏差超过 15%，可能引起单价的变化。因为 300（承包人投标报价的综合单价）$> 282.625 = 350 \times (1 - 5\%) \times (1 - 15\%)$，故此单价无须调整。

12. 【答案】B

【解析】$500 \times (1 - 10\%) \times (1 - 15\%) = 382.5$（元 /m²）$> 380$（元 /m²）；结算价 $= 382.5 \times 3000 = 114.75$（万元）。

13. 【答案】C

【解析】计算公式如下：

$$\Delta P = P_0 \left[A + \left(B_1 \times \frac{F_{t1}}{F_{01}} + B_2 \times \frac{F_{t2}}{F_{02}} + B_3 \times \frac{F_{t3}}{F_{03}} + \cdots + B_n \times \frac{F_{tn}}{F_{0n}} \right) - 1 \right]$$

$100 \times (0.3 + 0.15 \times 1.2 + 0.25 \times 1.15 + 0.3 \times 1.25) = 114.25$（万元）。

14. 【答案】B

【解析】本题需要将"人工占 45%，材料占 45%，其余占 10%"乘以 70%，转化为占合同价的百分比。$P = 50 \times [30\% + 45\% \times 70\% \times (1 + 10\%) + 45\% \times 70\% + 10\% \times 70\%] = 51.58$（万元）。

15. 【答案】B

【解析】价格调整金额 $= 1500 \times [0.3 + (0.1 \times 90/80 + 0.1 \times 102/100 + 0.15 \times 120/110 + 0.15 \times 110/120 + 0.2 \times 120/115) - 1] = 36.49$（万元）。

16. 【答案】C

【解析】本题承包人原因导致的延误，现行价格指数选择 7、8 月价格指数中低者。$4200 \times [0.35 + 0.15 \times 104/100 + 0.1 \times 88/85 + 0.3 \times 114.6/113.4 + 0.1 \times 112/110 - 1] = 60.99$（万元）。

17. 【答案】B

【解析】由于发包人原因导致工期延误的，则对于计划进度日期（或竣工日期）后续施工的工程，在使用价格调整公式时，应采用计划进度日期（或竣工日期）与实际进度日期（或竣工日期）的两个价格指数中较高者作为现行价格指数。

18. 【答案】B

【解析】实际结算单价 = 投标报价 ± 调整额。$508 + (547 - 510 \times 1.06) = 514.40$（元 /m³）。

19. 【答案】A

【解析】$508 \times (1 - 5\%) = 482.6 \leqslant$ 实际价格 $\leqslant 510 \times (1 + 5\%) = 535.5$ 之间，不予调整。

20. 【答案】C

【解析】2019 年 12 月实际结算价格：$3200 \times (1 - 5\%) - 3000 = 40$（元 /t），$3400 - 40 = 3360$（元 /t）；2020 年 7 月实际结算价格：$3600 - 3400 \times (1 + 5\%) = 30$（元 /t），

$3400+30=3430$（元 /t）。

21.【答案】B

【解析】选项 A 中的"自行"错误，需发包人确认。选项 C 错误，按照"工程变更事件"的合同价款调整方法。选项 D，承包人可以参加专业工程的投标。

22.【答案】B

【解析】该工程的误期赔偿费 $=400/（400+600）\times 5 \times 24=48$（万元）。

23.【答案】B

【解析】事件①发现地下文物，可以索赔工期和费用。事件②提前向发包人提供材料，只能索赔费用。可索赔工期 5 天。两个事件都不能索赔利润，所以利润率为干扰项。费用索赔 $=（30\times 50+10\times 150）\times（1+20\%）=3600$（元）。

24.【答案】B

【解析】本题按照比例计算法计算工期。$100/2000\times 18=0.9$（个月）。

25.【答案】B

【解析】包工包料工程的预付款的支付比例不得低于签约合同价（扣除暂列金额）的 10%，不宜高于签约合同价（扣除暂列金额）的 30%。

26.【答案】A

【解析】工程预付款起扣点表示从未施工工程尚需的主要材料及构件的价值相当于备料款数额时起扣。

27.【答案】A

【解析】预付款 $=［5000\times 60\%/180］\times 25=416.67$（万元）。

28.【答案】D

【解析】$T=P-M/N=20000-2400/40\%=14000$（万元）。

29.【答案】A

【解析】安全文明施工费的预付（表 5-53）

安全文明施工费的预付　　　　表 5-53

时间	开工后的 28 天内
金额	不低于当年施工进度计划的安全文明施工费总额的 60%，其余部分按照提前安排的原则进行分解，与进度款同期支付
不按时支付的处理	承包人可催告；付款期满后的 7 天内仍未支付的，若发生安全事故，发包人应承担连带责任

30.【答案】B

【解析】选项 B 错误，承包人也有权提出申请。

31.【答案】D

【解析】题目中已经明确第三旬实际工程量为 800m³，而总的工期是 50 天，也就是 5 旬，所以第三旬不考虑最终的工期奖罚，所以仅仅考虑工程量价款和本期的索赔款项即可。施工方在第三旬应得到的工程款为：$500\times 800+100000=500000$（元）$=50$（万元）。

32.【答案】C

【解析】采用单价合同的，在合同约定风险范围内的综合单价应固定不变，并应按合同约定进行计量，且应按实际完成的工程量进行计量。

33.【答案】D

【解析】选项 A 错误，承包人对工程造价咨询企业审核意见有异议的，应提交工程造价咨询机构。选项 B 错误，国有资金投资的建设工程，应当委托工程造价咨询机构审核。选项 C 错误，造价咨询机构出具审核报告和承包人同不同意没有必然关系。

34.【答案】C

【解析】停工、停建工程的质量争议，委托有资质的检测鉴定机构进行检测，根据检测结果确定解决方案或按质量监督机构的处理决定后办理竣工结算。

35.【答案】C

【解析】社会投资项目：可将保留金交由金融机构托管。

36.【答案】A

【解析】不可抗力造成的缺陷，发包人负责维修，不能从质量保证金中扣除。

37.【答案】D

【解析】选项 A 错误，最终结清：缺陷责任期终止后，全部工作完成并合格，结清全部款项。选项 B 错误，承包人提出索赔的期限自接受最终支付证书时终止。选项 C 错误，承包人承担不足部分的补偿责任。

38.【答案】C

【解析】承包商在提交的最终结清申请中，只限于提出工程接收证书颁发后发生的索赔。

39.【答案】D

【解析】工程已实际交付的，拖欠工程款利息的起算日为交付之日。

40.【答案】C

【解析】建设工程未经竣工验收，发包人擅自使用后，以使用部分质量不符合约定为由主张权利的，不予支持。

41.【答案】C

【解析】选项 C 错误，每次延长时间一般不得超过 30 个工作日，每个鉴定项目延长次数一般不得超过 3 次。

42.【答案】C

【解析】本题考查的是合同价款纠纷的处理期限（表 5-54）。

合同价款纠纷的处理期限 表 5-54

争议标的涉及工程造价金额	期限（工作日）
1000 万元以下（含 1000 万元）	40
1000 万元以上 3000 万元以下（含 3000 万元）	60
3000 万元以上 1 亿元以下（含 1 亿元）	80
1 亿元以上（不含 1 亿元）	100

43.【答案】A

【解析】选项 B 错误，有约定按约定，无约定委托人决定。选项 C 错误，提请委托人决定，按其决定鉴定。选项 D 错误，仍按《民法典》相关规定鉴定。

44.【答案】D

【解析】选项 A 错误，按合同约定的价格鉴定。选项 B 错误，按签批的材料价格鉴定。选项 C 错误，按双方约定的价格鉴定，质量方面的争议告知发包人另行申请质量鉴定。

45.【答案】A

【解析】项 B 错误，签证只有用工数量没有单价的，其人工单价比照鉴定项目人工单价上浮计算。选项 C 错误，不需要上浮。选项 D 错误，按总价计算。

46.【答案】C

【解析】选项 A 错误，变更包括发包人指示变更、承包人合理化建议两种。选项 B 错误，考虑税金。选项 D 错误，列入进度款。

47.【答案】D

【解析】选项 A 错误，与组织招标工作有关的费用在专用合同条件约定。选项 B 错误，需承包人具备实施资格和条件。选项 C 错误，并支付合理利润。

48.【答案】D

【解析】人工费应按月支付，已支付的人工费部分，发包人支付进度款时予以相应扣除。

49.【答案】B

【解析】进度付款审核和支付：发包人应在进度款支付证书签发后 14 天内完成支付，发包人逾期支付进度款的，按照贷款市场报价利率（LPR）支付利息；逾期支付超过 56 天的，按照贷款市场报价利率（LPR）的两倍支付利息。发包人签发进度款支付证书，不表明发包人已同意、批准或接受了承包人完成的相应部分的工作。

50.【答案】D

【解析】选项 A 错误，通用合同条件采用价格指数方式。选项 B 错误，物价波动属于合同价格调整的范围。选项 C 错误，不因市场变化而调整。

51.【答案】C

【解析】预付款在进度付款中同比例扣回。在颁发工程接收证书前，提前解除合同的，尚未扣完的预付款应与合同价款一并结算。

52.【答案】A

【解析】价格指数应首先采用投标函附录中载明的有关部门提供的价格指数，缺乏上述价格指数时，可采用有关部门提供的价格代替。

53.【答案】B

【解析】承包商建议的变更：工程师征求承包商的建议；承包商基于价值工程主动提出的建议。

54.【答案】C

【解析】2017 年版 FIDIC《施工合同条件》将该调价公式从通用条款删除，放入专用条款的"费用指数报表"中，供双方当事人选用。对于合同中没有约定可以调整的部分，其费用的任何涨落均不给予补偿，并被视为已经包含在中标合同金额内。同时规定，此调价公式不适用于基于实际费用或现行价格计算价值的工程。如果由于工程变更，使得数据调整表中所列各项费用要素的权重（系数）变得不合理、失衡或者不适用时，则应对其进行调整。

二、多项选择题

1. 【答案】BD
   【解析】选项 B 错误，转由他人实施，不属于变更。选项 D 错误，损失由承包人承担。

2. 【答案】ACD
   【解析】招标工程量清单必须作为招标文件的组成部分，其准确性和完整性由招标人负责。招标工程量清单是否准确和完整，其责任应当由提供工程量清单的发包人负责，作为投标人的承包人不应承担因工程量清单的缺项、漏项以及计算错误带来的风险与损失。

3. 【答案】ABD
   【解析】选项 C 错误，计日工完成后，承包人应按照确认的计日工现场签证报告核实工程数量，并根据核实的工程数量和承包人已标价工程量清单中的计日工单价计算，提出应付价款。选项 E 错误，不包含规费。

4. 【答案】DE
   【解析】物价变化类合同价款调整事项包括物价波动和暂估价。

5. 【答案】DE
   【解析】选项 A 错误，价格指数调整价格差额，适用于材料品种少且使用量大的工程。选项 B 错误，不包括预付款的支付和扣回。选项 C 错误，应为 42 天。选项 D 正确，在计算调整差额时得不到现行价格指数的，可暂用上一次价格指数计算，并在以后的付款中再按实际价格指数进行调整。选项 E 正确，按变更范围和内容所约定的变更，导致原定合同中的权重不合理时，由承包人和发包人协商后进行调整。

6. 【答案】BCD
   【解析】选项 A 错误，采用造价信息调整价格差额的方法，主要适用于使用的材料品种较多，相对而言每种材料使用量较小的房屋建筑与装饰工程。选项 E 错误，承包人应当在采购材料前将采购数量和新的材料单价报发包人核对，确认用于本合同工程时，发包人应当确认采购材料的数量和单价。发包人在收到承包人报送的确认资料后 3 个工作日不予答复的，视为已经认可。

7. 【答案】BCE
   【解析】选项 A、D 由承包人承担。

8. 【答案】BE
   【解析】选项 A 只能索赔工期＋费用；选项 C 只能索赔工期；选项 D 可以索赔工期＋费用＋利润。

9. 【答案】ABDE
   【解析】选项 C 可以索赔工期＋费用＋利润。

10. 【答案】BD
    【解析】选项 A、C、E 可以索赔工期＋费用＋利润。

11. 【答案】ADE

【解析】如果机械设备是承包人自有设备，一般按台班折旧费、人工费与其他费之和计算；如果是承包人租赁的设备，一般按台班租金加上每台班分摊的施工机械进出场费计算。

12. 【答案】BC

【解析】选项 A 只能索赔费用。选项 D 索赔工期＋费用。选项 E 只能索赔费用。

13. 【答案】CD

【解析】选项 A、B 错误，异常不利气候条件不能索赔费用。事件②：（$20 \times 50 + 1 \times 200$）×（$1 + 30\%$）＝ 1560（元）；事件③：$20 \times 20 + 1 \times 100 = 500$（元）；总索赔费用 $1560 + 500 = 2060$（元）。

14. 【答案】AC

【解析】发包人要求承包人提前竣工时，索赔费用。非强制性标准，必须在合同中明确规定，也可以作为索赔依据。工程施工合同文件是最关键和最主要的依据。

15. 【答案】ABCD

【解析】承包人工程索赔成立的基本条件包括：已造成了承包人直接经济损失或工期延误；是因非承包人的原因发生的；承包人已经按照工程施工合同规定的期限和程序提交了索赔意向通知、索赔报告及相关证明材料。

16. 【答案】ABC

【解析】选项 A，有时工程延期的原因中可能包含有双方责任，此时监理人应进行详细分析，分清责任比例，只有可原谅延期部分才能批准顺延合同工期。选项 B，索赔的时间＝延误时间－总时差。选项 C，可原谅但不给予补偿费用的延期，非承包人责任事件的影响并未导致施工成本的额外支出，大多属于发包人应承担风险责任事件的影响，如异常恶劣的气候条件影响的停工等。选项 D 错误，初始延误属于客观原因的，可得到工期补偿，很难得到费用补偿。选项 E 错误，初始延误发生期间发生影响较大的并发延误，由初始延误者承担责任。

17. 【答案】ACE

【解析】工期索赔计算的方法：直接法、比例计算法、网络图分析法。索赔费用的计算方法通常有三种，即实际费用法、总费用法（总成本法）和修正的总费用法。

18. 【答案】ACD

【解析】选项 B 错误，不属于签证的范围，属于法规变化类价款调整事项。选项 E 错误，与进度款同期支付。

19. 【答案】ABE

【解析】选项 C 错误，成本加酬金合同按照单价合同计量。选项 D 错误，单价合同若发现招标工程量清单中出现缺项、工程量偏差等，应按实际的工程量计算。

20. 【答案】ACE

【解析】工程计量的依据包括：工程量清单及说明；合同图纸；工程变更令及其修订的工程量清单；合同条件；技术规范；有关计量的补充协议；质量合格证书等。

21. 【答案】BCD

【解析】选项 A，预付款担保是指承包人与发包人签订合同后领取预付款前，承包人正确、合理使用发包人支付的预付款而提供的担保。选项 E，正确的表述应为"预付款担保的主要形式是银行保函"。

22.【答案】ABCE

【解析】材料储备定额天数由当地材料供应的在途天数、加工天数、整理天数、供应间隔天数、保险天数等因素决定。

23.【答案】ABC

【解析】承包人提交的进度款支付申请：累计已完成的合同价款；累计已实际支付的合同价款；本周期合计完成的合同价款（单价、总价、计日工、安全文明施工费、应增加的）；本周期合计应扣减的金额（预付款、其他）；本周期实际支付的合同价款。选项 D 不属于进度款。选项 E 属于本期应扣减的。

24.【答案】BE

【解析】选项 A 错误，注意安全文明施工费必须按主管部门规定。选项 C 错误，如有余额归发包人。选项 D 错误，索赔费用依据双方确认的事项和金额计算。

25.【答案】CE

【解析】选项 A 错误，不高于工程结算价款总额的 3%。选项 B 错误，从通过竣工验收之日起算。选项 D 错误，应为 90 天。

26.【答案】ACD

【解析】选项 B 错误，双方都可以提交。选项 E 错误，28 天。

27.【答案】ABD

【解析】选项 C 错误，建设工程施工合同无效，已完成的建设工程质量不合格，但修复后经验收合格，承包人请求参照合同约定折价补偿，予以支持。选项 E 错误，当事人对欠付工程价款利息计付标准有约定的，按照约定处理；没有约定的，按照同期同类贷款利率或者同期贷款市场报价利率计息。

28.【答案】AC

【解析】选项 B 错误，不予支持。选项 D 错误，不予支持。选项 E 错误，没有交付的，为提交竣工结算文件之日。

29.【答案】ACDE

【解析】选项 B 错误，对争议标的较大或涉及工程专业较多的鉴定项目，应成立由 3 名及以上鉴定人组成的鉴定项目组。

30.【答案】ABCE

【解析】变更指示造成下列影响的，承包人应向工程师发出通知：① 降低工程的安全性、稳定性或适用性；② 涉及的工作内容和范围不可预见；③ 所涉设备难以采购；④ 对承包人正常雇佣劳动力及工资支付、安全文明施工、职业健康、环境保护等产生实质性影响；⑤ 造成工期延误；⑥ 与承包人的一般义务相冲突。工程师接到承包人的通知后，应做出经发包人签认的取消、确认或改变原指示的书面回复。

31.【答案】AE

【解析】选项 B 错误，承包商自费。选项 C 错误，工程师发出指令。选项 D 错误，28 天。

第六章　建设项目竣工决算和新增资产价值的确定

考纲要求

1. 竣工决算的内容和编制；
2. 新增资产价值的确定。

第一节　竣工决算

考情分析

考点	2023 年		2022 年		2021 年		2020 年		2019 年		2018 年		2017 年		2016 年	
	单选	多选	单选	多选	单选	多选	单选	多选	单选	多选	单选	多选	单选	多选	单选	多选
竣工决算的内容和编制	2		1		1		1		1		1	1	1		2	
竣工决算的审核和批复		1														

考点一　竣工决算的内容和编制

竣工决算是综合反映竣工项目从筹建开始到竣工投产为止全部建设费用、建设成果和财务状况的总结性文件，是竣工验收报告的重要组成部分，是正确核定新增固定资产价值，是反映建设项目实际造价和投资效果的文件。

1. 竣工决算的内容

■ 竣工财务决算说明书 ⎫
■ 竣工财务决算报表 ⎬ 核心内容
■ 工程竣工图
■ 工程造价对比分析

【记忆】一书、一表、一图、一对比。

（1）竣工财务决算说明书：

主要反映竣工工程建设成果和经验，是对竣工决算报表进行分析和补充说明的文件，是全面考核分析工程投资与造价的**书面总结**，是竣工决算的重要组成部分。

1）项目概况。一般从进度、质量、安全和造价方面进行分析说明。

2）会计财务的处理、财产物资清理及债权债务的清偿情况。

……

6）尾工工程情况。一般不得预留尾工工程，确需预留的，尾工工程投资不得超过批准的项目概（预）算总投资的 5%。

（2）竣工财务决算报表（表 6-1）

竣工财务决算报表 表 6-1

组成部分	用途
基本建设项目概况表	反映基本建设项目的基本概况，包括总投资、建设起止时间、新增生产能力、主要材料消耗、建设成本、完成主要工程量和主要技术经济指标。为全面考核和分析投资效果提供依据
基本建设项目竣工财务决算表	反映建设项目全部**资金来源和资金占用**情况，它是考核和分析投资效果，落实结余资金，并作为报告上级核销基本建设支出和基本建设拨款的依据
基本建设项目交付使用资产总表	反映建设项目建成后新增固定资产、流动资产、无形资产价值，是财产交接、检查投资计划完成情况和分析投资效果的依据
基本建设项目交付使用资产明细表	反映交付使用的固定资产、流动资产、无形资产价值的明细情况

【例题 1】下列建设项目竣工决算文件中，能够反映基本建设项目的全部资金来源和资金占用情况的是（   ）。（2023 年真题）

A. 基本建设项目概况表　　　　　B. 基本建设项目交付使用资产明细表

C. 基本建设项目交付使用资产总表　　D. 基本建设项目竣工财务决算表

【答案】D

【例题 2】竣工决算文件中，主要反映竣工工程建设成果和经验，全面考核分析工程投资与造价的书面总结文件是（   ）。（2018 年真题）

A. 竣工财务决算说明书　　　　　B. 竣工财务决算报表

C. 工程竣工造价对比分析　　　　D. 工程竣工验收报告

【答案】A

【解析】竣工财务决算说明书主要反映竣工工程建设成果和经验，是对竣工决算报表进行分析和补充说明的文件，是全面考核分析工程投资与造价的书面总结，是竣工决算的重要组成部分。

【重要考点提示】

1）在基本概况表中包括待核销基建支出、非经营性项目转出投资支出（表 6-2）。

核销基建支出、非经营性项目转出投资支出的内容 表 6-2

待核销基建支出	内容：非经营性项目发生的江河清障、补助群众造林、水土保持、城市绿化等不能形成资产部分的投资，项目取消、项目报废前已发生的支出。非经营性项目发生的农村沼气工程、游牧民定居工程、渔民上岸工程等涉及家庭或者个人的支出，形成资产产权归属家庭或者个人的，也作为待核销基建支出处理。 特点：**形成产权不归属本单位的，作为转出投资处理**
非经营性项目转出投资支出	内容：非经营项目为项目配套的专用设施投资，包括专用道路、专用通信设施、送变电站、地下管道等。 特点：**产权不属于本单位的投资支出**

【例题3】编制建设项目竣工决算文件时，下列建设项目投资支出，应计入待核销基建支出的是（　　）。（2023年真题）

A. 报废工程净损失、设备盈亏及损毁支出

B. 办公生活用家具、器具购置支出

C. 软件研发不能计入设备投资的软件购置支出

D. 不能形成资产的城市绿化、水土保持支出

【答案】D

【解析】待核销基建支出包括：非经营性项目发生的江河清障、补助群众造林、水土保持、城市绿化等不能形成资产部分的投资，项目取消、项目报废前已发生的支出。

【例题4】竣工财务决算的基本建设项目概况表中，应列入非经营性项目转出投资支出的项目是（　　）。（2016年真题）

A. 产权属于本单位的城市绿化　　B. 不能形成资产的城市绿化

C. 产权属于本单位的专用道路　　D. 产权不属于本单位的专用道路

【答案】D

【解析】非经营性项目转出投资支出是指非经营项目为项目配套的专用设施投资，包括专用道路、专用通信设施、送变电站、地下管道等，其产权不属于本单位的投资支出，对于产权归属本单位的，应计入交付使用资产价值。

2）资金来源和资金占用（表6-3）

资金来源和资金占用　　　　　　　　　　　　　　　　　　表6-3

资金来源	基建拨款、地方财政资金、部门自筹资金、项目资本、项目资本公积、基建借款、**待冲基建支出**、应付款和未交款等
资金占用	基本建设支出（交付使用资产、在建工程、**待核销基建支出**、转出投资）、货币资金合计（银行存款、现金、有价证券）、预付及应收款合计、固定资产合计

【例题5】下列资金项目中，属于"基本建设项目竣工财务决算表"中资金来源的有（　　）。（2015年）

A. 基建拨款　　　　　　　　　B. 项目资本金

C. 应收生产单位投资借款　　　D. 基建借款

E. 待核销基建支出

【答案】ABD

（3）建设工程竣工图（表6-4）

真实记录各种地上、地下建筑物、构筑物，特别是基础、地下管线以及设备安装等隐蔽部分的技术文件。

竣工图绘制　　　　　　　　　　　　　　　　　　　　　　表6-4

施工图	竣工图	竣工图标志
没有变动	承包人在原施工图上加盖"竣工图"标志后，即作为竣工图	承包人加盖
一般性设计变更	①能将原施工图加以修改补充作为竣工图的，可不重新绘制。②由承包人负责在原施工图（必须是新蓝图）上注明修改的部分，并附以设计变更通知单和施工说明	承包人加盖

续表

施工图	竣工图	竣工图标志
重大改变	① 不宜再在原施工图上修改、补充时，应重新绘制改变后的竣工图。 ② 由导致重大改变的责任方负责重新绘制	承包人加盖

（4）工程造价对比分析

竣工决算与建设项目概算进行对比分析。应主要分析以下内容：

1）考核主要实物工程量。

2）考核主要材料消耗量。

3）考核建设单位管理费、措施费和间接费的取费标准。

4）主要工程子目的单价和变动情况。

【例题6】关于建设项目竣工决算编制中的工程造价对比分析，下列说法正确的是（　　）。（2022年真题）

A. 应对工程建设其他费逐一对比　　B. 应对所有实物工程量进行对比

C. 应对新增固定资产价值进行对比　　D. 应对所有工程单价进行对比

【答案】A

【解析】在分析时，可先对比整个项目的总概算，然后将建筑安装工程费、设备及工器具费和其他工程费用逐一与竣工决算表中所提供的实际数据和相关资料及批准的概算、预算指标、实际的工程造价进行对比分析，以确定竣工项目总造价是节约还是超支，并在对比的基础上，总结先进经验，找出节约和超支的内容和原因，提出改进措施。选项B、D中的"所有"错误，应是"主要"。

【例题7】关于建设工程竣工图的说法中，正确的是（　　）。（2016年真题）

A. 工程竣工图是构成竣工结算的重要组成内容之一

B. 改建、扩建项目涉及原有工程项目变更的，应在原项目施工图上注明修改部分，并加盖"竣工图"标志后作为竣工图

C. 凡按图竣工没有变动的，由承包人在原施工图加盖"竣工图"标志后，即作为竣工图

D. 当项目有重大改变需重新绘制时，不论何方原因造成，一律由承包人负责重新绘图

【答案】C

【解析】选项A"竣工结算"修改为"竣工决算"。选项B，应说明一般性变更。选项D，由责任方负责绘制。

2. 竣工决算的编制（表6-5）

竣工决算的编制　　表6-5

编制条件	（1）经批准的初步设计所确定的工程内容已完成； （2）单项工程或建设项目竣工结算已完成； （3）收尾工程投资和预留费用不超过规定的比例； （4）涉及法律诉讼、工程质量纠纷的事项已处理完毕； （5）其他影响工程竣工决算编制的重大问题已解决

编制时间	（1）基本建设项目完工可投入使用或者试运行合格后，应当在3个月内编报竣工财务决算，特殊情况确需延长的，中、小型项目不得超过2个月，大型项目不得超过6个月。 （2）项目竣工财务决算未经审核前，项目建设单位一般不得撤销，项目负责人及财务主管人员、重大项目的相关工程技术主管人员、概（预）算主管人员一般不得调离

考点二　竣工决算的审核和批复

竣工决算的审核（表 6-6）

竣工决算的审核　　　　　　　　　　　　　　　　　　　　　　表 6-6

审核内容	具体内容
工程价款结算	评审机构对于多算和重复计算工程量、高估冒算建筑材料价格等问题是否予以审减；单位、单项工程造价是否在合理或国家标准范围内，是否存在严重偏离当地同期同类单位工程、单项工程造价水平问题
项目核算管理情况	1）建设成本核算是否准确 2）待核销基建支出有无依据、是否合理合规 3）转出投资有无依据、是否已落实接收单位 4）决算报表所填写的数据是否完整，表内和表间勾稽关系是否清晰、准确 5）决算的内容和格式是否符合国家有关规定 6）决算资料报送是否完整、决算数据之间是否存在错误 7）与财务管理和会计核算有关的其他事项
项目资金管理情况	资金筹集情况、资金到位情况、资金使用情况
项目资本建设程序执行及建设管理情况	基本建设程序执行情况、建设管理情况
概预算执行情况	有无超标准、超规模等
交付使用资产情况	是否正确按资产类别划分固定资产、流动资产、无形资产；交付使用资产实际成本是否完整，是否符合交付条件，移交手续是否齐全

【例题 1】下列竣工决算的审核内容，属于项目核算管理审核的有（　　　）。（2023 年真题）

　　A. 单位、单项工程造价是否在合理范围内

　　B. 建设成本核算是否准确

　　C. 转出投资是否已落实接收单位

　　D. 项目资金使用情况

　　E. 决算内容和格式是否符合国家有关规定

【答案】BCE

【解析】选项 A 属于项目价款结算审核。选项 D 属于项目资金管理情况审核。

【例题 2】编制建设项目竣工决算必须满足的条件包括（　　　）。（2018 年真题）

　　A. 经批准的初步设计所确定的工程内容已完成

　　B. 单项工程或建设项目竣工结算已完成

C．收尾工程竣工结算已完成

D．预留费用不超过规定比例

E．涉及工程质量纠纷事项已处理完毕

【答案】ABDE

【解析】选项 C 错误，收尾工程投资和预留费用不超规定比例。

第二节　新增资产价值的确定

考情分析

考点	2023 年		2022 年		2021 年		2020 年		2019 年		2018 年		2017 年	
	单选	多选	单选	多选	单选	多选	单选	多选	单选	多选	单选	多选	单选	多选
新增资产价值的确定方法	1		1	1	1	1	1	1	1	1	1		1	

考 点　新增资产价值的确定方法

1. 新增固定资产价值的确定方法

（1）新增固定资产价值的确定（表 6-7）

新增固定资产价值的确定　　　　　　　　　　　　　　　　表 6-7

对象	单项工程
内容	已投入生产或交付使用的建筑、安装工程造价；**达到固定资产标准的设备及工器具的购置费用**；增加固定资产价值的其他费用
时间	**一次交付一次计算，分批交付，分批计算**
注意	（1）对于……而建设的附属辅助工程，只要全部建成，正式验收交付使用后。 （2）对于单项工程中不构成生产系统，但能独立发挥效益的非生产性项目，如住宅、食堂等，在建成并交付使用后。 （3）凡购置达到固定资产标准不需安装的设备、工器具，应在交付使用后。 （4）属于新增固定资产价值的待摊投资，应随同受益工程交付使用的同时一并计入

（2）待摊投资的分摊方法（表 6-8）

待摊投资的分摊方法　　　　　　　　　　　　　　　　表 6-8

包括内容	计算方法
项目建设管理费、联合试运转费、工程保险费、建设期利息等	**按建筑工程、安装工程、需安装设备**价值总额等按比例分摊
用地与工程准备费、工程勘察和建筑设计费	**按建筑工程造价**比例分摊
生产工艺流程设计费	**按生产设备购置费（需安装和不需安装）**比例分摊

项目建设管理费分摊公式如下：

$$某单项工程项目建设管理费 = \frac{某单项（建安＋需安装设备）}{建设项目的（建安＋需安装设备）} \times 项目建设管理费$$

【例题1】某工业建设项目及其单项如表表6-9所示，则甲工程应分摊的项目建设管理费和用地与工程准备费为（　　）万元。（2022年真题）

表6-9

费用名称	建筑工程	安装工程	需安装设备	项目建设管理费	用地与工程准备费	设计费
建设项目竣工决算（万元）	6000	1000	3000	500	1200	100
甲单项工程（万元）	2000	600	1500			

A. 585.71　　　　　　　　　　B. 605.00

C. 631.43　　　　　　　　　　D. 697.00

【答案】B

【解析】应分摊的项目建设管理费：（2000＋600＋1500）÷（6000＋1000＋3000）×500＝205（万元）；应分摊的用地与工程准备费：2000÷6000×1200＝400（万元）；应分摊的项目建设管理费和用地与工程准备费合计：205＋400＝605（万元）。

【例题2】某工业项目及其中Ⅰ车间的有关建设费用如表6-10所示，则Ⅰ车间应分摊的生产工艺流程设计费应为（　　）万元。

表6-10

项目名称	建筑工程费（万元）	安装工程费（万元）	需安装设备费（万元）	不需安装设备	生产工艺流程设计费（万元）
建设项目	8000	2000	4000	300	400
Ⅰ车间	2000	800	2000	150	

A. 112.0　　　　　　　　　　B. 137.1

C. 160.0　　　　　　　　　　D. 200.0

【答案】D

【解析】Ⅰ车间应分摊的生产工艺流程设计费＝（2000＋150）/（4000＋300）×400＝200（万元）

2. 新增无形资产价值的确定方法

（1）无形资产的计价原则（表6-11）

无形资产的计价原则　　　　　　　　　表6-11

包括内容	计价原则
投资者按无形资产作为资本金或者合作条件投入时	按评估确认或协议约定的金额计价
购入的	实际支付的价款

续表

包括内容	计价原则
自创并依法申请取得的	开发过程中的**实际支出**
接受捐赠的	**发票账单金额或者同类无形资产市场价**

入账后，应在其有效使用期内**分期摊销**，即企业为无形资产支出的费用应在无形资产的有效期内得到及时补偿。

（2）无形资产的计价方法（表6-12）

无形资产的计价方法　　　　表 6-12

分类	计价方法
专利权	·自创的，为开发**实际支出**，包括研制和交易成本； ·转让不能按成本估价，按所能带来的超额收益计价
专有技术 （非专利技术）	·**自创的，一般不作为无形资产入账**，按当期费用处理； ·外购的，法定评估机构确认后再进行估价，采用收益法估价
商标权	·**自创的，一般不作为无形资产入账**，费用计入当期损益； ·购入或转让商标，计价根据被许可方新增的收益确定
土地使用权	·通过支付出让金获得的，作为无形资产核算； ·通过行政划拨取得的，不能作为无形资产核算； ·在将土地使用权有偿转让、出租、抵押、作价入股和投资，按规定补交土地出让价款时，才作为无形资产核算

3. 新增流动资产价值的确定（表6-13）

新增流动资产价值的确定　　　　表 6-13

概念	流动资产是指可以在一年内或者超过一年的一个营业周期内变现或者运用的资产
内容	1. 货币性资金：现金、各种银行存款及其他货币资金； 2. 应收及预付款项； 3. 短期投资：股票、债券、基金； 4. 存货

【例题3】关于建设项目形成的无形资产计价原则，下列说法正确的有（　　　）。（2022年真题）

A. 投资者按无形资产作为资本金投入，按评估确认或合同协议约定的金额计价

B. 购入的无形资产，按采购合同签约价款计价

C. 企业自创并依法申请取得的，按批准的开发计划金额计价

D. 接受捐赠的，按发票账单所载金额或者同类无形资产市场价作价

E. 无形资产计价入账后，应在其有效使用期内分期摊销

【答案】ADE

【解析】选项B，购入的无形资产，按照实际支付的价款计价。选项C，企业自创并

依法申请取得的，按开发过程中的实际支出计价。

【例题4】新增流动资产中属于短期投资的有（　　）。（2022年真题）

A．股票
B．基金

C．债券
D．银行存款

E．应收款项

【答案】ABC

【解析】短期投资包括股票、债券、基金。股票和债券根据是否可以上市流通分别采用市场法和收益法确定其价值。

【例题5】关于新增固定资产价值的确定，下列说法正确的有（　　）。

A．以单位工程为核算对象

B．单项工程建成经有关部门验收合格，即应计算新增固定资产价值

C．单项工程中不构成生产系统的生活服务网点，在建成并交付后，也要计算新增固定资产价值

D．随设备一起采购的但未达到固定资产标准的工器具，应随设备一起计算新增固定资产价值

E．分期分批交付生产的工程，应分期分批计算新增固定资产价值

【答案】CE

【解析】选项A，以单项工程为核算对象。选项B，单项工程建成经有关部门验收鉴定合格，正式移交生产或使用，即应计算新增固定资产价值。选项D，随设备一起采购的但未达到固定资产标准的工器具，不能计入固定资产。

本章精选习题

一、单项选择题

1．下列各项内容中，属于竣工财务决算说明书的是（　　）。

　　A．工程造价对比分析

　　B．转出投资明细表

　　C．建设工程竣工图

　　D．项目建设资金使用、项目结余资金等分配情况

2．在基本建设项目竣工财务决算表中，属于资金占用项目的是（　　）。

　　A．在建工程
B．待冲基建支出

　　C．项目资本公积
D．企业债券资金

3．竣工决算中，用来反映建设项目的全部资金来源和资金占用情况、作为考核和分析投资效果的文件是（　　）。

　　A．基本建设项目概况表

　　B．建设项目竣工财务决算表

　　C．基本建设项目交付使用资产总表

　　D．建设项目交付使用资产明细表

4. 竣工决算文件中，真实记录各种地上、地下建筑物、构筑物，特别是基础、地下管线以及设备安装等隐蔽部分的技术文件是（　　）。

　　A. 总平面图　　　　　　　　　　B. 竣工图

　　C. 施工图　　　　　　　　　　　D. 交付使用资产明细表

5. 基本建设项目概况表是建设项目竣工财务决算报表之一。下列费用项目，应计列在基本建设项目概况表中的是（　　）。

　　A. 交付的使用资产　　　　　　　B. 固定资产

　　C. 流动资产　　　　　　　　　　D. 新增生产能力

6. 因设计原因造成项目竣工时有重大改变的，由设计单位负责重新绘制，由（　　）加盖"竣工图"标志后，并附以有关记录和说明，即作为竣工图。

　　A. 承包人　　　　　　　　　　　B. 监理工程师

　　C. 设计单位　　　　　　　　　　D. 发包人

7. 工程造价对比分析，应主要分析的内容不包括（　　）。

　　A. 考核主要实物工程量

　　B. 考核主要材料消耗量

　　C. 考核项目建设管理费、措施费和间接费的取费标准

　　D. 所有工程子目的单价和变动情况

8. 下列关于工程项目竣工决算的说法中，正确的是（　　）。

　　A. 竣工决算应包括从筹建到竣工验收全过程的实际支出费用

　　B. 主管部门本级的投资额在 2000 万元（不含 2000 万元，按完成投资口径）以上的项目决算由财政部批复

　　C. 由主管部门批复的项目决算，报财政部备案（批复文件抄送财政部），并按要求向财政部报送半年度和年度汇总报表

　　D. 批复项目结余资金和审减投资中应上缴中央总金库的资金，在决算批复后 60 日内，由主管部门负责上缴

9. 某工业项目及其总装车间的各项费用如表 6-14 所示，则总装车间分摊的项目建设管理费为（　　）万元。

表 6-14

项目名称	建筑工程	安装工程	需安装设备	不需安装设备	项目建设管理费	用地与工程准备费	工艺设计费
建设单位竣工决算	1500	600	1200	200	80	150	50
总装车间竣工决算	350	120	240	40			

　　A. 18.67　　　　　　　　　　　B. 18.29

　　C. 17.14　　　　　　　　　　　D. 17.21

10. 按表 6-15 中所给数据，计算总装车间应分摊的工艺设计费为（　　）万元。

　　A. 10.00　　　　　　　　　　　B. 10.71

　　C. 11.67　　　　　　　　　　　D. 11.43

表 6-15

项目名称	建筑工程	安装工程	需安装设备	不需安装设备	项目建设管理费	用地与工程准备费	工艺设计费
建设单位竣工决算	1500	600	1200	200	80	150	50
总装车间竣工决算	350	120	240	40			

11. 下列选项中，能以实际支出计入无形资产价值的是（　　）。

    A. 接受捐赠的无形资产　　　　　B. 自创专利权

    C. 自创非专利技术　　　　　　　D. 自创商标

12. 在各类无形资产中，自创或者外购方式取得均应计入无形资产价值的是（　　）。

    A. 土地使用权　　　　　　　　　B. 商标权

    C. 非专利技术　　　　　　　　　D. 专利权

13. 关于项目竣工决算的编制、审核与批复，下列说法正确的是（　　）。

    A. 基本建设项目完工可投入使用或者试运行合格后，应当 6 个月内编报竣工财务决算

    B. 项目竣工财务决算未经审核前，项目建设单位一般不得撤销，项目负责人及财务主管人员可以调离

    C. 决算批复文件涉及需交回财政资金的，应当抄送财政部驻当地财政监察专员办事处

    D. 审核项目或单项工程是否已完工，尾工工程超过 10% 的项目或单项工程，予以退回

二、多项选择题

1. 建设项目竣工决算的内容包括（　　）。

    A. 竣工财务决算报表　　　　　　B. 竣工财务决算说明书

    C. 投标报价书　　　　　　　　　D. 工程竣工图

    E. 工程竣工造价对比分析

2. 建设项目竣工决算报表包括（　　）。

    A. 基本建设项目概况表

    B. 基本建设项目竣工财务决算表

    C. 基本建设项目竣工财务决算总表

    D. 基本建设项目交付使用资产总表

    E. 基本建设项目交付使用资产明细表

3. 建设项目竣工财务决算表中，属于"资金来源"的有（　　）。

    A. 财政专项资金　　　　　　　　B. 应付工程款

    C. 预付及应收款　　　　　　　　D. 待核销基建支出

    E. 未交税金

4. 建设项目竣工财务决算应编制基本建设项目概况表，下列选项中应计入基本建设项目概况表"非经营项目转出投资"的是（　　）。

    A. 待摊投资支出

  B．产权不归属本单位的专用通信设施建设费

  C．取消项目可行性研究费

  D．产权不归本单位的地下管道建设费

  E．能够形成资产的项目报废费用

5．下列各项在新增固定资产价值计算时应计入新增固定资产价值的是（　　）。

  A．建成的附属辅助工程

  B．单项工程中不构成生产系统，但能独立发挥效益的非生产性项目

  C．某项设计的专利权

  D．凡购置达到固定资产标准不需要安装的工具、器具费用

  E．属于新增固定资产价值的待摊投资

6．关于固定资产价值的确定，下列表述中正确的是（　　）。

  A．新增固定资产价值的计算是以单位工程为对象的

  B．计算新增固定资产价值，应在生产和使用的工程全部交付后进行

  C．项目建设管理费按建筑工程、安装工程、需安装设备价值总额等按比例分摊

  D．生产工艺流程系统设计费按建筑安装工程造价比例分摊

  E．联合试运转费按建筑工程、安装工程、需安装设备价值总额等按比例分摊

7．下列关于新增无形资产价值确定的表述中，正确的有（　　）。

  A．自创专利权的价值主要包括其研制成本和交易成本

  B．专利权的转让价格按成本估价

  C．自创的非专利技术按自创过程中发生的费用估价计入无形资产账户

  D．自创的商标权一般不作为无形资产入账

  E．划拨土地使用权以其取得费用作价计入无形资产账户

8．一般不作为无形资产入账，但当涉及转让事项时，才作无形资产核算的有（　　）。

  A．自创专利权   B．自创专有技术

  C．自创商标权   D．出让方式取得土地使用权

  E．划拨方式取得土地使用权

9．根据现行财务制度和企业会计准则，新增固定资产价值的内容包括（　　）。

  A．专有技术   B．项目建设管理费

  C．用地与工程准备费   D．银行存款

  E．建筑工程设计费

10．土地使用权的取得方式影响竣工决算新增资产的核定，下列土地使用权的作价应作为无形资产核算的有（　　）。

  A．通过支付土地出让金取得的土地使用权

  B．通过行政划拨取得的土地使用权

  C．通过有偿转让取得的出让土地使用权

  D．已补交土地出让价款，作价入股的土地使用权

  E．租借房屋的土地使用权

精选习题答案及解析

一、单项选择题

1.【答案】D

【解析】竣工财务决算说明书主要反映竣工工程建设成果和经验，是对竣工决算报表进行分析和补充说明的文件，是全面考核分析工程投资与造价的书面总结，是竣工决算报告的重要组成部分。其主要内容包括：（1）项目概况。（2）会计财务的处理、财产物资清理及债权债务的清偿情况。（3）项目建设资金使用、项目结余资金等分配情况。（4）尾工工程情况。一般不得预留尾工工程，确需预留的，尾工工程投资不得超过批准的项目概（预）算总投资的5%。

2.【答案】A

【解析】资金占用包括基本建设支出、货币资金、预付及应收款和固定资产。选项B、C、D属于资金来源。

3.【答案】B

【解析】竣工财务决算表是竣工财务决算报表的一种，建设项目竣工财务决算表是用来反映建设项目的全部资金来源和资金占用情况，是考核和分析投资效果的依据。

4.【答案】B

【解析】建设工程竣工图是真实地记录各种地上、地下建筑物、构筑物等情况的技术文件，是工程进行交工验收、维护、改建和扩建的依据，是国家的重要技术档案。国家规定：各项新建、扩建、改建的基本建设工程，特别是基础、地下建筑、管线、结构、井巷、桥梁、隧道、港口、水坝以及设备安装等隐蔽部位，都要编制竣工图。

5.【答案】D

【解析】基本建设项目概况表，综合反映基本建设项目的基本概况，内容包括该项目总投资、建设起止时间、新增生产能力、主要材料消耗、建设成本、完成主要工程量和主要技术经济指标。

6.【答案】A

【解析】承包人负责在新图上加盖"竣工图"标志，并附以有关记录和说明，作为竣工图。

7.【答案】D

【解析】在实际工作中，应主要分析的内容包括：考核主要实物工程量，考核主要材料消耗量，考核建设单位管理费、措施费和间接费的取费标准，主要工程子目的单价和变动情况。

8.【答案】C

【解析】选项A，从筹建到竣工投产。选项B，主管部门本级投资额在3000万元（不含3000万元）以上的项目决算由财政部批复。选项D，批复项目结余资金和审减投资中应上缴中央总金库的资金，在决算批复后30日内，由主管部门负责上缴。

9.【答案】D

【解析】项目建设管理费按建筑工程、安装工程、需安装设备价值总额等按比例分摊。

（350＋120＋240）/（1500＋600＋1200）×80＝17.21（万元）。

10.【答案】A

【解析】生产工艺流程系统设计费按生产设备购置费（需安装和不需安装）比例分摊。280/1400×50＝10（万元）。

11.【答案】B

【解析】无形资产的计价原则（表6-16）。

无形资产的计价原则 表6-16

包括内容	计价原则
投资者按无形资产作为资本金或者合作条件投入时	按评估确认或协议约定的金额计价
购入的	实际支付的价款
自创并依法申请取得的	开发过程中的实际支出
接受捐赠的	发票账单金额或者同类无形资产市场价

12.【答案】D

【解析】自创或者外购方式取得均应计入无形资产价值的是专利权。

13.【答案】C

【解析】选项A，应当3个月内编报竣工财务决算。选项B，项目负责人及财务主管人员、重大项目的相关工程技术主管人员、概（预）算主管人员一般不得调离。选项D，尾工工程超过5%的项目或单项工程，予以退回。

二、多项选择题

1.【答案】ABDE

【解析】竣工决算主要包括竣工财务决算说明书、竣工财务决算报表、工程竣工图和工程竣工造价对比分析四部分。前两者是核心内容。

2.【答案】ABDE

【解析】建设项目竣工决算报表包括：封面、基本建设项目概况表，基本建设项目竣工财务决算表，基本建设项目资金情况明细表，基本建设项目交付使用资产总表，基本建设项目交付使用资产明细表，待摊投资明细表，待核销基建支出明细表，转出投资明细表等。

3.【答案】ABE

【解析】资金来源包括基建拨款、部门自筹资金（非负债性资金）、项目资本金、项目资本公积金、基建借款、待冲基建支出、应付款和未交款。选项C、D属于资金占用。

4.【答案】BD

【解析】非经营性项目转出投资支出是指非经营项目为项目配套的专用设施投资，包括专用道路、专用通信设施、送变电站、地下管道等，且其产权不属于本单位的投资支出。对于产权归属本单位的，应计入交付使用资产价值。

5.【答案】ABDE

【解析】选项 C 属于无形资产。

6.【答案】CE

【解析】选项 A，新增固定资产价值的计算是以单项工程为对象的。选项 B，分期分批交付生产或使用的，应分批分期计算。选项 D，生产工艺流程系统设计费按生产设备（包括需安装设备和不需安装设备）购置费比例分摊。

7.【答案】AD

【解析】本新增无形资产的计价方法（表6-17）。

新增无形资产的计价方法　　　　　　　　　　　　表 6-17

分类	计价方法
专利权	• 自创的，为开发的实际支出，包括研制和交易成本； • 转让不能按成本估价，按所能带来的超额收益计价
非专利技术	• 自创的，一般不作为无形资产入账，按当期费用处理； • 外购的，法定评估机构确认后再进行估价，采用收益法估价
商标权	• 自创的，一般不作为无形资产入账，费用计入当期损益； • 购入或转让商标，计价根据被许可方新增的收益确定
土地使用权	• 通过支付出让金获得的，作为无形资产核算； • 通过行政划拨取得的，不能作为无形资产核算； • 在将土地使用权有偿转让、出租、抵押、作价入股和投资，按规定补交土地出让价款时，才作为无形资产核算

8.【答案】BCE

【解析】选项 A，专利权作为无形资产入账。选项 D、E，当建设单位向土地管理部门申请土地使用权并为之支付一笔出让金时，土地使用权作为无形资产核算，但涉及转让，不计入无形资产。

9.【答案】BCE

【解析】选项 A，专有技术属于新增无形资产。选项 D，银行存款属于新增流动资产。

10.【答案】AD

【解析】选项 B、C、E 错误，在将土地使用权有偿转让、出租、抵押、作价入股和投资，按规定补交土地出让价款时，才作为无形资产核算。